普通高等教育"十四五"创新型系列教材

建筑工程估价

（第 2 版）

主　编　赫桂梅

副主编　黄　英　雷　刚　孟婧雯

参　编　黄　晨　柳惠忠

U0380238

东南大学出版社

·南京·

内 容 简 介

本书以国家最新标准《建设工程工程量清单计价规范》(GB 50500—2013)、《房屋建筑与装饰工程工程量计算规范》(GB 50854—2013)、《建筑工程建筑面积计算规范》(GB/T 50353—2013)以及住房城乡建设部建标〔2013〕44 号文为主要依据,系统介绍了工程估价的基本理论与方法。主要包括绪论、工程造价费用的构成、工程计价依据、工程计量、工程量清单计价、工程造价信息化 6 章内容,并附有工程量清单计价实例。

本书内容编排简洁,重点突出,实用性强,可作为应用型本科高校工程造价、工程管理、土木工程等相关专业的教材和教学参考书,也可作为工程造价、咨询等从业人员的参考用书。

图书在版编目(CIP)数据

建筑工程估价 / 赫桂梅主编. — 2 版. — 南京：
东南大学出版社，2024.8 - - ISBN 978-7-5766-1456-5

Ⅰ. TU723.32

中国国家版本馆 CIP 数据核字第 20249Y867V 号

责任编辑:戴坚敏 责任校对:韩小亮 封面设计:余武莉 责任印制:周荣虎

建筑工程估价(第 2 版)
Jianzhu Gongcheng Gujia(Di 2 Ban)

出版发行：东南大学出版社
社　　址：南京市四牌楼 2 号　邮编：210096
出 版 人：白云飞
网　　址：http://www.seupress.com
电子邮箱：press@seupress.com
经　　销：全国各地新华书店
印　　刷：常州市武进第三印刷有限公司
开　　本：787 mm×1092 mm　1/16
印　　张：19.5
字　　数：565 千字
版 印 次：2024 年 8 月第 2 版第 1 次印刷
书　　号：ISBN 978-7-5766-1456-5
定　　价：59.00 元

本社图书若有印装质量问题,请直接与营销部调换。电话(传真):025-83791830

前　言

工程估价制度是工程建设管理中一项重要的制度，是根据我国工程建设招标投标领域改革深化的需要和工程量清单计价方法与国际建筑市场接轨的需要建立的。伴随着社会对工程造价管理人才需求的增长，该门课程越来越显示出其重要性。近年来，在工程造价领域相继公布执行了一系列新的标准、法规、规范，要求相关教材反映最新的工程造价内容，适应市场对应用型人才的培养需求。

本书以国家标准《建设工程工程量清单计价规范》(GB 50500—2013)、《房屋建筑与装饰工程工程量计算规范》(GB 50854—2013)、《建筑工程建筑面积计算规范》(GB/T 50353—2013)以及住房城乡建设部建标〔2013〕44号文为主要依据，适应国家最新的相关政策、法规和行业发展趋势，系统介绍了工程估价的基本理论与方法。主要包括绪论、工程造价费用的构成、工程计价依据、工程计量、工程量清单计价、工程造价信息化6章内容，并附有工程量清单计价实例。涉及计价部分，参照湖北省消耗量定额和费用定额执行。

本书内容编排简洁，全书以编制单位工程造价文件为主线，重点阐述工程估价的相关基本原理与方法，重点突出，实用性强，可作为应用型本科高校工程造价、工程管理、土木工程等相关专业的教材和教学参考书，也可作为工程造价、咨询等从业人员的参考用书。

本书由武汉华夏理工学院赫桂梅担任主编，武汉工程科技学院黄英、湖北轻工职业技术学院雷刚、武汉城市学院孟婧雯担任副主编，文华学院黄晨、武汉华夏理工学院柳惠忠参编。具体编写分工如下：第1章第1、2节，第2、3、5章，第4章第1～15节，二维码知识点由赫桂梅编写；第4章第16～17节及附录部分由黄英编写；第4章第18～20节由雷刚编写；第6章第1～2节由孟婧雯编写；第1章第3～4节由柳惠忠编写；章节测试由黄晨编写。全书由赫桂梅统稿。

本书在编写过程中，参考了许多专家、学者的相关著作与教材，在此表示衷心的感谢。

由于编者知识水平有限，书中难免存在不足与失误之处，恳请广大读者、同行、专家批评指正。

编　者

2024年6月

目　录

1

绪 论

【导 学】

建设任何一项工程都需要投入资源,包括人工、材料、施工机具等投资要素,最终以货币资金的形态体现出来,即工程造价。工程造价是工程项目管理的主要目标之一,也是项目投资决策的重要参考指标。了解工程造价行业的现状与发展趋势,熟悉最新的国家标准规范与法律法规,理解建设项目技术与经济之间的关系,掌握工程估价的基本知识、基本理论与基本方法,是工程建设相关从业人员的基本要求。

本章学习目标

1. 了解工程项目的组成和分类。
2. 了解工程造价的起源。
3. 理解工程造价的含义和计价特征。
4. 了解造价工程师职业资格制度,明确职业目标,增强职业责任感。

1.1 工程项目的组成与建设程序

1.1.1 工程项目的组成

一个工程项目是一个完整的综合性产品,可以分解为诸多个项目,一般来讲可分为工程项目、单项工程、单位工程、分部工程、分项工程五级(见图 1.1)。这种分级体系也是编制造价文件的需要。

1. 工程项目

工程项目一般是指有计划任务书和独立的总体设计,经济上实行独立核算,行政上有独立组织建设的管理单位的固定资产投资项目,如一个工厂、一条铁路、一所医院等。一个工程项目可以有一个单项工程,也可以由多个单项工程组成。

2. 单项工程

单项工程是指具有独立的设计文件,建成后能够独立发挥生产能力、投资效益的一组配套

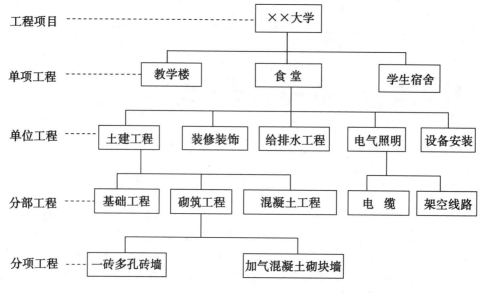

图 1.1 工程项目分解示意图

齐全的工程。单项工程是工程项目的组成部分,一个工程项目有时可以仅包括一个单项工程,如一个展览馆;也可以包括多个单项工程,如一所学校。生产性工程项目的单项工程,一般是指能独立生产的车间,包括厂房建筑、设备安装等工程。

3. 单位工程

单位工程是单项工程的组成部分,是指具备独立施工条件并能形成独立使用功能的工程,如工业厂房工程中的土建工程、设备安装工程、工业管道工程等就是单项工程所包含的不同性质的单位工程。对于建筑规模较大的单位工程,可将其能形成独立使用功能的部分作为一个子单位工程。根据现行国家标准《建筑工程施工质量验收统一标准》(GB 50300),具有独立施工条件和能形成独立使用功能是单位(子单位)工程划分的基本要求。

4. 分部工程

分部工程是指将单位工程按专业性质、建筑部位等划分的工程。根据现行国家标准《建筑工程施工质量验收统一标准》(GB 50300),建筑工程包括:地基与基础、主体结构、装饰装修、屋面、给排水及采暖、通风与空调、建筑电气、智能建筑、建筑节能、电梯等分部工程。

当分部工程较大或较复杂时,可按材料种类、工艺特点、施工程序、专业系统及类别等划分为若干子分部工程。例如,地基与基础分部工程又可细分为地基、基础、基坑支护、地下水控制、土方、边坡、地下防水等子分部工程;主体结构分部工程又可细分为混凝土结构、砌体结构、钢结构、木结构、钢管混凝土结构、型钢混凝土结构、铝合金结构等子分部工程;装饰装修分部工程又可细分为地面、抹灰、门窗、吊顶、幕墙、轻质隔墙、饰面板、饰面砖、涂饰、裱糊与软包、外墙防水等子分部工程;智能建筑分部工程又可细分为信息网络系统、建筑设备监控系统、火灾自动报警系统、会议系统、信息导引及发布系统、信息化应用系统、安全技术防范系统、综合布线系统、智能化集成系统、防雷与接地、机房等子分部工程。

5. 分项工程

分项工程是指将分部工程按主要工种、材料、施工工艺、设备类别等划分的工程。例如砖石工程可划分为砖基础、内墙、外墙、柱、空心墙、墙面勾缝和钢筋砖过梁等分项工程。分项工程是工程项目施工生产活动的基础,也是计量工程用工用料和机械台班消耗的基本单元,同时又是工程质量形成的直接过程。分项工程既有其作业活动的独立性,又有相互联系、相互制约的整体性。

1.1.2 工程项目分类

为了适应科学管理需要,可从不同角度对工程项目进行分类。

1. 按建设性质划分

工程项目可分为新建项目、扩建项目、改建项目、迁建项目和恢复项目。一个工程项目只能有一种建设性质,在工程项目按总体设计全部建成之前,其建设性质始终不变。将工程项目按建设性质进行划分,可以在观察和分析投资使用方面,研究不同建设性质的工程项目的比重和正确贯彻执行建设方针。

2. 按投资作用划分

工程项目可分为生产性项目和非生产性项目。

(1)生产性项目。生产性项目是指直接用于物质资料生产或直接为物质资料生产服务的工程项目,主要包括工业建设项目、农业建设项目、基础设施建设项目、商业建设项目等。

(2)非生产性项目。非生产性项目是指用于满足人民物质和文化、福利需要的建设和非物质资料生产部门的建设项目,主要包括办公建筑、居住建筑、公共建筑及其他非生产性项目。

3. 按项目规模划分

为适应分级管理需要,工程项目可分为不同等级。不同等级的企业可承担不同等级工程项目的建设。工程项目等级划分标准,根据各个时期经济发展和实际工作需要而有所变化。

4. 按投资效益和市场需求划分

工程项目可划分为竞争性项目、基础性项目和公益性项目。

(1)竞争性项目。竞争性项目是指投资回报率比较高、竞争性比较强的工程项目,如商务办公楼、酒店、度假村、高档公寓等工程项目。其投资主体一般为企业,由企业自主决策,自担投资风险。

(2)基础性项目。基础性项目是指具有自然垄断性、建设周期长、投资额大而收益低的基础设施和需要政府重点扶持的一部分基础工业项目,以及直接增强国力的符合经济规模的支柱产业项目,如交通、能源、水利、城市公用设施等。政府应集中必要的财力、物力通过经济实体投资建设这些工程项目,同时还应广泛吸收企业参与投资,有时还可吸收外商直接投资。

(3)公益性项目。公益性项目是指为社会发展服务、难以产生直接经济回报的工程项目,包括科技、文教、卫生、体育和环保等设施,公、检、法等政权机关以及政府机关、社会团体办公设施,国防建设等。公益性项目的投资主要是政府财政资金。

5. 按投资来源划分

工程项目可划分为政府投资项目和非政府投资项目。

(1) 政府投资项目。政府投资项目在国外也称为公共工程,是指为了适应和推动国民经济或区域经济的发展,满足社会的文化、生活需要,以及出于政治、国防等因素的考虑,由政府通过财政投资、发行国债或地方财政债券,利用外国政府赠款以及国家财政担保的国内外金融组织的贷款等方式独资或合资兴建的工程项目。

按其盈利性不同,政府投资项目又可分为经营性政府投资项目和非经营性政府投资项目。经营性政府投资项目是指具有盈利性质的政府投资项目,政府投资的水利、电力、铁路等项目基本属于经营性项目。经营性政府投资项目应实行项目法人责任制,由项目法人对项目的策划、资金筹措、建设实施、生产经营、债务偿还和资产的保值增值实行全过程负责,使项目的建设与建成后的运营实现一条龙管理。

非经营性政府投资项目一般是指非盈利性的、主要追求社会效益最大化的公益性项目。学校、医院以及各行政、司法机关的办公楼等项目都属于非经营性政府投资项目。非经营性政府投资项目可实施“代建制”,由代建单位行使建设单位职责,待工程竣工验收后再移交给使用单位,从而使项目的“投资、建设、监管、使用”实现四分离。

(2) 非政府投资项目。非政府投资项目是指企业、集体单位、外商和私人投资兴建的工程项目。这类项目一般实行项目法人责任制,使工程项目建设与运营实现一条龙管理。

1.1.3　工程项目的建设程序

建设程序是指工程项目从策划、评估、决策、设计、施工到竣工验收、投入生产或交付使用整个过程中,各项工作必须遵循的先后次序。工程项目建设程序是工程建设过程客观规律的反映,是工程项目科学决策和顺利实施的重要保证。

在建设程序上,世界各国和国际组织可能存在某些差异,但是按照工程项目发展的内在规律,投资建设一个工程项目都要经过投资决策和建设实施两个发展时期。这两个发展时期又可分为若干阶段,各阶段之间存在着严格的先后次序,可以进行合理交叉,但不能任意颠倒。

按照我国现行规定,政府投资项目建设程序可以分为以下阶段:

(1) 根据国民经济和社会发展长远规划,结合行业和地区发展规划的要求,提出项目建议书。

(2) 在勘察、试验、调查研究及详细技术经济论证的基础上编制可行性研究报告。

(3) 根据项目的咨询评估情况,对工程项目进行决策。

(4) 根据批准的可行性研究报告,编制设计文件。

(5) 初步设计经批准后,进行施工图设计,并做好施工前各项准备工作。

(6) 组织施工,并根据施工进度做好生产或动用前的准备工作。

(7) 项目按批准的设计内容完成施工安装,经验收合格后,正式投产或交付使用。

(8) 生产运营一段时间(一般为 1 年)后,可根据需要进行项目后评价,对项目评审决策、项目建设实施和生产经营状况进行总结评价。

项目投资决策管理制度

1.2 工程造价概述

1.2.1 工程造价及计价特征

1. 工程造价含义

按照我国住房和城乡建设部发布的国家标准《工程造价术语标准》(GB/T 50875—2013)，工程造价(Project Costs)是指工程项目在建设期预计或实际支出的建设费用。由于所处的角度不同，工程造价具有不同的含义。

含义一：从投资者(业主)角度分析，工程造价是指建设一项工程预期开支或实际开支的全部固定资产投资费用。投资者为了获得投资项目的预期效益，需要对项目进行策划决策、建设实施(设计、施工)直至竣工验收等一系列活动，在这些活动中所花费的全部费用，即构成工程造价。从这个意义上讲，工程造价就是建设工程固定资产总投资。

含义二：从市场交易角度分析，工程造价是指在工程发承包交易活动中形成的建筑安装工程费用或建设工程总费用。显然，工程造价的这种含义是指以建设工程这种特定的商品形式作为交易对象，通过招标投标或其他交易方式，在多次预估的基础上，最终由市场形成的价格。这里的工程既可以是整个建设工程项目，也可以是其中一个或几个单项工程或单位工程，还可以是其中一个或几个分部工程，如建筑安装工程、装饰装修工程等。随着经济发展、技术进步、分工细化和市场的不断完善，工程建设中的中间产品也会越来越多，商品交换会更加频繁，工程价格的种类和形式也会更为丰富。

工程承发包价格是一种重要且较为典型的工程造价形式，是在建筑市场通过发承包交易(多数为招标投标)，由需求主体(投资者或建设单位)和供给主体(承包商)共同认可的价格。

工程造价的两种含义最主要的区别在于需求主体和供给主体在市场中追求的经济利益不同，因而管理的性质和目标不同。从管理性质看，前者属于投资管理范畴，后者属于价格管理范畴，但二者又互相交叉。从管理目标看，作为项目投资或投资费用，投资者在进行项目决策和项目实施中，首先追求的是决策的正确性，其次在项目实施中完善项目功能，提高工程质量，降低投资费用，按期或提前交付使用，也是投资者始终关注的问题，可见降低工程造价是投资者始终如一的追求；而作为工程价格，承包商所关注的是利润乃至高额利润，为此，其追求的是较高的工程造价。

区别工程造价的两种含义，其理论意义在于为投资者和以承包商为代表的供应商的市场行为提供理论依据;其现实意义则在于,为实现不同的管理目标,不断充实工程造价的管理内容,完善管理方法,更好地为实现各自的目标服务,从而有利于推动全面的经济增长。

2. 工程计价特征

工程计价(Construction Pricing or Estimating)即工程造价计价,是指对工程价值货币表现的测定。《工程造价术语标准》中定义为:按照法律法规和标准等规定的程序、方法和依据,对工程造价及其构成内容进行的预测或确定。

由工程项目的特点决定,工程计价具有以下特征。

1) 计价的单件性

工程项目的单件性特点决定了每项工程都必须单独计算造价。工程项目都是固定在一定地点的,其结构、造型必须适应工程所在地的气候、地质、水文等自然客观条件,在建设这些不同的实物形态的工程时,必须采取不同的工艺、设备和建筑材料,因而所消耗的物化劳动和活劳动也必定是不同的,再加上不同地区的社会发展水平不同致使构成价格和费用的各种价值要素存在差异,最终导致工程造价各不相同。因此,对建设工程就不能像工业产品那样,按品种、规格、质量成批量生产和定价,只能是单价性计价。也就是说,只能根据各个建设工程项目的具体设计资料和当地的实际情况单独计算工程造价。

2) 计价的多次性

工程项目尤其是大型基础设施建设项目等一般规模大、建设期长、技术复杂,受工程所在地的自然条件影响大,消耗的人力、物力、资金巨大,为了满足建设各阶段的不同需要,相应的也要在不同阶段多次性计价,以保证工程造价确定与控制的科学性。多次性计价是个逐步深化、逐步细化和逐步接近实际造价的过程,其过程如图 1.2 所示。

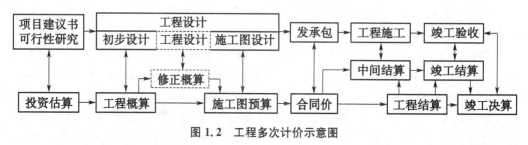

图 1.2　工程多次计价示意图

(1) 投资估算:是指在项目建议书和可行性研究阶段通过编制估算文件预先测算的工程造价。投资估算是进行项目决策、筹集资金和合理控制造价的主要依据。

(2) 工程概算:是指在初步设计阶段,根据设计意图,通过编制工程概算文件,预先测算的工程造价。与投资估算相比,工程概算的准确性有所提高,但受投资估算的控制。工程概算一般又可分为建设项目总概算、各单项工程综合概算、各单位工程概算。按两阶段设计的建设项目,其工程概算经批准后是确定建设项目投资额度、签订建设项目总承包合同的依据。在初步设计批准后即进入招标的工程,其概算的建安工程费是编制标底的控制依据。

(3) 修正概算:是指在采用三阶段设计的建设项目,在其技术设计阶段,根据技术设计要求,通过编制修正概算文件预先测算的工程造价。修正概算是对初步设计阶段工程概算的修正和调整,比工程概算准确,但受工程概算控制。修正概算经批准后即进行招标的工程,其修正概算的建安工程费是编制标底的控制依据。

（4）施工图预算：是指在施工图设计阶段，根据施工图纸，通过编制预算文件预先测算的工程造价。施工图预算比工程概算或修正概算更为详尽和准确，但同样要受前一阶段工程造价的控制。目前，有些工程项目在招标时会确定招标控制价，以限制最高投标报价。

（5）合同价：是指在工程发承包阶段通过签订合同所确定的工程造价。合同价属于市场价格，它是由发承包双方根据市场行情通过招投标等方式达成一致、共同认可的成交价格。但应注意，合同价并不等同于最终结算的实际工程造价。由于计价方式不同，合同价的内涵也会有所不同。

（6）工程结算：工程结算包括施工过程中的中间结算和竣工验收阶段的竣工结算。工程结算需要按实际完成的合同范围内的合格工程量考虑，同时按合同调价范围和调价方法，对实际发生的工程量增减、设备和材料价差等进行调整后确定结算价格。工程结算反映的是工程项目实际造价。工程结算文件一般由承包单位编制，由发包单位审查，也可委托工程造价咨询机构进行审查。

（7）竣工决算：是指工程竣工决算阶段，以实物数量和货币指标为计算单位，综合反映竣工项目从筹建开始到项目竣工交付使用为止的全部建设费用。竣工决算文件一般是由建设单位编制，上报相关主管部门审查。

以上说明，多次性计价是一个由粗到细、由浅入深、由概略到精确的计价过程，也是一个复杂而重要的管理系统。

3）计价的组合性

工程造价的计算与建设项目的组合性有关。一个建设项目是一个工程综合体，可按单项工程、单位工程、分部工程、分项工程等不同层次分解为许多有内在联系的组成部分。建设项目的组合性决定了工程计价的逐步组合过程。工程造价的组合过程是：分部分项工程造价—单位工程造价—单项工程造价—建设项目总造价。

4）计价方法的多样性

工程造价具有不同的计价依据及不同的精确度要求，因此计价方法具有多样性特征，如单价法、实物法、设备系数法、生产能力指数估算法等。不同的方法利弊不同，适用条件也不同。

5）计价依据的复杂性

工程造价的影响因素较多，决定了工程计价依据的复杂性。计价依据主要可分为以下7类：

（1）设备和工程量计算依据。包括项目建议书、可行性研究报告、设计文件等。

（2）人工、材料、机械等实物消耗量计算依据。包括投资估算指标、概算定额、预算定额等。

（3）工程单价计算依据。包括人工单价、材料价格、材料运杂费、机械台班费等。

（4）设备单价计算依据。包括设备原价、设备运杂费、进口设备关税等。

（5）措施费、间接费和工程建设其他费用计算依据。主要是相关的费用定额和指标。

（6）政府规定的税、费。

（7）物价指数和工程造价指数。

1.2.2 工程造价相关概念

1. 静态投资与动态投资

静态投资是指不考虑物价上涨、建设期贷款利息等影响因素的建设投资。静态投资包括建筑安装工程费、设备和工器具购置费、工程建设其他费、基本预备费,以及因工程量误差而引起的工程造价增减值等。

动态投资是指考虑物价上涨、建设期贷款利息等影响因素的建设投资。动态投资除包括静态投资外,还包括建设期贷款利息、涨价预备费等。相比之下,动态投资更符合市场价格运行机制,使投资估算和控制更加符合实际。

静态投资与动态投资密切相关。动态投资包含静态投资,静态投资是动态投资最主要的组成部分,也是动态投资的计算基础。

2. 建设项目总投资与固定资产投资

建设项目总投资是指为完成工程项目建设,在建设期(预计或实际)投入的全部费用总和。建设项目按用途可分为生产性建设项目和非生产性建设项目。生产性建设项目总投资包括固定资产投资和流动资产投资两部分;非生产性建设项目总投资只包括固定资产投资,不含流动资产投资。建设项目总造价是指项目总投资中的固定资产投资总额。

固定资产投资是投资主体为达到预期收益的资金垫付行为。建设项目固定资产投资也就是建设项目工程造价,二者在量上是等同的。其中,建筑安装工程投资也就是建筑安装工程造价,二者在量上也是等同的。从这里也可以看出工程造价两种含义的同一性。

3. 建筑安装工程造价

建筑安装工程造价亦称建筑安装产品价格。从投资角度看,它是建设项目投资中的建筑安装工程投资,也是工程造价的组成部分;从市场交易角度看,建筑安装工程实际造价是投资者和承包商双方共同认可的、由市场形成的价格。

1.2.3 工程造价的职能

1)预测职能

投资者或是建筑商都要对拟建工程进行预先测算。投资者预先测算工程造价,不仅可以作为项目决策依据,同时也是筹集资金、控制造价的依据。承包商对工程造价的测算,既为投标决策提供依据,也为投标报价和成本管理提供依据。

2)控制职能

工程造价的控制职能表现在两个方面,一方面是对投资的控制,即在投资的各个阶段,根据对造价的多次性预估,对造价进行全过程、多层次的控制;另一方面则是对施工过程中成本的控制。

3)评价职能

工程造价是评价总投资和分项投资合理性以及投资效益的主要依据之一,也是评价建筑安装企业管理水平和经营成果的重要依据。

4)调控职能

工程造价可作为政府对投资项目进行直接或间接调控和管理的依据,以对工程建设中的物质消耗水平、建设规模、投资方向等进行调控和管理。

1.2.4 工程计价的基本原理

工程项目的单价性计价特征决定了每个项目必须独立计算其工程造价。工程计价的基本原理就是工程项目的分解与组合,即先将整个项目进行分解,划分为可以按照有关技术经济参数测算价格的基本单元子项或称分部、分项工程。这种能够用较简单的施工过程生产出来,又可以用适当的计量单位计算并便于测定或计算的工程的基本构造元素,也称为"假定的建筑安装产品"。从最基本的构成要素计量计价,并逐步组合,汇总为整个项目的工程造价。因此工程计价的基本原理可以用六字概括——先分解,后组合。

1.3 工程造价的起源与发展

1.3.1 工程造价的起源

1. 我国工程造价的渊源

中华民族是对工程造价认识最早的民族之一。据我国春秋战国时期的科学技术名著《考工记》中"匠人为沟洫"一节的记载,早在两千多年前我们中华民族的先人就已经规定:凡修筑沟渠堤防,一定要先以匠人一天修筑的进度为参照,再以1里工程所需的匠人数和天数来预算这个工程的劳力,然后方可调配人力进行施工。这是人类最早的工程造价预算与工程施工控制以及工程造价控制方法的文字记录之一。

另据《辑古算经》记载,我国唐代时期就已经有了夯筑城台的定额——"功"。北宋李诚(主管建筑的大臣)所著的《营造法式》一书,汇集了北宋以前建筑造价管理技术的精华。《营造法式》共有三十四卷,分为释名、各作制度、功限、料例和图样五个部分,其中的"料例"和"功限",就是现在所说的"材料消耗定额"和"劳动力消耗定额",它也是人类采用定额进行工程造价管理最早的明文规定和文字记录之一。

2. 国外工程造价的起源

国外工程造价的历史起源可追溯到中世纪,当时大多数建筑都比较简单,业主一般请当地的工匠来负责房屋的设计和建造,工程完成后按双方事先协商好的总价支付,或者先确定单价,然后按照实际完成的工程量进行结算。15世纪左右,随着人们对建筑要求的日益提高,建筑师开始逐渐成为一种独立的职业,工匠们则负责建造工作。建筑师往往受过较好的教育,因此在与其协商造价时,为避免自己处于劣势地位,工匠们常雇佣其他受过教育、有技术的人替他们计算工程量并代为与建筑师商讨。

将工料测量正式确立为一个行业,使之沿着专业的轨迹发展,最早是从英国开始的。在资本主义发展最早的英国,16世纪开始出现工程项目管理专业分工的细化,当时施工的工匠需要有人帮助他们去确定或估算一项工程所需的人工和材料,以及测量和确定已经完成的项目工作量,以便据此从业主或承包商处获得应得的报酬。这种项目专业管理的需要使得工料测量师(Quantity Surveyor, QS)这一从事工程项目造价确定和控制的专门职业在英国诞生了。在英国和英联邦国家,人们至今仍沿用这一名称去称呼那些从事工程造价管理的专业人员。

18世纪末19世纪初,英国工业革命前,以英国为首的资本主义国家在工程建设中开始推行项目的招投标制度,要求工料测量师在工程项目设计完成后和施工前,为业主或承包商进行整个工程工作量的测量和工程造价的预算,以便为项目招标者(业主)确定标底,并为项目承包者确定投标书的报价。这样,正式的工程预算专业就诞生了。

1.3.2 工程造价的发展

1. 国外工程造价的发展

1837年,英国通过了威特烈保护法,要求雇佣公用的工料测量师(QS)计算工程量。1862年,英国皇家建筑师学会(Royal Institute of British Architects, RIBS)发表声明支持由工料测量师提供工程量,并反对由建筑师计算工程量。从此,工料测量师的地位得到了稳固的基础。1868年3月23日成立了英国测量师学会,标志着现代工程造价管理专业的正式诞生。1878年,在英国颁布的《市政房屋管理条例(修正案)》中,测量师地位得到了法律承认。1881年,维多利亚女皇准予工料测量师皇家注册。1921年,皇家赐予工料测量师赞誉。1946年,启用皇家特许测量师学会(Royal Institute of Chartered Surveyor, RICS)称号,直到现在。

从20世纪40年代开始,由于资本主义经济学的发展,许多经济学的原理被应用到工程造价管理领域。工程造价管理从简单的工程造价的确定和控制开始向重视投资效益的评估、重视工程项目的经济与财务分析等方向发展。20世纪50年代,RICS的成本研究小组修改并发展了成本规划法。成本规划法的提出将计价工作从被动转变成主动,使计价工作可以与设计工作同时进行,甚至在设计之前即可做出估算,并可根据工程委托人的要求使工程造价控制在限额以内。这样,"投资计划和控制制度"就在英国等经济发达的国家应运而生,也促成了工程计价的第二次飞跃。承包商为适应市场的需要,也强化了自身的计价管理和成本控制。

1964年,RICS的成本信息服务部门颁布了划分建筑工程分部工程的标准,这样使得每个工程的成本可以按相同的方法分摊到各分部中,从而方便了不同工程的成本比较和成本信息资料的储存。

20世纪70年代后期,建筑业有了一种普遍的认识,认为在对各种可选方案进行估价时仅考虑初始成本是不够的,还应考虑到工程交付使用后的维修和运行成本,即应以"总成本"作为方案投资的控制目标。这种"总成本论"进一步拓宽了工程计价的含义,使工程计价贯穿于项目的全生命周期。这一时期,英国提出了"全生命周期造价管理";美国稍后提出了"全面造价管理",包括全过程、全要素、全风险、全团队的造价管理。20世纪80年代末和90年代初,我国提出了"全过程造价管理",而后又出现多种具有时代特征的工程造价管理模式,如全过程工程造价管理、全生命周期工程造价管理、全面工程造价管理、集成工程造价管理和工程造价管理信息化等。这些工程造价管理理论和模式的提出和发展,使建筑业对工程计量与计价有了新的认识,工程造价理论和实践的研究开始进入一个全新的综合与集成阶段,标志着工程计量与计价发展的第三次飞跃。

全面造价管理

2. 我国工程造价的改革与发展

我国现代意义上的工程造价的产生应追溯到 19 世纪末至 20 世纪上半叶。当时在外国资本进入的一些口岸和沿海城市,工程投资的规模有所扩大,出现了招标投标承包方式,建筑市场初见雏形,国外工程计价方法和经验也逐步深入。但是,由于受历史条件的限制,特别是受到经济发展水平的限制,工程计价及招标投标只能在狭小的地区和少量的工程建设中采用。

1949 年中华人民共和国成立以后,全国面临着大规模的恢复重建工作。为合理确定工程造价,我国借鉴了苏联的工程建设经验和管理方法,建立了以工程定额为基础的概预算制度。

1984 年以后,建筑业作为城市改革的突破口,率先进行管理体制的改革,其中以推行工程招标投标制度尤为关键。招标投标制的建立和招投标活动的开展改革了建筑业的计划经济体制,使供求关系及价格确定均迈向市场化。

1988 年建设部增设了标准定额司,各省市、各部委建立了定额管理站,国家也颁布了一系列推动概预算管理和定额管理发展的文件以及大量的预算定额、概算定额、估算指标。

1993 年国家明确提出"我国经济改革的目标是建立市场经济体制",自此建筑企业全面启动了市场体制的建设。随着建筑业逐步市场化,传统的与计划经济相适应的概预算定额管理的弊端逐步暴露出来。此时,建设工程采用的定额计价办法,即"定额+费用+文件规定"的模式,也就是依据计价定额计算直接费,按取费标准(费用定额)计算间接费、利润、税金,再依据有关文件规定进行价差与费用调整、补充,最后得到工程造价。这里直接费与间接费的计算依据,分别参照定额和取费标准。定额既包括生产过程中的实物与物化劳动的消耗量,同时还包括各项消耗指标所对应的单价,属"量价合一"式的定额。

从 20 世纪 90 年代开始,我国工程造价管理进行了一系列重大变革。为了适应社会主义市场经济体制的要求,在计价依据方面,首次提出了"量""价"分离的新思想,改变了国家对定额的管理方式,提出了"控制量""指导价""竞争费"的改革思路,这也成为我国工程造价管理体制改革过渡时期的基本方针。

2003 年《建设工程工程量清单计价规范》(GB 50500)的颁布实施,标志着我国工程造价管理体制改革——"建立以市场为主导的价格机制"最终目标的实现,同时初步实现了从传统的定额计价模式到工程量清单计价模式的转变,也进一步确立了建设工程计价依据的法律地位。这标志着我国的工程计价开始进入国际计价惯例的轨道,工程造价管理由"量价合一"的计划经济模式向"量价分离"的市场经济模式转变,并为我国工程造价行业的发展带来了历史性的机遇。

2008 年、2013 年又修订和颁布了新的《建设工程工程量清单计价规范》(GB 50500)及《房屋建筑与装饰工程工程量计算规范》(GB 50854)等系列工程量计算规范。与原计价规范相比,新规范修订了原规范中不尽合理、操作性不强的条款和表格格式,同时配套了不同专业性质的工程量计算规范,对工程造价管理的专业划分越来越细,对争议的处理也越来越明确,并将规范的内容从招标投标阶段延伸到项目造价管理的全过程,为工程计价提供了更加有效的依据。

我国虽然已经制定并推广了工程量清单计价,但由于各地实际情况的差异,目前的工程造价计价方式不可避免地出现了双轨并行的局面——在保留传统定额计价方式的基础上又参照国际惯例引入了工程量清单计价方式。目前,我国的建设工程定额还是工程造价管理的重要手段。随着我国工程造价管理体制改革的不断深入,相应的法律规范的建立健全,工程造价信息的收集、整理和发布的加强,以及工程造价信息化技术的应用和对国际工程管理的深入了解,市场自主定价模式必将逐渐占据主导地位。

1.4 造价工程师职业资格制度

造价工程师,是指通过职业资格考试取得中华人民共和国造价工程师职业资格证书,并经注册后从事建设工程造价工作的专业技术人员。国家设置造价工程师准入类职业资格,纳入国家职业资格目录。

工程造价咨询企业应配备造价工程师;工程建设活动中有关工程造价管理岗位按需要配备造价工程师。造价工程师分为一级造价工程师和二级造价工程师。一级造价工程师英文译为 Class1 Cost Engineer,二级造价工程师英文译为 Class2 Cost Engineer。

住房城乡建设部、交通运输部、水利部、人力资源社会保障部共同制定造价工程师职业资格制度,并按照职责分工负责造价工程师职业资格制度的实施与监管。各省、自治区、直辖市住房城乡建设、交通运输、水利、人力资源社会保障行政主管部门,按照职责分工负责本行政区域内造价工程师职业资格制度的实施与监管。

1.4.1 造价工程师考试

1. 考试科目

一级造价工程师职业资格考试全国统一大纲、统一命题、统一组织。二级造价工程师职业资格考试全国统一大纲,各省、自治区、直辖市自主命题并组织实施。

一级造价工程师职业资格考试设《建设工程造价管理》《建设工程计价》《建设工程技术与计量》《建设工程造价案例分析》四个科目。其中,《建设工程造价管理》和《建设工程计价》为基础科目,《建设工程技术与计量》和《建设工程造价案例分析》为专业科目。二级造价工程师职业资格考试设《建设工程造价管理基础知识》《建设工程计量与计价实务》两个科目。其中,《建设工程造价管理基础知识》为基础科目,《建设工程计量与计价实务》为专业科目。

造价工程师职业资格考试专业科目分为土木建筑工程、交通运输工程、水利工程和安装工程四个专业类别,考生在报名时可根据实际工作需要选择其一。其中,土木建筑工程、安装工程专业由住房城乡建设部负责;交通运输工程专业由交通运输部负责;水利工程专业由水利部负责。

2．考试时间

一级造价工程师职业资格考试分4个半天进行。《建设工程造价管理》《建设工程技术与计量》《建设工程计价》科目的考试时间均为2.5小时;《建设工程造价案例分析》科目的考试时间为4小时。二级造价工程师职业资格考试分2个半天。《建设工程造价管理基础知识》科目的考试时间为2.5小时,《建设工程计量与计价实务》为3小时。

一级造价工程师职业资格考试成绩实行4年为一个周期的滚动管理办法,在连续的4个考试年度内通过全部考试科目,方可取得一级造价工程师职业资格证书。二级造价工程师职业资格考试成绩实行2年为一个周期的滚动管理办法,参加全部2个科目考试的人员必须在连续的2个考试年度内通过全部科目,方可取得二级造价工程师职业资格证书。

3．报考条件

1）一级造价工程师职业资格考试报名条件

凡遵守中华人民共和国宪法、法律、法规,具有良好的业务素质和道德品行,具备下列条件之一者,可以申请参加一级造价工程师职业资格考试:

（1）具有工程造价专业大学专科（或高等职业教育）学历,从事工程造价业务工作满5年;具有土木建筑、水利、装备制造、交通运输、电子信息、财经商贸大类大学专科（或高等职业教育）学历,从事工程造价业务工作满6年。

（2）具有通过工程教育专业评估（认证）的工程管理、工程造价专业大学本科学历或学位,从事工程造价业务工作满4年;具有工学、管理学、经济学门类大学本科学历或学位,从事工程造价业务工作满5年。

（3）具有工学、管理学、经济学门类硕士学位或者第二学士学位,从事工程造价业务工作满3年。

（4）具有工学、管理学、经济学门类博士学位,从事工程造价业务工作满1年。

（5）具有其他专业相应学历或者学位的人员,从事工程造价业务工作年限相应增加1年。

2）二级造价工程师职业资格考试报名条件

凡遵守中华人民共和国宪法、法律、法规,具有良好的业务素质和道德品行,具备下列条件之一者,可以申请参加二级造价工程师职业资格考试:

（1）具有工程造价专业大学专科（或高等职业教育）学历,从事工程造价业务工作满2年;具有土木建筑、水利、装备制造、交通运输、电子信息、财经商贸大类大学专科（或高等职业教育）学历,从事工程造价业务工作满3年。

（2）具有工程管理、工程造价专业大学本科及以上学历或学位,从事工程造价业务工作满1年;具有工学、管理学、经济学门类大学本科及以上学历或学位,从事工程造价业务工作满2年。

（3）具有其他专业相应学历或学位的人员,从事工程造价业务工作年限相应增加1年。

4．免试条件

已取得造价工程师一种专业职业资格证书的人员,报名参加其他专业科目考试的,可免考基础科目。考试合格后,核发人力资源社会保障部门统一印制的相应专业考试合格证明,该证明作为注册时增加执业专业类别的依据。

具有以下条件之一的,参加一级造价工程师考试可免考基础科目:

(1) 已取得公路工程造价人员资格证书(甲级);

(2) 已取得水运工程造价工程师资格证书;

(3) 已取得水利工程造价工程师资格证书。

申请免考部分科目的人员在报名时应提供相应材料。

具有以下条件之一的,参加二级造价工程师考试可免考基础科目:

(1) 已取得全国建设工程造价员资格证书;

(2) 已取得公路工程造价人员资格证书(乙级);

(3) 具有经专业教育评估(认证)的工程管理、工程造价专业学士学位的大学本科毕业生。

申请免考部分科目的人员在报名时应提供相应材料。

5. 证书发放

一级造价工程师职业资格考试合格者,由各省、自治区、直辖市人力资源社会保障行政主管部门颁发中华人民共和国一级造价工程师职业资格证书。该证书由人力资源社会保障部统一印制,住房城乡建设部、交通运输部、水利部按专业类别分别与人力资源社会保障部用印,在全国范围内有效。

二级造价工程师职业资格考试合格者,由各省、自治区、直辖市人力资源社会保障行政主管部门颁发中华人民共和国二级造价工程师职业资格证书。该证书由各省、自治区、直辖市住房城乡建设、交通运输、水利行政主管部门按专业类别分别与人力资源社会保障行政主管部门用印,原则上在所在行政区域内有效。各地可根据实际情况制定跨区域认可办法。

各省、自治区、直辖市人力资源社会保障行政主管部门会同住房城乡建设、交通运输、水利行政主管部门应加强学历、从业经历等造价工程师职业资格考试资格条件的审核。对以不正当手段取得造价工程师职业资格证书的,按照国家专业技术人员资格考试有关规定进行处理。

1.4.2 造价工程师注册

国家对造价工程师职业资格实行执业注册管理制度。取得造价工程师职业资格证书且从事工程造价相关工作的人员,经注册方可以造价工程师名义执业。住房城乡建设部、交通运输部、水利部分别负责一级造价工程师注册及相关工作。各省、自治区、直辖市住房城乡建设、交通运输、水利行政主管部门按专业类别分别负责二级造价工程师注册及相关工作。

经批准注册的申请人,由住房城乡建设部、交通运输部、水利部核发《中华人民共和国一级造价工程师注册证》(或电子证书);或由各省、自治区、直辖市住房城乡建设、交通运输、水利行政主管部门核发《中华人民共和国二级造价工程师注册证》(或电子证书)。

造价工程师执业时应持注册证书和执业印章。注册证书、执业印章样式以及注册证书编号规则由住房城乡建设部会同交通运输部、水利部统一制定。执业印章由注册造价工程师按照统一规定自行制作。

住房城乡建设部、交通运输部、水利部按照职责分工建立造价工程师注册管理信息平台,保持通用数据标准统一。住房城乡建设部负责归集全国造价工程师注册信息,促进造价工程师注册、执业和信用信息互通共享。

住房城乡建设部、交通运输部、水利部负责建立完善造价工程师的注册和退出机制,对以不正当手段取得注册证书等违法违规行为,依照注册管理的有关规定撤销其注册证书。

1.4.3 造价工程师执业

造价工程师在工作中,必须遵纪守法,恪守职业道德和从业规范,诚信执业,主动接受有关主管部门的监督检查,加强行业自律。住房城乡建设部、交通运输部、水利部共同建立健全造价工程师执业诚信体系,制定相关规章制度或从业标准规范,并指导监督信用评价工作。造价工程师不得同时受聘于两个或两个以上单位执业,不得允许他人以本人名义执业,严禁"证书挂靠"。出租出借注册证书的,依据相关法律法规进行处罚;构成犯罪的,依法追究刑事责任。

一级造价工程师的执业范围包括建设项目全过程的工程造价管理与咨询等,具体工作内容如下:

(1) 项目建议书、可行性研究投资估算与审核,项目评价造价分析;

(2) 建设工程设计概算、施工预算编制和审核;

(3) 建设工程招标投标文件工程量和造价的编制与审核;

(4) 建设工程合同价款、结算价款、竣工决算价款的编制与管理;

(5) 建设工程审计、仲裁、诉讼、保险中的造价鉴定,工程造价纠纷调解;

(6) 建设工程计价依据、造价指标的编制与管理;

(7) 与工程造价管理有关的其他事项。

二级造价工程师主要协助一级造价工程师开展相关工作,可独立开展以下具体工作:

(1) 建设工程工料分析、计划、组织与成本管理,施工图预算、设计概算编制;

(2) 建设工程量清单、最高投标限价、投标报价编制;

(3) 建设工程合同价款、结算价款和竣工决算价款的编制。

造价工程师应在本人工程造价咨询成果文件上签章,并承担相应责任。工程造价咨询成果文件应由一级造价工程师审核并加盖执业印章。对出具虚假工程造价咨询成果文件或者有重大工作过失的造价工程师,不再予以注册,造成损失的依法追究其责任。

取得造价工程师注册证书的人员,应当按照国家专业技术人员继续教育的有关规定接受继续教育,更新专业知识,提高业务水平。

专业技术人员取得一级造价工程师、二级造价工程师职业资格,可认定其具备工程师、助理工程师职称,并可作为申报高一级职称的条件。

造价工程师职业道德行为准则

课后思考

1. 什么是单项工程和单位工程,二者之间的区别和联系是什么?

2. 工程造价为什么具有单件性特征?

3. 造价工程师应具备哪些基本知识和专业技能?

4. 工程造价管理在中国现代化强国建设中的意义?

2 工程造价费用的构成

〖导 学〗

工程造价具有大额性的特点,往往以数百万、数千万,甚至以亿元计。那么这么多的钱到底用于哪里?本章就来学习工程造价的费用构成,将工程造价分解为设备及工器具购置费、建筑安装工程费用、工程建设其他费、预备费和建设期贷款利息五个组成单元。需要特别注意的是要理解各组成费用的含义及归属,不可重复计算或漏算。

● 本章学习目标

1. 了解国外工程造价的组成。
2. 掌握我国工程造价费用的构成。
3. 具有分解工程费用的能力。
4. 具有分析工程造价及总投资构成的能力。

2.1 工程造价费用构成概述

建设项目总投资是为完成工程项目建设并达到使用要求或生产条件,在建设期内预计或实际投入的全部费用总和。生产性建设项目总投资包括建设投资、建设期利息和流动资金三部分;非生产性建设项目总投资包括建设投资和建设期利息两部分。其中建设投资和建设期利息之和对应于固定资产投资,固定资产投资与建设项目的工程造价在量上相等。工程造价基本构成包括用于购买工程项目所需各种设备的费用,用于建筑施工和安装施工所需支出的费用,用于委托工程勘察设计应支付的费用,用于获取土地使用权所需的费用,也包括用于建设单位自身进行项目筹建和项目管理所花费的费用等。总之,工程造价是指在建设期预计或实际支出的建设费用。

根据国家发改委和建设部发布的《建设项目经济评价方法与参数》(第三版)的规定,建设投资包括工程费用、工程建设其他费用和预备费三部分。工程费用是指建设期内直接用于工程建造、设备购置及其安装的建设投资,可以分为建筑安装工程费和设备及工器具购置费;工程建设其他费用是指建设期内为项目建设或运营必须发生的但不包括在工程费用中的费用;预备费是指在建设期内为各种不可预见因素的变化而预留的可能增加的费用,包括基本预备费和价差预备费。

流动资金指的是为进行正常生产运营,用于购买原材料、燃料、支付工资及其他运营费用等所需的周转资金。在可行性研究阶段用于财务分析时计为全部流动资金,在初步设计及以后阶段用于计算"项目报批总投资"或"项目概算总投资"时计为铺底流动资金。铺底流动资金是指生产经营性建设项目为保证投产后正常的生产运营所需,在项目资本金中筹措的自有流动资金。

建设项目总投资及工程造价的具体构成内容如图 2.1 所示。

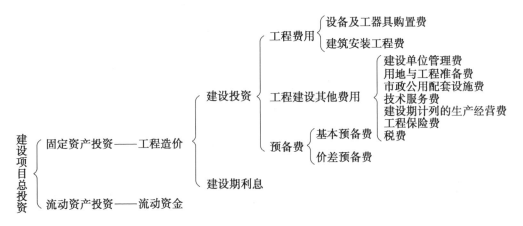

图 2.1　我国现行建设项目总投资构成

图 2.1 仅是以建筑工程为例阐述建设项目总投资构成,其他专业类别的工程造价及总投资构成与建筑工程有所不同。例如,水利工程总投资由工程部分投资、建设征地移民补偿投资、环境保护工程投资、水土保持工程投资、价差预备费和建设期融资利息组成;公路工程总投资由建筑安装工程费、土地使用及拆迁补偿费、工程建设其他费、预备费和建设期贷款利息构成;铁路工程总投资由建筑安装工程费、设备购置费、其他费用、基本预备费、工程造价增涨预留费和建设期债务性资金利息、机车车辆(动车)购置费和铺底流动资金构成;水运工程总投资由工程费用、工程建设其他费用、预留费用、建设期贷款利息和专项估算组成。至于其他专业工程总投资构成,本书不再一一列举。

国外建设工程造价构成

2.2　设备及工、器具购置费的构成

设备及工、器具购置费用是固定资产投资中的积极部分。在生产性工程建设中,设备及

工、器具购置费用占工程造价比重的增大,意味着生产技术的进步和资本有机构成的提高。其包括两部分,即设备购置费,工、器具及生产家具购置费。

2.2.1 设备购置费

设备购置费是指为建设项目购置或自制的达到固定资产标准的各种国产或进口设备、工具、器具的购置费用。

$$设备购置费 = 设备原价 + 设备运杂费 \tag{2.1}$$

式中,设备原价系指国产标准设备、非标准设备、引进设备的原价;设备运杂费系指设备供销部门手续费、设备原价中未包括的包装和包装材料费、运输费、装卸费、采购费及仓库保管费之和。如果设备是由设备成套公司供应的,那么成套公司的服务费也应计入设备运杂费之中。

1. 设备原价

设备原价按设备类别分为国产设备原价和进口设备原价。

1) 国产设备原价

国产设备原价一般指的是设备制造厂的交货价或订货合同价,具体分为国产标准设备原价和国产非标准设备原价两类。

(1) 国产标准设备原价

国产标准设备是指按照主管部门颁布的标准图纸和技术要求,由我国设备生产厂批量生产的符合国家质量检测标准的设备。国产标准设备原价一般指的是设备制造厂的交货价,即出厂价。如设备系由设备成套公司供应,则以订货合同价为设备原价。有的设备有两种出厂价,即带有备件的出厂价和不带有备件的出厂价,在计算设备原价时,一般按带有备件的出厂价计算。

(2) 国产非标准设备原价

国产非标准设备是指国家尚无定型标准,各设备生产厂不可能在工艺过程中采用批量生产,只能按一次订货,并根据具体的设计图纸制造的设备。

非标准设备原价有多种不同的计算方法,如成本计算估价法、系列设备插入估价法、分部组合估价法、定额估价法等。但无论哪种方法都应该使非标准设备计价的准确度接近实际出厂价,并且计算方法要简便。成本计算估价法是一种比较常用的估算非标准设备原价的方法。按成本计算估价法,非标准设备的原价由以下各项组成:

① 材料费

其计算公式如下:

$$材料费 = 材料净重 \times (1 + 加工损耗系数) \times 每吨材料综合价 \tag{2.2}$$

② 加工费

包括生产工人工资和工资附加费、燃料动力费、设备折旧费、车间经费等。其计算公式如下:

$$加工费 = 设备总重量 \times 设备单位重量加工费 \tag{2.3}$$

③ 辅助材料费(简称辅材费)

包括焊条、焊丝、氧气、氩气、氮气、油漆、电石等费用。其计算公式如下:

$$辅助材料费 = 设备总重量 \times 辅助材料费指标 \qquad (2.4)$$

④ 专用工具费

按①～③项之和乘以一定百分比计算。

⑤ 废品损失费

按①～④项之和乘以一定百分比计算。

⑥ 外购配套件费

按设备设计图纸所列的外购配套件的名称、型号、规格、数量、重量,根据相应的价格加运杂费计算。

⑦ 包装费

按以上①～⑥项之和乘以一定百分比计算。

⑧ 利润

可按①～⑤项加第⑦项之和乘以一定利润率计算。

⑨ 税金

主要指增值税,通常是指设备制造厂销售设备时向购入设备方收取的销项税额。计算公式为:

$$当期销项税额 = 销售额 \times 适用增值税税率 \qquad (2.5)$$

其中,销售额为①～⑧项之和。

⑩ 非标准设备设计费

按国家规定的设计费收费标准计算。

综上所述,单台非标准设备原价可用以下公式表达:

单台非标准设备原价 ＝ ｛［(材料费＋加工费＋辅助材料费)×(1＋专用工具费费率)×(1＋废品损失费费率)＋外购配套件费］×(1＋包装费费率)－外购配套件费｝×(1＋利润率)＋外购配套件费＋销项税额＋非标准设备设计费 (2.6)

【例 2.1】 某工厂采购一台国产非标准设备,制造厂生产该台设备所用材料费 20 万元,加工费 2 万元,辅助材料费 4 000 元,专用工具费费率 1.5%,废品损失费费率 10%,外购配套件费 5 万元,包装费费率 1%,利润率为 7%,增值税税率为 9%,非标准设备设计费 2 万元,求该国产非标准设备的原价。

【解】 专用工具费 ＝ (20＋2＋0.4)×1.5% ＝ 0.336 万元

废品损失费 ＝ (20＋2＋0.4＋0.336)×10% ＝ 2.274 万元

包装费 ＝ (22.4＋0.336＋2.274＋5)×1% ＝ 0.300 万元

利润 ＝ (22.4＋0.336＋2.274＋0.3)×7% ＝ 1.772 万元

销项税金 ＝ (22.4＋0.336＋2.274＋5＋0.3＋1.772)×9% ＝ 2.887 万元

该国产非标准设备的原价 ＝ 22.4＋0.336＋2.274＋0.3＋1.772＋2.887＋2＋5 ＝ 36.969 万元

2）进口设备原价

进口设备原价是指进口设备的抵岸价，即抵达买方边境港口或边境车站，且交完关税为止形成的价格。抵岸价通常是由进口设备到岸价（Cost Insurance and Freight，CIF）和进口从属费构成。进口设备的到岸价，即设备抵达买方边境港口或边境车站所形成的价格。在国际贸易中，交易双方所使用的交货类别不同，则交易价格的构成内容也有所差异。进口设备从属费用是指进口设备在办理进口手续过程中发生的应计入设备原价的银行财务费、外贸手续费、进口关税、消费税、进口环节增值税及进口车辆的车辆购置税等。

（1）进口设备的交货类别

① 内陆交货类

即卖方在出口国内陆的某个地点完成交货。在交货地点，卖方及时提交合同规定的货物和有关凭证，负担交货前的一切费用并承担风险；买方按时接受货物，交付货款，负担接货后的一切费用并承担风险，并自行办理出口手续和装运出口。货物的所有权也在交货后由卖方转移给买方。这种交货方式对卖方有利，除内陆接壤国家外，在国际贸易中很少采用。

② 目的地交货类

即卖方在进口国的港口或内地交货。包括目的港船上交货价、目的港船边交货价和目的港码头交货价（关税已付）及完税后交货价（进口国目的地的指定地点）。

它们的特点是：买卖双方承担的责任、费用和风险是以目的地约定交货点为分界线，只有当卖方在交货点将货物置于买方控制下才算交货，才能向买方收取货款。这类交货价对卖方来说承担的风险较大，在国际贸易中卖方一般不愿采用。

③ 装运港交货类

即卖方在出口国装运港完成交货任务。主要有装运港船上交货价（Free on Board，FOB）、运费在内价（Cost and Freight，CFR）和运费、保险费在内价（Cost Insurance and Freight，CIF）。

它们的特点是：卖方按照约定的时间在装运港交货，只要卖方把合同规定的货物装船后提供货运单据便完成交货任务，并可凭单据收回货款。

装运港船上交货价（FOB）是我国进口设备采用最多的一种货价。采用船上交货价时卖方的责任是：负责在合同规定的装运港口和规定的期限内，将货物装上买方指定的船只，并及时通告买方；负责货物装船前的一切费用和风险；负责办理出口手续，提供出口国政府或有关方面签发的证件；负责提供有关装运单据。买方的责任是：负责租船或订舱，支付运费，并将船期、船名通知卖方；负担货物装船后的一切费用和风险，负责办理保险及支付保险费，办理在目的港的进口和收货手续；接受卖方提供的有关装运单据，并按合同规定支付货款。

（2）进口设备抵岸价的计算

$$进口设备抵岸价 = 进口设备到岸价（CIF）＋进口从属费\qquad(2.7)$$

① 进口设备到岸价的构成和计算

$$\begin{aligned}进口设备到岸价（CIF） &= 离岸价格（FOB）＋国际运费＋运输保险费\\ &= 运费在内价（CFR）＋运输保险费\qquad(2.8)\end{aligned}$$

a. 货价

一般指装运港船上交货价（FOB）。设备货价分为原币货价和人民币货价，原币货价一律折算为美元表示,人民币货价按原币货价乘以外汇市场美元兑换人民币汇率中间价确定。进口设备货价按有关生产厂商询价、报价、订货合同价计算。

b. 国际运费

即从装运港到达我国抵达港的运费。

$$国际运费(海、陆、空) = 原币货价(FOB) \times 运费费率 \qquad (2.9)$$

$$(或) = 运量 \times 单位运价$$

其中,运费费率或单位运价参照有关部门或进出口公司的规定执行。

c. 运输保险费

对外贸易货物运输保险是由保险人(保险公司)与被保险人(出口人或进口人)订立保险契约,在被保险人交付议定的保险费后,保险人根据保险契约的规定对货物在运输过程中发生的承保责任范围内的损失给予经济上的补偿。它属于财产保险。

$$运输保险费 = \frac{原币货价(FOB) + 国际运费}{1 - 保险费费率} \times (1 + 保险费费率) \qquad (2.10)$$

其中,保险费费率指的是保险公司规定的进口货物保险费费率。

② 进口从属费的构成和计算

$$进口从属费 = 银行财务费 + 外贸手续费 + 关税 + 消费税 + 进口环节增值税 + 车辆购置税 \qquad (2.11)$$

a. 银行财务费

一般是指在国际贸易结算中,中国银行为进出口商提供金融结算服务所收取的费用。可按下式简化计算:

$$银行财务费 = 离岸价格(FOB) \times 人民币外汇汇率 \times 银行财务费费率 \qquad (2.12)$$

b. 外贸手续费

是指按对外经济贸易部门规定的外贸手续费费率计取的费用,一般取1.5%。计算公式为:

$$外贸手续费 = 到岸价格(CIF) \times 人民币外汇汇率 \times 银行财务费费率 \qquad (2.13)$$

c. 关税

由海关对进出国境或关境的货物和物品征收的一种税。

$$关税 = 到岸价格(CIF) \times 人民币外汇汇率 \times 进口关税税率 \qquad (2.14)$$

到岸价格作为关税的计征基数时,通常又可称为关税完税价格。进口关税税率分为优惠和普通两种。优惠税率适用于与我国签订关税互惠条款的贸易条约或协定的国家的进口设备;普通税率适用于未与我国签订关税互惠条款的贸易条约或协定的国家的进口设备。进口关税税率按我国海关总署的规定计取。

d. 消费税

仅对部分进口设备(如轿车、摩托车等)征收,一般计算公式为:

$$应纳消费税额 = \frac{到岸价格(CIF) \times 人民币外汇汇率 + 关税}{1 - 消费税税率} \times 消费税税率 \qquad (2.15)$$

其中,消费税税率按照国家规定计取。

e. 进口环节增值税

是对从事进口贸易的单位和个人,在进口商品报关进口后征收的税种。我国增值税征收条例规定,进口应税产品均按组成计税价格和增值税税率直接计算应纳税额,即:

$$进口产品增值税额 = 组成计税价格 \times 增值税税率 \tag{2.16}$$

$$组成计税价格 = 关税完税价格 + 关税 + 消费税 \tag{2.17}$$

增值税税率按照国家规定计取。

f. 车辆购置税

进口车辆需缴纳进口车辆购置税,其计算公式如下:

$$进口车辆购置税 = (关税完税价格 + 关税 + 消费税) \times 进口车辆购置税税率 \tag{2.18}$$

【例 2.2】 某项目进口一批工艺设备,其银行财务费为 4.25 万元,外贸手续费为 18.9 万元,关税税率为 20%,增值税税率为 13%,抵岸价为 1 792.19 万元。该批设备无消费税,试计算该批进口设备的到岸价格(CIF)。

【解】 $\dfrac{1\,792.19 - 4.25 - 18.9}{(1 + 13\%) \times (1 + 20\%)} = 1\,304.6$ 万元

2. 设备运杂费

设备运杂费是指国内采购设备自来源地、国外采购设备自到岸港运至工地仓库或指定堆放地点发生的采购、运输、运输保险、保管、装卸等费用。设备运杂费计算公式为:

$$设备运杂费 = 设备原价 \times 设备运杂费费率 \tag{2.19}$$

1) 运费和装卸费

对于国产设备,是指由设备制造厂交货地点起至工地仓库(或施工组织设计指定的需要安装设备的堆放地点)止所发生的运费和装卸费。对于进口设备,则是指由我国到岸港口或边境车站起至工地仓库(或施工组织设计指定的需安装设备的堆放地点)止所发生的运费和装卸费。

2) 包装费

在设备原价中没有包含的、为运输而进行的包装支出的各种费用。

3) 设备供销部门的手续费

按有关部门规定的统一费率计算。

4) 采购与仓库保管费

指采购、验收、保管和收发设备所发生的各种费用,包括设备采购、保管和管理人员工资,工资附加费,办公费,差旅交通费,设备供应部门办公和仓库所占固定资产使用费,工具用具使用费,劳动保护费,检验试验费等。这些费用可按主管部门规定的采购保管费费率计算。

2.2.2　工、器具及生产家具购置费

工、器具及生产家具购置费,是指新建或扩建项目初步设计规定的,保证初期正常生产必须购置的没有达到固定资产标准的设备、仪器、工卡模具、器具、生产家具和备品备件等的购置费用。一般以设备购置费为计算基数,按照部门或行业规定的工、器具及生产家具费率计算,计算公式为:

$$工、器具及生产家具购置费 = 设备购置费 \times 定额费率 \tag{2.20}$$

【例 2.3】　某宾馆设计采用进口电梯一部,数据分别如下:

1. 每台毛重 3 t,离岸价格(FOB)每台 60 000 美元。
2. 海运费费率 6%。
3. 海运保险费费率 2.66‰。
4. 进口关税税率 22%。
5. 增值税税率 13%。
6. 银行财务费费率 4‰
7. 外贸手续费费率 1.5%。
8. 到货口岸至安装现场 300 km,运输费 0.60 元/(t·km),装、卸费均为 50 元/t。
9. 国内运输保险费费率为 1‰。
10. 现场保管费费率为 2‰。

试计算每台进口电梯自出口国口岸离岸运至安装现场的预算价格(美元对人民币汇率按 1:7 计算,计算保留整数)。

【解】　货价(FOB) $= 60\,000 \times 7 = 420\,000$ 元

国际运费(海运费) $=$ 货价 $\times$ 海运费费率 $= 420\,000 \times 6\% = 25\,200$ 元

运输保险费 $= \dfrac{(原币货价 + 国际运费) \times 海运保险费费率}{1 - 海运保险费费率}$

$\qquad\quad = \dfrac{(420\,000 + 25\,200) \times 2.66‰}{1 - 2.66‰} = 1\,187$ 元

关税 $=$ 到岸价(CIF) $\times$ 进口关税税率

$\quad\ = (货价 + 国际运费 + 运输保险费) \times 进口关税税率$

$\quad\ = (420\,000 + 25\,200 + 1\,187) \times 22\% = 98\,205$ 元

增值税 $=$ (关税完税价格 $+$ 关税) $\times$ 增值税税率

$\qquad\ = (420\,000 + 25\,200 + 1\,187 + 98\,205) \times 13\% = 70\,797$ 元

银行财务费 $=$ 人民币货价(FOB) $\times$ 银行财务费费率

$\qquad\qquad = 420\,000 \times 4‰ = 1\,680$ 元

外贸手续费 $=$ [装运港船上交货价(FOB) $+$ 国际运费 $+$ 运输保险费] $\times$ 外贸手续费费率

$\qquad\qquad = (420\,000 + 25\,200 + 1\,187) \times 1.5\% = 6\,696$ 元

设备原价 $= 420\,000 + 25\,200 + 1\,187 + 98\,205 + 70\,797 + 1\,680 + 6\,696 = 623\,765$ 元

运输及装卸费 $= 3 \times (300 \times 0.6 + 50 \times 2) = 840$ 元

运输保险费 $=$ (设备原价 $+$ 国内运输及装卸费) $\times$ 国内运输保险费费率

$$= (623\,765 + 840) \times 1‰ = 625 \text{ 元}$$

现场保管费 = (设备原价 + 国内运输及装卸费 + 运输保险费) × 现场保管费费率

$$= (623\,765 + 840 + 625) \times 2‰ = 1\,250 \text{ 元}$$

国内运杂费 = 840 + 625 + 1 250 = 2 715 元

预算价格 = 设备原价 + 国内运杂费 = 623 765 + 2 715 = 626 480 元

2.3 建筑安装工程费用的构成

2.3.1 建筑安装工程费用内容

1. 建筑工程费用内容

(1) 各类房屋建筑工程和列入房屋建筑工程预算的供水、供暖、卫生、通风、煤气等设备费用及其装饰、油饰工程的费用,列入建筑工程预算的各种管道、电力、电信和电缆导线敷设工程的费用。

(2) 设备基础、支柱、工作台、烟囱、水塔、水池、灰塔等建筑工程以及各种炉窑的砌筑工程和金属结构工程的费用。

(3) 为施工而进行的场地平整、工程和水文地质勘查,原有建筑物和障碍物的拆除以及施工临时用水、电、暖、气、路、通信和完工后的场地清理,环境绿化、美化等工作的费用。

(4) 矿井开凿、井巷延伸、露天矿剥离,石油、天然气钻井,修建铁路、公路、桥梁、水库、堤坝、灌渠以及防洪等工程的费用。

2. 安装工程费用内容

(1) 生产、动力、起重、运输、传动和医疗、试验等各种需要安装的机械设备的装配费用,与设备相连的工作台、梯子、栏杆等设施的工程费用,附属于被安装设备的管线敷设工程费用,以及被安装设备的绝缘、防腐、保温、油漆等工作的材料费和安装费。

(2) 为测定安装工程质量,对单台设备进行单机试运转、对系统设备进行系统联动无负荷试运转工作的调试费用。

2.3.2 建筑安装工程费用项目组成

根据住房和城乡建设部、财政部颁布的《关于印发〈建筑安装工程费用项目组成〉的通知》(建标〔2013〕44号),我国现行建筑安装工程费用项目按两种不同的方式划分,即按费用构成要素划分和按造价形成划分。其具体构成如图2.2所示。

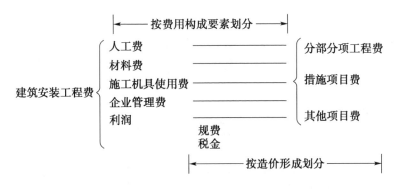

图 2.2　建筑安装工程费用项目构成

1. 建筑安装工程费用项目组成（按费用构成要素划分）

按照费用构成要素划分,建筑安装工程费由人工费、材料(包含工程设备,下同)费、施工机具使用费、企业管理费、利润、规费和增值税组成。其中人工费、材料费、施工机具使用费、企业管理费和利润包含在分部分项工程费、措施项目费、其他项目费中(见图 2.3)。

1）人工费

建筑安装工程费中的人工费,是指按工资总额构成规定,支付给从事建筑安装工程施工的生产工人和附属生产单位工人的各项费用。计算人工费的基本要素有两个,即人工工日消耗量和人工日工资单价。

人工工日消耗量,是指在正常施工生产条件下,完成规定计量单位的建筑安装产品所消耗的生产工人的工日数量。它由分项工程所综合的各个工序劳动定额包括的基本用工、其他用工两部分组成。

人工日工资单价,是指直接从事建筑安装工程施工的生产工人在每个法定工作日的工资、津贴及奖金等。

人工费的基本计算公式为:

$$人工费 = \sum (工日消耗量 \times 日工资单价) \tag{2.21}$$

为了完善建设工程人工单价市场形成机制,住房和城乡建设部发布了《住房城乡建设部关于加强和改善工程造价监管的意见》(建标〔2017〕209 号),文件中提出"改革计价依据中人工单价的计算方法,使其更加贴近市场,满足市场实际需要。扩大人工单价计算口径,将单价构成调整为工资、津贴、职工福利费、劳动保护费、社会保险费、住房公积金、工会经费、职工教育经费以及特殊情况下工资性费用,并依据新材料、新技术的发展,及时调整人工消耗量"。

2）材料费

建筑安装工程费中的材料费,是指工程施工过程中耗费的各种原材料、辅助材料、构配件、零件、半成品或成品、工程设备等的费用,以及周转材料等的摊销、租赁费用。计算材料费的基本要素是材料消耗量和材料单价。

材料消耗量,是指在正常施工生产条件下,完成规定计量单位的建筑安装产品所消耗的各类材料的净用量和不可避免的损耗量。

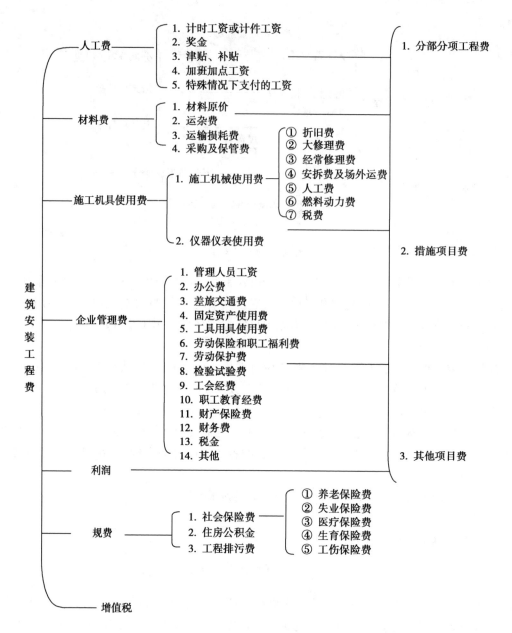

图 2.3　建筑安装工程费用项目组成（按费用构成要素划分）

材料单价，是指建筑材料从其来源地运到施工工地仓库直至出库形成的综合平均单价。材料单价由材料原价、运杂费、运输损耗费、采购及保管费组成。当采用一般计税方法时，材料单价中的材料原价、运杂费等均应扣除增值税进项税额。

材料费的基本计算公式为：

$$材料费 = \sum(材料消耗量 \times 材料单价) \tag{2.22}$$

（1）材料原价，是指材料、工程设备的出厂价格或商家供应价格。

（2）运杂费，是指材料、工程设备自来源地运至工地仓库或指定堆放地点所发生的全部费用。

（3）运输损耗费，是指材料在运输装卸过程中不可避免的损耗。

（4）采购及保管费，是指为组织采购、供应和保管材料、工程设备的过程中所需要的各项费用。包括采购费、仓储费、工地保管费、仓储损耗。

工程设备是指构成或计划构成永久工程一部分的机电设备、金属结构设备、仪器装置及其他类似的设备和装置。

3）施工机具使用费

施工机具使用费是指施工作业所发生的施工机械、仪器仪表使用费或其租赁费。

（1）施工机械使用费，是指施工机械作业发生的使用费或租赁费。构成施工机械使用费的基本要素是施工机械台班消耗量和机械台班单价。

施工机械台班消耗量是指在正常施工生产条件下，完成规定计量单位的建筑安装产品所消耗的施工机械台班的数量。

施工机械台班单价是指折合到每台班的施工机械使用费。

施工机械使用费的基本计算公式为：

$$施工机械使用费 = \sum（施工机械台班消耗量 \times 施工机械台班单价）\qquad(2.23)$$

施工机械台班单价通常由折旧费、大修理费、经常修理费、安拆费及场外运费、人工费、燃料动力费和税费组成。

（2）仪器仪表使用费，是指工程施工所需使用的仪器仪表的摊销及维修费用。与施工机械使用费类似，仪器仪表使用费的基本计算公式为：

$$仪器仪表使用费 = \sum（仪器仪表台班消耗量 \times 仪器仪表台班单价）\qquad(2.24)$$

仪器仪表台班单价通常由折旧费、维护费、校验费和动力费组成。

当采用一般计税方法时，施工机械台班单价和仪器仪表台班单价中的相关子项均需扣除增值税进项税额。

4）企业管理费

企业管理费是指施工单位组织施工生产和经营管理所发生的费用。内容包括：

（1）管理人员工资，是指按规定支付给管理人员的计时工资、奖金、津贴补贴、加班加点工资及特殊情况下支付的工资等。

（2）办公费，是指企业管理办公用的文具、纸张、账簿、印刷、邮电、书报、办公软件、现场监控、会议、水电、烧水和集体取暖降温（包括现场临时宿舍取暖降温）等费用。当采用一般计税方法时，办公费中增值税进项税额的扣除原则为：以购进货物适用的相应税率扣减，其中购进自来水、暖气、冷气、图书、报纸、杂志等适用的税率为9%，接受邮政和基础电信服务等适用的税率为9%，接受增值电信服务等适用的税率为6%，其他一般为13%。

（3）差旅交通费，是指职工因公出差、调动工作的差旅费、住勤补助费，市内交通费和误餐补助费，职工探亲路费，劳动力招募费，职工退休、退职一次性路费，工伤人员就医路费，工地转移费以及管理部门使用的交通工具的油料、燃料等费用。

（4）固定资产使用费，是指管理和试验部门及附属生产单位使用的属于固定资产的房屋、设备、仪器等的折旧、大修、维修或租赁费。当采用一般计税方法时，固定资产使用费中增值税进项税额的扣除原则为:购入的不动产适用的税率为9%,购入的其他固定资产适用的税率为13%;设备、仪器的折旧、大修、维修或租赁费以购进货物、接受修理修配劳务或租赁有形动产服务适用的税率扣除,均为13%。

(5) 工具用具使用费,是指企业施工生产和管理使用的不属于固定资产的工具、器具、家具、交通工具和检验、试验、测绘、消防用具等的购置、维修和摊销费。当采用一般计税方法时,工具用具使用费中增值税进项税额的扣除原则为:以购进货物或接受修理修配劳务适用的税率扣减,均为13%。

(6) 劳动保险和职工福利费,是指由企业支付的职工退职金、按规定支付给离休干部的经费,集体福利费,夏季防暑降温、冬季取暖补贴,上下班交通补贴等。

(7) 劳动保护费,是企业按规定发放的劳动保护用品的支出。如工作服、手套、防暑降温饮料以及在有碍身体健康的环境中施工的保健费用等。

(8) 检验试验费,是指施工企业按照有关标准规定,对建筑以及材料、构件和建筑安装物进行一般鉴定、检查所发生的费用,包括自设试验室进行试验所耗用的材料等费用。不包括新结构、新材料的试验费,对构件做破坏性试验及其他特殊要求检验试验的费用和建设单位委托检测机构进行检测的费用,对此类检测发生的费用,由建设单位在工程建设其他费用中列支。但对施工企业提供的具有合格证明的材料进行检测不合格的,该检测费用由施工企业支付。当采用一般计税方法时,检验试验费中增值税进项税额以现代服务业适用的税率6%扣减。

(9) 工会经费,是指企业按《工会法》规定的全部职工工资总额比例计提的工会经费。

(10) 职工教育经费,是指按职工工资总额的规定比例计提,企业为职工进行专业技术和职业技能培训,专业技术人员继续教育、职工职业技能鉴定、职业资格认定以及根据需要对职工进行各类文化教育所发生的费用。

(11) 财产保险费,是指施工管理用财产、车辆等的保险费用。

(12) 财务费,是指企业为施工生产筹集资金或提供预付款担保、履约担保、职工工资支付担保等所发生的各种费用。

(13) 税金,是指企业按规定缴纳的房产税、非生产性车船使用税、土地使用税、印花税、城市维护建设税、教育费附加、地方教育附加等各项税费。

(14) 其他费用,包括技术转让费、技术开发费、投标费、业务招待费、绿化费、广告费、公证费、法律顾问费、审计费、咨询费、保险费等。

企业管理费的计费方法:

企业管理费一般采用取费基数乘以费率的方法计算,取费基数有三种,分别是以直接费为计算基础、以人工费和施工机具使用费合计为计算基础及以人工费为计算基础。企业管理费费率计算方法如下:

第一种,以直接费为计算基础:

$$企业管理费费率 = \frac{生产工人平均管理费}{年有效施工天数 \times 人工单价} \times 人工费占直接费的比例 \times 100\%$$

(2.25)

第二种,以人工费和施工机具使用费合计为计算基础:

$$企业管理费费率 = \frac{生产工人年平均管理费}{年有效施工天数 \times (人工单价 + 每一台班施工机具使用费)} \times 100\% \tag{2.26}$$

第三种，以人工费为计算基础：

$$企业管理费费率 = \frac{生产工人年平均管理费}{年有效施工天数 \times 人工单价} \times 100\% \tag{2.27}$$

工程造价管理机构在确定计价定额中的企业管理费时，应以定额人工费或定额人工费与施工机具使用费之和作为计算基数，其费率根据历年积累的工程造价资料，辅以调查数据确定。

5) 利润

利润是指施工单位从事建筑安装工程施工所获得的盈利，由施工企业根据企业自身需求并结合建筑市场实际自主确定。工程造价管理机构在确定计价定额中利润时，应以定额人工费或定额人工费与施工机具使用费之和作为计算基数，其费率根据历年积累的工程造价资料，并结合建筑市场实际、项目竞争情况、项目规模与难易程度等确定，以单位(单项)工程测算。利润在税前建筑安装工程费的比重可按不低于 5% 且不高于 7% 的费率计算。

6) 规费

是指按国家法律、法规规定，由省级政府和省级有关权力部门规定施工单位必须缴纳或计取，应计入建筑安装工程造价的费用。主要包括社会保险费和住房公积金。

(1) 社会保险费，包括：

① 养老保险费：是指企业按照规定标准为职工缴纳的基本养老保险费。

② 失业保险费：是指企业按照规定标准为职工缴纳的失业保险费。

③ 医疗保险费：是指企业按照规定标准为职工缴纳的基本医疗保险费。

④ 生育保险费：是指企业按照规定标准为职工缴纳的生育保险费。

⑤ 工伤保险费：是指企业按照规定标准为职工缴纳的工伤保险费。

(2) 住房公积金：是指企业按照规定标准为职工缴纳的住房公积金。

社会保险费和住房公积金应以定额人工费为计算基础，根据工程所在地省、自治区、直辖市或行业建设主管部门规定费率计算。

$$社会保险费和住房公积金 = \sum (工程定额人工费 \times 社会保险费和住房公积金费率) \tag{2.28}$$

社会保险费和住房公积金费率可以每万元发承包价的生产工人人工费和管理人员工资含量与工程所在地规定的缴纳标准综合分析取定。

7) 增值税

建筑安装工程费用中的增值税按税前造价乘以增值税税率确定。

(1) 采用一般计税方法时增值税的计算

当采用一般计税方法时，建筑业增值税税率为 9%。计算公式为：

$$增值税 = 税前造价 \times 9\% \tag{2.29}$$

税前造价为人工费、材料费、施工机具使用费、企业管理费、利润和规费之和，各费用项目均以不包含增值税可抵扣进项税额的价格计算。

（2）采用简易计税方法时增值税的计算

① 简易计税的适用范围

根据《营业税改征增值税试点实施办法》《营业税改征增值税试点有关事项的规定》以及《关于建筑服务等营改增试点政策的通知》的规定，简易计税方法主要适用于以下几种情况：

第一，小规模纳税人发生应税行为适用简易计税方法计税。小规模纳税人通常是指纳税人提供建筑服务的年应征增值税销售额未超过 500 万元，并且会计核算不健全，不能按规定报送有关税务资料的增值税纳税人。年应税销售额超过 500 万元但不经常发生应税行为的单位也可选择按照小规模纳税人计税。

第二，一般纳税人以清包工方式提供的建筑服务，可以选择适用简易计税方法计税。以清包工方式提供建筑服务，是指施工方不采购建筑工程所需的材料或只采购辅助材料，并收取人工费、管理费或者其他费用的建筑服务。

第三，一般纳税人为甲供工程提供的建筑服务，可以选择适用简易计税方法计税。甲供工程是指全部或部分设备、材料、动力由工程发包方自行采购的建筑工程，其中建筑工程总承包单位为房屋建筑的地基与基础、主体结构提供工程服务，建设单位自行采购全部或部分钢材、混凝土、砌体材料、预制构件的，适用简易计税方法计税。

按照《建筑工程施工质量验收统一标准》（GB 50300—2013）附录 B《建筑工程的分部工程、分项工程划分》中的规定，地基与基础工程包括地基、基础、基坑支护、地下水控制、土方、边坡、地下防水等子分部工程，主体结构包括混凝土结构、砌体结构、钢结构、钢管混凝土结构、型钢混凝土结构、铝合金结构、木结构等子分部工程。

第四，一般纳税人为建筑工程老项目提供的建筑服务，可以选择适用简易计税方法计税。建筑工程老项目指的是《建筑工程施工许可证》注明的合同开工日期在 2016 年 4 月 30 日前的建筑工程项目；未取得《建筑工程施工许可证》的，建筑工程承包合同注明的开工日期在 2016 年 4 月 30 日前的建筑工程项目。

② 简易计税的计算方法

当采用简易计税方法时，建筑业增值税税率为 3%。计算公式为：

$$增值税 = 税前造价 \times 3\% \tag{2.30}$$

税前造价为人工费、材料费、施工机具使用费、企业管理费、利润和规费之和，各费用项目均以包含增值税进项税额的含税价格计算。

营改增方案实施后，城市维护建设税、教育费附加、地方教育附加的计算基数均为应纳增值税额（即销项税额－进项税额），但由于在工程造价的前期预测时，无法明确可抵扣的进项税额的具体数额，造成此三项附加税无法计算。因此，根据《财政部关于印发〈增值税会计处理规定〉的通知》（财会〔2016〕22 号），城市维护建设税、教育费附加、地方教育附加等均作为"税金及附加"，在管理费中计算。

2. 建筑安装工程费用项目组成（按造价形成划分）

建筑安装工程费按照工程造价形成由分部分项工程费、措施项目费、其他项目费、规费、增值税组成，分部分项工程费、措施项目费、其他项目费包含人工费、材料费、施工机具使用费、企业管理费和利润(见图 2.4)。

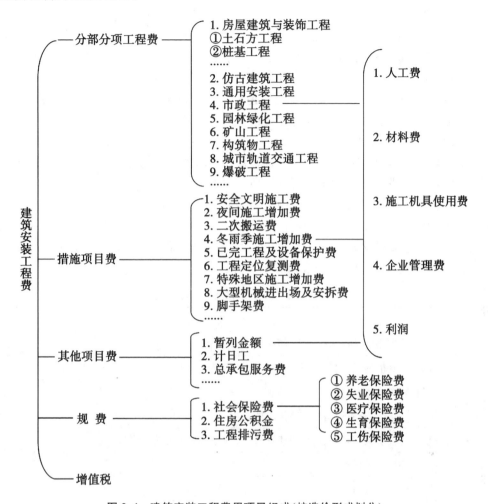

图 2.4　建筑安装工程费用项目组成(按造价形成划分)

1) 分部分项工程费

分部分项工程费是指各专业工程的分部分项工程应予列支的各项费用。分部分项工程费通常用分部分项工程量乘以综合单价进行计算。

$$分部分项工程费 = \sum(分部分项工程量 \times 综合单价) \tag{2.31}$$

综合单价包括人工费、材料费、施工机具使用费、企业管理费和利润以及一定范围的风险费用。

(1) 专业工程,是指按现行国家计量规范划分的房屋建筑与装饰工程、仿古建筑工程、通用安装工程、市政工程、园林绿化工程、矿山工程、构筑物工程、城市轨道交通工程、爆破工程等各类工程。

(2) 分部分项工程,指按现行国家计量规范对各专业工程划分的项目。如房屋建筑与装饰工程划分的土石方工程、地基处理与桩基工程、砌筑工程、钢筋及钢筋混凝土工程等。

各类专业工程的分部分项工程划分见现行国家或行业计量规范。

2）措施项目费

措施项目费是指为完成建设工程施工，发生于该工程施工前和施工过程中的技术、生活、安全、环境保护等方面的费用。措施项目及其包含的内容应遵循各类专业工程的现行国家或行业工程量计算规范。根据《住房城乡建设部　财政部关于印发〈建筑安装工程费用项目组成的通知〉》（建标〔2013〕44号），措施项目费可以归纳为以下几项：

（1）安全文明施工费。安全文明施工费是指工程项目施工期间，施工单位为保证安全施工、文明施工和保护现场内外环境等所发生的措施项目费用。通常由环境保护费、文明施工费、安全施工费、临时设施费组成。

①环境保护费：是指施工现场为达到环保部门要求所需要的各项费用。

②文明施工费：是指施工现场文明施工所需要的各项费用。

③安全施工费：是指施工现场安全施工所需要的各项费用。

④临时设施费：是指施工企业为进行建设工程施工所必须搭设的生活和生产用的临时建筑物、构筑物和其他临时设施费用。包括临时设施的搭设、维修、拆除、清理费或摊销费等。

各项安全文明施工费的具体内容如表2.1所示。

表2.1　安全文明施工措施费的主要内容

项目名称	工作内容及包含范围
环境保护费	现场施工机械设备降低噪声、防扰民措施费用
	水泥和其他易飞扬细颗粒建筑材料密闭存放或采取覆盖措施等费用
	工程防扬尘洒水费用
	土石方、建筑弃渣外运车辆防护措施费用
	现场污染源的控制、生活垃圾清理外运、场地排水排污措施费用
	其他环境保护措施费用
文明施工费	"五牌一图"费用
	现场围挡的墙面美化（包括内外墙粉刷、刷白、标语等）、压顶装饰费用
	现场厕所便槽刷白、贴面砖，水泥砂浆地面或地砖铺砌，建筑物内临时便溺设施费用
	其他施工现场临时设施的装饰装修、美化措施费用
	现场生活卫生设施费用
	符合卫生要求的饮水设备、淋浴、消毒等设施费用
	生活用洁净燃料费用
	防煤气中毒、防蚊虫叮咬等措施费用
	施工现场操作场地的硬化费用
	现场绿化费用、治安综合治理费用
	现场配备医药保健器材、物品费用和急救人员培训费用
	现场工人的防暑降温费，电风扇、空调等设备及用电费用
	其他文明施工措施费用

项目名称	工作内容及包含范围
安全施工费	安全资料、特殊作业专项方案的编制,安全施工标志的购置以及安全宣传费用
	"三宝"(安全帽、安全带、安全网)、"四口"(楼梯口、电梯井口、通道门、预留洞口)、"五临边"(阳台围边、楼板围边、屋面围边、槽坑围边、卸料平台两侧),水平防护架、垂直防护架、外架封闭等防护费用
	施工安全用电的费用,包括配电箱三级配电、两级保护装置要求、外电防护措施费用
	起重机、塔吊等起重设备(含井架、门架)及外用电梯的安全防护措施(含警示标志)费用及卸料平台的临边防护、层间安全门、防护棚等设施费用
	建筑工地起重机械的检验检测费用
	施工机具防护棚及其围栏的安全保护设施费用
	施工安全防护通道费用
	工人的安全防护用品、用具购置费用
	消防设施与消防器材的配置费用
	电气保护、安全照明设施费
	其他安全防护措施费用
临时设施费	施工现场采用彩色、定型钢板,砖、混凝土砌块等围挡的安砌、维修、拆除费或摊销费
	施工现场临时建筑物、构筑物的搭设、维修、拆除或摊销的费用,如临时宿舍、办公室、食堂、厨房、厕所、诊疗所、临时文化福利用房、临时仓库、加工场、搅拌台、临时简易水塔、水池等
	施工现场临时设施的搭设、维修、拆除或摊销的费用,如临时供水管道、临时供电管线、小型临时设施等
	施工现场规定范围内临时简易道路铺设,临时排水沟、排水设施安砌、维修、拆除的费用
	其他临时设施搭设、维修、拆除或摊销的费用

根据《住房和城乡建设部 人力资源社会保障部关于印发〈建筑工人实名制管理办法(试行)〉的通知》(建市〔2019〕18 号)的规定,实施建筑工人实名制管理所需费用可列入安全文明施工费和管理费。

(2)夜间施工增加费。夜间施工增加费是指因夜间施工所发生的夜班补助费、夜间施工降效、夜间施工照明设备摊销及照明用电等费用。其由以下各项组成:

① 夜间固定照明灯具和临时可移动照明灯具的设置、拆除费用。

② 夜间施工时,施工现场交通标志、安全标牌、警示灯的设置、移动、拆除费用。

③ 夜间照明设备摊销及照明用电、施工人员夜班补助、夜间施工劳动效率降低等费用。

(3)非夜间施工照明费。非夜间施工照明费是指为保证工程施工正常进行,在地下室等特殊施工部位施工时所采用的照明设备的安拆、维护及照明用电等费用。

(4)二次搬运费。二次搬运费是指因施工管理需要或因场地狭小等原因,导致建筑材料、设备等不能一次搬运到位,必须发生的二次或二次以上搬运所需的费用。

(5)冬雨季施工增加费。冬雨季施工增加费是指因冬雨季天气原因导致施工效率降低加大投入而增加的费用,以及为确保冬雨季施工质量和安全而采取的保温、防雨等措施所需的费用。其由以下各项组成:

① 冬雨(风)季施工时增加的临时设施(防寒保温、防雨、防风设施)的搭设、拆除费用。

② 冬雨(风)季施工时,对砌体、混凝土等采用的特殊加温、保温和养护措施费用。

③ 冬雨(风)季施工时,施工现场的防滑处理、对影响施工的雨雪的清除费用。

④ 冬雨(风)季施工时增加的临时设施、施工人员的劳动保护用品、冬雨(风)季施工劳动效率降低等费用。

(6) 地上、地下设施及建筑物的临时保护设施费。在工程施工过程中,对已建成的地上、地下设施和建筑物进行的遮盖、封闭、隔离等必要保护措施所发生的费用。

(7) 已完工程及设备保护费。竣工验收前,对已完工程及设备采取的覆盖、包裹、封闭、隔离等必要保护措施所发生的费用。

(8) 工程定位复测费。是指工程施工过程中进行全部施工测量放线和复测工作的费用。

(9) 脚手架费。脚手架费是指施工需要的各种脚手架搭、拆、运输费用以及脚手架购置费的摊销(或租赁)费用。其通常包括以下内容:

① 施工时可能发生的场内、场外材料搬运费用。

② 搭、拆脚手架、斜道、上料平台费用。

③ 安全网的铺设费用。

④ 拆除脚手架后材料的堆放费用。

(10) 混凝土模板及支架(撑)费。混凝土施工过程中需要的各种钢模板、木模板、支架等的支拆、运输费用及模板、支架的摊销(或租赁)费用。其由以下各项组成:

① 混凝土施工过程中需要的各种模板制作费用。

② 模板安装、拆除、整理堆放及场内外运输费用。

③ 清理模板黏结物及模内杂物、刷隔离剂等费用。

(11) 垂直运输费。垂直运输费是指现场所用材料、机具从地面运至相应高度以及职工人员上下工作面等所发生的运输费用。其由以下各项组成:

① 垂直运输机械的固定装置、基础制作、安装费。

② 行走式垂直运输机械轨道的铺设、拆除、摊销费。

(12) 超高施工增加费。当单层建筑物檐口高度超过 20 m、多层建筑物超过 6 层时,可计算超高施工增加费。其由以下各项组成:

① 建筑物超高引起的人工工效降低以及由于人工工效降低引起的机械降效费。

② 高层施工用水加压水泵的安装、拆除及工作台班费。

③ 通信联络设备的使用及摊销费。

(13) 大型机械设备进出场及安拆费。机械整体或分体自停放场地运至施工现场或由一个施工地点运至另一个施工地点,所发生的机械进出场运输和转移费用及机械在施工现场进行安装、拆卸所需的人工费、材料费、机具费、试运转费和安装所需的辅助设施的费用。其由安拆费和进出场费组成。

① 安拆费,包括施工机械、设备在现场进行安装拆卸所需人工、材料、机具和试运转的费用以及机械辅助设施的折旧、搭设、拆除等费用。

② 进出场费,包括施工机械、设备整体或分体自停放地点运至施工现场或由一施工地点运至另一施工地点所发生的运输、装卸、辅助材料等费用。

(14) 施工排水、降水费。施工排水、降水费是指将施工期间有碍施工作业和影响工程质量的水排到施工场地以外,以及防止在地下水位较高的地区开挖深基坑出现基坑浸水,地基承载力下降,在动水压力作用下还可能引起流砂、管涌和边坡失稳等现象而必须采取有效的降水和排水措施的费用。该项费用由成井和排水、降水两个独立的费用项目组成。

① 成井的费用主要包括:准备钻孔机械、埋设护筒、钻机就位,泥浆制作、固壁、成孔、出渣、清孔等费用;对接上、下井管(波管),焊接,安防,下滤料,洗井,连接试抽等费用。

② 排水、降水的费用主要包括:管道安装、拆除,场内搬运等费用;抽水、值班、降水设备维修等费用。

(15) 其他费用。根据项目的专业特点或所在地区不同,可能会出现其他的措施项目,如工程定位复测费和特殊地区施工增加费等。

按照有关国家计量规范规定,措施项目分为应予计量的措施项目和不宜计量的措施项目两类,分别予以计算。

其一,应予计量的措施项目,与分部分项工程费的计算方法基本相同,公式为:

$$措施项目费 = \sum(措施项目工程量 \times 综合单价) \tag{2.32}$$

不同的措施项目其工程量的计算单位是不同的,具体将在第4章中加以介绍。

其二,不宜计量的措施项目,通常用计算基数乘以费率的方法予以计算。

其中,安全文明施工费的计算公式为:

$$安全文明施工费 = 计算基数 \times 安全文明施工费费率 \tag{2.33}$$

计算基数应为定额基价(定额分部分项工程费+定额中可以计量的措施项目费)、定额人工费或定额人工费与施工机具使用费之和,其费率由工程造价管理机构根据各专业工程的特点综合确定。

其余不宜计量的措施项目包括夜间施工增加费,非夜间施工照明费,二次搬运费,冬雨季施工增加费,地上、地下设施和建筑物的临时保护设施费,已完工程及设备保护费等,计算公式为:

$$措施项目费 = 计算基数 \times 措施项目费费率 \tag{2.34}$$

式(2.34)中的计算基数应为定额人工费或定额人工费与定额施工机具使用费之和,其费率由工程造价管理机构根据各专业工程特点和调查资料综合分析后确定。

3)其他项目费

(1) 暂列金额。暂列金额是指建设单位在工程量清单中暂定并包括在工程合同价款中的一笔款项。用于施工合同签订时尚未确定或者不可预见的所需材料、工程设备、服务的采购,施工中可能发生的工程变更、合同约定调整因素出现时的工程价款调整以及发生的索赔、现场签证确认等的费用。

(2) 暂估价。暂估价是指招标人在工程量清单或预算书中提供的用于支付必然发生但暂时不能确定价格的材料、工程设备的单价、专业工程以及服务工作的金额。

暂估价中的材料、工程设备暂估单价根据工程造价信息或参照市场价格估算,计入综合单价;专业工程暂估价分不同专业,按有关计价规定估算。暂估价在施工中按照合同约定再加以调整。

（3）计日工。计日工是指在施工过程中，施工单位完成建设单位提出的工程合同范围以外的零星项目或工作，按照合同中约定的单价计价形成的费用。

计日工由建设单位和施工单位按施工过程中形成的有效签证来计价。

（4）总承包服务费。总承包服务费是指总承包人为配合、协调建设单位进行的专业工程发包，对建设单位自行采购的材料、工程设备等进行保管以及施工现场管理、竣工资料汇总整理等服务所需的费用。

总承包服务费由建设单位在招标控制价中根据总包范围和有关计价规定编制，施工单位投标时自主报价，施工过程中按签约合同价执行。

4）规费

定义同 2.3.2 节第 1 部分。

5）增值税

定义同 2.3.2 节第 1 部分。

2.3.3　建筑安装工程费用参考计算方法

1. 各费用构成要素参考计算方法

1）人工费

人工费的计算公式为：

$$人工费 = \sum(工日消耗量 \times 日工资单价) \tag{2.35}$$

其中，日工资单价是指施工企业平均技术熟练程度的生产工人在每工作日（国家法定工作时间内）按规定从事施工作业应得的日工资总额。其计算公式为：

$$日工资单价 = \frac{生产工人平均月工资(计时、计件) + 平均月(奖金 + 津贴补贴 + 特殊情况下支付的工资)}{年平均每月法定工作日} \tag{2.36}$$

工程造价管理机构确定日工资单价应通过市场调查、根据工程项目的技术要求，参考实物工程量人工单价综合分析确定，最低日工资单价不得低于工程所在地人力资源和社会保障部门所发布的最低工资标准的：普工 1.3 倍、一般技工 2 倍、高级技工 3 倍。

工程计价定额不可只列一个综合工日单价，应根据工程项目技术要求和工种差别适当划分多种日人工单价，确保各分部工程人工费的合理构成。

2）材料费

（1）材料费

$$材料费 = \sum(材料消耗量 \times 材料单价) \tag{2.37}$$

材料单价 = [(材料原价 + 运杂费) × (1 + 运输损耗率)] × (1 + 采购保管费费率)

$$\tag{2.38}$$

（2）工程设备费

$$工程设备费 = \sum(工程设备量 \times 工程设备单价) \tag{2.39}$$

$$工程设备单价 = (设备原价 + 运杂费) \times (1 + 采购保管费费率) \tag{2.40}$$

3）施工机具使用费

（1）施工机械使用费

$$施工机械使用费 = \sum(施工机械台班消耗量 \times 机械台班单价) \tag{2.41}$$

机械台班单价 = 台班折旧费 + 台班大修费 + 台班经常修理费 + 台班安拆费及场外运费 + 台班人工费 + 台班燃料动力费 + 台班车船税费 （2.42）

工程造价管理机构在确定计价定额中的施工机械使用费时，应根据《建筑施工机械台班费用计算规则》结合市场调查编制施工机械台班单价。施工企业可以参考工程造价管理机构发布的台班单价，自主确定施工机械使用费的报价，如租赁施工机械，公式为：

$$施工机械使用费 = \sum(施工机械台班消耗量 \times 机械台班租赁单价) \tag{2.43}$$

（2）仪器仪表使用费

$$仪器仪表使用费 = 工程使用的仪器仪表摊销费 + 维修费 \tag{2.44}$$

4）企业管理费费率

（1）以分部分项工程费为计算基础

$$企业管理费费率 = \frac{生产工人年平均管理费}{年有效施工天数 \times 人工单价} \times 人工费占分部分项工程费比例 \times 100\% \tag{2.45}$$

（2）以人工费和机械费合计为计算基础

$$企业管理费费率 = \frac{生产工人年平均管理费}{年有效施工天数 \times (人工单价 + 每一工日机械使用费)} \times 100\% \tag{2.46}$$

（3）以人工费为计算基础

$$企业管理费费率 = \frac{生产工人年平均管理费}{年有效施工天数 \times 人工单价} \times 100\% \tag{2.47}$$

上述公式适用于施工企业投标报价时自主确定管理费，是工程造价管理机构编制计价定额，确定企业管理费的参考依据。

工程造价管理机构在确定计价定额中企业管理费时，应以定额人工费或（定额人工费 + 定额机械费）作为计算基数，其费率根据历年工程造价积累的资料，辅以调查数据确定，列入分部分项工程和措施项目中。

5）利润

利润由施工企业根据企业自身需求并结合建筑市场实际自主确定，列入报价中。

工程造价管理机构在确定计价定额中利润时，应以定额人工费或（定额人工费 + 定额机械费)作为计算基数,其费率根据历年工程造价积累的资料,并结合建筑市场实际确定,以单位(单项)工程测算,利润在税前建筑安装工程费的比重可按不低于5%且不高于7%的费率计算。利润应列入分部分项工程和措施项目中。

6)规费

(1)社会保险费和住房公积金

社会保险费和住房公积金应以定额人工费为计算基础,根据工程所在地省、自治区、直辖市或行业建设主管部门规定费率计算。

$$社会保险费和住房公积金 = \sum(工程定额人工费 \times 社会保险费和住房公积金费率)$$

$$(2.48)$$

式中,社会保险费和住房公积金费率可以每万元发承包价的生产工人人工费和管理人员工资含量与工程所在地规定的缴纳标准综合分析取定。

(2)工程排污费

工程排污费等其他应列而未列入的规费应按工程所在地环境保护等部门规定的标准缴纳,按实计取列入。

7)增值税

$$增值税 = 税前造价 \times 增值税税率 \qquad (2.49)$$

2. 建筑安装工程计价参考公式

1)分部分项工程费

$$分部分项工程费 = \sum(分部分项工程量 \times 综合单价) \qquad (2.50)$$

式中,综合单价包括人工费、材料费、施工机具使用费、企业管理费和利润以及一定范围的风险费用(下同)。

2)措施项目费

(1)国家计量规范规定应予计量的措施项目,其计算公式为:

$$措施项目费 = \sum(措施项目工程量 \times 综合单价) \qquad (2.51)$$

(2)国家计量规范规定不宜计量的措施项目,其计算方法如下:

① 安全文明施工费

$$安全文明施工费 = 计算基数 \times 安全文明施工费费率 \qquad (2.52)$$

计算基数应为定额基价(定额分部分项工程费+定额中可以计量的措施项目费)、定额人工费或(定额人工费+定额机械费),其费率由工程造价管理机构根据各专业工程的特点综合确定。

② 夜间施工增加费

$$夜间施工增加费 = 计算基数 \times 夜间施工增加费费率 \qquad (2.53)$$

③ 二次搬运费

$$二次搬运费 = 计算基数 \times 二次搬运费费率 \qquad (2.54)$$

④ 冬雨季施工增加费

$$冬雨季施工增加费 = 计算基数 \times 冬雨季施工增加费费率 \qquad (2.55)$$

⑤ 已完工程及设备保护费

$$已完工程及设备保护费 = 计算基数 \times 已完工程及设备保护费费率 \qquad (2.56)$$

上述②~⑤项措施项目的计费基数应为定额人工费或(定额人工费+定额机械费),其费率由工程造价管理机构根据各专业工程特点和调查资料综合分析后确定。

3)其他项目费

(1)暂列金额由建设单位根据工程特点,按有关计价规定估算,施工过程中由建设单位掌握使用、扣除合同价款调整后如有余额,归建设单位。

(2)计日工由建设单位和施工企业按施工过程中的签证计价。

(3)总承包服务费由建设单位在招标控制价中根据总包服务范围和有关计价规定编制,施工企业投标时自主报价,施工过程中按签约合同价执行。

4)规费和增值税

建设单位和施工企业均应按照省、自治区、直辖市或行业建设主管部门发布标准计算规费和增值税,不得作为竞争性费用。

3. 建筑安装工程计价程序

1)建设单位工程招标控制价计价程序(表2.2)

表2.2 建设单位工程招标控制价计价程序

工程名称： 标段：

序号	内 容	计算方法	金额(元)
1	分部分项工程费	按计价规定计算	
1.1			
1.2			
1.3			
1.4			
1.5			
2	措施项目费	按计价规定计算	
2.1	其中:安全文明施工费	按规定标准计算	
3	其他项目费		
3.1	其中:暂列金额	按计价规定估算	
3.2	其中:专业工程暂估价	按计价规定估算	
3.3	其中:计日工	按计价规定估算	
3.4	其中:总承包服务费	按计价规定估算	

续表 2.2

序号	内　容	计算方法	金额(元)
4	规费	按规定标准计算	
5	增值税(扣除不列入计税范围的工程设备金额)	(1＋2＋3＋4)×规定税率	
招标控制价合计＝1＋2＋3＋4＋5			

2)施工企业工程投标报价计价程序(表2.3)

表 2.3　施工企业工程投标报价计价程序

工程名称：　　　　　　　　　　　　　　　　标段：

序号	内　容	计算方法	金额(元)
1	分部分项工程费	自主报价	
1.1			
1.2			
1.3			
1.4			
1.5			
2	措施项目费	自主报价	
2.1	其中:安全文明施工费	按规定标准计算	
3	其他项目费		
3.1	其中:暂列金额	按招标文件提供金额计列	
3.2	其中:专业工程暂估价	按招标文件提供金额计列	
3.3	其中:计日工	自主报价	
3.4	其中:总承包服务费	自主报价	
4	规费	按规定标准计算	
5	增值税(扣除不列入计税范围的工程设备金额)	(1＋2＋3＋4)×规定税率	
投标报价合计＝1＋2＋3＋4＋5			

3)竣工结算计价程序(表2.4)

表 2.4　竣工结算计价程序

工程名称：　　　　　　　　　　　　　　　　标段：

序号	汇总内容	计算方法	金额(元)
1	分部分项工程费	按合同约定计算	
1.1			
1.2			
1.3			

序号	汇总内容	计算方法	金额(元)
1.4			
1.5			
2	措施项目	按合同约定计算	
2.1	其中:安全文明施工费	按规定标准计算	
3	其他项目		
3.1	其中:专业工程结算价	按合同约定计算	
3.2	其中:计日工	按计日工签证计算	
3.3	其中:总承包服务费	按合同约定计算	
3.4	索赔与现场签证	按发承包双方确认数额计算	
4	规费	按规定标准计算	
5	增值税(扣除不列入计税范围的工程设备金额)	(1+2+3+4)×规定税率	
竣工结算总价合计 = 1+2+3+4+5			

2.4 工程建设其他费用的构成和计算

工程建设其他费用是指建设期发生的与土地使用权取得、全部工程项目建设以及未来生产经营有关的,除工程费用、预备费、增值税、建设期融资费用、流动资金以外的费用。

政府有关部门对建设项目管理监督所发生的,并由其部门财政支出的费用,不得列入相应建设项目的工程造价。

2.4.1 建设单位管理费

1. 建设单位管理费的内容

建设单位管理费是指项目建设单位从项目筹建之日起至办理竣工财务决算之日止发生的管理性质的支出。包括工作人员薪酬及相关费用、办公费、办公场地租用费、差旅交通费、劳动保护费、工具用具使用费、固定资产使用费、招募生产工人费、技术图书资料费(含软件)、业务招待费、竣工验收费和其他管理性质开支。

2. 建设单位管理费的计算

建设单位管理费按照工程费用之和(包括设备工器具购置费和建筑安装工程费用)乘以建设单位管理费费率计算。

建设单位管理费 = 工程费用 × 建设单位管理费费率　　　　　　(2.57)

实行代建制管理的项目,计列代建管理费等同建设单位管理费,不得同时计列建设单位管理费。委托第三方行使部分管理职能的,其技术服务费列入技术服务费项目。

2.4.2 用地与工程准备费

用地与工程准备费是指取得土地与工程建设施工准备所发生的费用。包括土地使用费和补偿费(在某些专业工程如水运工程中,此项费用可能改变为建设用海费)、场地准备费、临时设施费等。

1. 土地使用费和补偿费

1) 获取国有土地使用权的方式

建设用地的取得,实质是依法获取国有土地的使用权。根据《中华人民共和国土地管理法》《中华人民共和国土地管理法实施条例》《中华人民共和国城市房地产管理法》规定,获取国有土地使用权的基本方法有两种,一是出让方式,二是划拨方式;此外还包括转让和租赁方式。

(1) 通过出让方式获取国有土地使用权

国有土地使用权出让,是指国家将国有土地使用权在一定年限内出让给土地使用者,由土地使用者向国家支付土地使用权出让金的行为。土地使用权出让最高年限按下列用途确定:①居住用地70年;②工业用地50年;③教育、科技、文化、卫生、体育用地50年;④商业、旅游、娱乐用地40年;⑤综合或者其他用地50年。

通过出让方式获取国有土地使用权又可以分成两种具体方式:一是通过招标、拍卖、挂牌等竞争出让方式获取国有土地使用权;二是通过协议出让方式获取国有土地使用权。

通过竞争出让方式获取国有土地使用权,具体的竞争方式又包括三种:投标、竞拍和挂牌。按照国家相关规定,工业(包括仓储用地,但不包括采矿用地)、商业、旅游、娱乐和商品住宅等各类经营性用地,必须以招标、拍卖或者挂牌方式出让;上述规定以外用途的土地的供地计划公布后,同一宗地有两个以上意向用地者的,也应当采用招标、拍卖或者挂牌方式出让。

通过协议出让方式获取国有土地使用权的,按照国家相关规定,出让国有土地使用权,除依照法律、法规和规章的规定应当采用招标、拍卖或者挂牌方式外,还可采取协议方式。以协议方式出让国有土地使用权的出让金不得低于按国家规定所确定的最低价。协议出让底价不得低于拟出让地块所在区域的协议出让最低价。

(2) 通过划拨方式获取国有土地使用权

国有土地使用权划拨,是指县级以上人民政府依法批准,在土地使用者缴纳补偿、安置等费用后将该幅土地交付其使用,或者将土地使用权无偿交付给土地使用者使用的行为。国家对划拨用地有着严格的规定,下列建设用地,经县级以上人民政府依法批准,可以以划拨方式取得:①国家机关用地和军事用地;②城市基础设施用地和公益事业用地;③国家重点扶持的能源、交通、水利等基础设施用地;法律、行政法规规定的其他用地。

依法以划拨方式取得土地使用权的,除法律、行政法规另有规定外,没有使用期限的限制。因企业改制、土地使用权转让或者改变土地用途等不再符合相关规定的,应当实行有偿使用。

（3）通过转让和租赁方式获取国有土地使用权

土地使用权转让是指土地使用者将土地使用权再转移的行为,包括出售、交换和赠与;土地使用权租赁是指国家将国有土地出租给使用者使用,使用者支付租金的行为,是土地使用权出让方式的补充,但对于经营性房地产开发用地,不实行租赁。

2）土地使用费和补偿费的内容

建设用地如通过行政划拨方式取得,则须承担征地补偿费用或对原用地单位或个人的拆迁补偿费用;若通过市场机制取得,则不但承担以上费用,还须向土地所有者支付有偿使用费,即土地出让金。

（1）征地补偿费

① 土地补偿费。土地补偿费是对农村集体经济组织因土地被征用而造成的经济损失的一种补偿。土地补偿费归农村集体经济组织所有。征收农用地的土地补偿费标准由省、自治区、直辖市通过制定公布区片综合地价确定,并至少每三年调整或者重新公布一次。大中型水利、水电工程建设征收土地的补偿费标准和移民安置办法,由国务院另行规定。

② 青苗补偿费和地上附着物补偿费。青苗补偿费是因征地时对其正在生长的农作物受到损害而做出的一种赔偿。在农村实行承包责任制后,农民自行承包土地的青苗补偿费应付给本人,属于集体种植的青苗补偿费可纳入当年集体收益。凡在协商征地方案后抢种的农作物、树木等,一律不予补偿。地上附着物是指房屋、水井、树木、涵洞、桥梁、公路、水利设施、林木等地面建筑物、构筑物、附着物等。地上附着物补偿费视协商征地方案前地上附着物价值与折旧情况,根据"拆什么,补什么;拆多少,补多少,不低于原来水平"的原则确定。如附着物产权属个人,则该项补助费付给个人。地上附着物的补偿标准,由省、自治区、直辖市制定。

③ 安置补助费。安置补助费应支付给被征地单位和安置劳动力的单位,作为劳动力安置与培训的支出,以及作为不能就业人员的生活补助。征收农用地的安置补助费标准由省、自治区、直辖市通过制定公布区片综合地价确定,并至少每三年调整或者重新公布一次。县级以上地方人民政府应当将被征地农民纳入相应的养老等社会保障体系。被征地农民的社会保障费用主要用于符合条件的被征地农民的养老保险等社会保险缴费补贴,依据省、自治区、直辖市规定的标准单独列支。

④ 耕地开垦费和森林植被恢复费。国家实行占用耕地补偿制度。非农业建设经批准占用耕地的,按照"占多少,垦多少"的原则,由占用耕地的单位负责开垦与所占用耕地的数量和质量相当的耕地;没有条件开垦或者开垦的耕地不符合要求的,应当按照省、自治区、直辖市的规定缴纳耕地开垦费,专款用于开垦新的耕地。涉及占用森林草原的还应列支森林植被恢复费用。

⑤ 生态补偿与压覆矿产资源补偿费。生态补偿费是指建设项目对水土保持等生态造成影响所发生的除工程费之外补救或者补偿费用;压覆矿产资源补偿费是指项目工程对被其压覆的矿产资源利用造成影响所发生的补偿费用。

⑥ 其他补偿费。其他补偿费是指建设项目涉及的对房屋、市政、铁路、公路、管道、通信、电力、河道、水利、厂区、林区、保护区、矿区等不附属于建设用地但与建设项目相关的建筑物、构筑物或设施的拆除、迁建、搬迁运输补偿等费用。

（2）拆迁补偿费用

在城市规划区内国有土地上实施房屋拆迁,拆迁人应当对被拆迁人给予补偿、安置。

① 拆迁补偿金。补偿方式可以实行货币补偿,也可以实行房屋产权调换。

货币补偿的金额,根据被拆迁房屋的区位、用途、建筑面积等因素,以房地产市场评估价格确定。具体办法由省、自治区、直辖市人民政府制定。

实行房屋产权调换的,拆迁人与被拆迁人按照计算得到的被拆迁房屋的补偿金额和所调换房屋的价格,结清产权调换的差价。

② 迁移补偿费。包括征用土地上的房屋及附属构筑物、城市公共设施等拆除、迁建补偿费、搬迁运输费,企业单位因搬迁造成的减产、停工损失补贴费,拆迁管理费等。

拆迁人应当对被拆迁人或者房屋承租人支付搬迁补助费。对于在规定的搬迁期限届满前搬迁的,拆迁人可以付给提前搬家奖励费;在过渡期限内,被拆迁人或者房屋承租人自行安排住处的,拆迁人应当支付临时安置补助费;被拆迁人或者房屋承租人使用拆迁人提供的周转房的,拆迁人不支付临时安置补助费。

迁移补偿费的标准,由省、自治区、直辖市人民政府规定。

（3）土地出让金

以出让等有偿使用方式取得国有土地使用权的建设单位,按照国务院规定的标准和办法缴纳土地使用权出让金等土地有偿使用费和其他费用后,方可使用土地。土地使用权出让金为用地单位向国家支付的土地所有权收益,出让金标准一般参考城市基准地价并结合其他因素制定。基准地价是指在城镇规划区范围内,对不同级别的土地或者土地条件相当的均质地域,按照商业、居住、工业等用途分别评估的,并由市、县以上人民政府公布的国有土地使用权的平均价格。

在有偿出让和转让土地时,政府对地价不做统一规定,但应坚持以下原则:地价对目前的投资环境不产生大的影响;地价与当地的社会经济承受能力相适应;地价要考虑已投入的土地开发费用、土地市场供求关系、土地用途、所在区类、容积率和使用年限等。有偿出让和转让使用权,要向土地受让者征收契税;转让土地如有增值,要向转让者征收土地增值税;土地使用者每年应按规定的标准缴纳土地使用费。土地使用权出让或转让,应先由地价评估机构进行价格评估后,再签订土地使用权出让和转让合同。

土地使用权出让合同约定的使用年限届满,土地使用者需要继续使用土地的,应当至迟于届满前一年申请续期,除根据社会公共利益需要收回该幅土地的,应当予以批准。经批准准予续期的,应当重新签订土地使用权出让合同,依照规定支付土地使用权出让金。

2. 场地准备及临时设施费

1）场地准备及临时设施费的内容

（1）建设项目场地准备费,是指为使工程项目的建设场地达到开工条件,由建设单位组织进行的场地平整等准备工作而发生的费用。

（2）建设单位临时设施费,是指建设单位为满足施工建设需要而提供的未列入工程费用的临时水、电、路、信、气、热等工程和临时仓库等建（构）筑物的建设、维修、拆除、摊销费用或租赁费用,以及货场、码头租赁等费用。

2）场地准备及临时设施费的计算

（1）场地准备及临时设施应尽量与永久性工程统一考虑。建设场地的大型土石方工程应进入工程费用中的总图运输费用中。

（2）新建项目的场地准备和临时设施费应根据实际工程量估算，或按工程费用的比例计算，改扩建项目一般只计拆除清理费。

$$场地准备和临时设施费 = 工程费用 \times 费率 + 拆除清理费 \tag{2.58}$$

（3）发生拆除清理费时可按新建同类工程造价或主材费、设备费的比例计算。凡可回收材料的拆除工程采用以料抵工方式冲抵拆除清理费。

（4）此项费用不包括已列入建筑安装工程费用中的施工单位临时设施费用。

2.4.3　市政公用配套设施费

市政公用配套设施费是指使用市政公用设施的工程项目，按照项目所在地政府有关规定建设或缴纳的市政公用设施建设配套费用。

市政公用配套设施可以是界区外配套的水、电、路、信等，包括绿化、人防等配套设施。

2.4.4　技术服务费

技术服务费是指在项目建设全部过程中委托第三方提供项目策划、技术咨询、勘察设计、项目管理和跟踪验收评估等技术服务发生的费用。技术服务费包括可行性研究费、专项评价费、勘察设计费、监理费、研究试验费、特殊设备安全监督检验费、监造费、招标费、设计评审费、技术经济标准使用费、工程造价咨询费及其他咨询费。按照《国家发展改革委关于进一步放开建设项目专业服务价格的通知》（发改价格〔2015〕299 号）的规定，技术服务费应实行市场调节价。

1. 可行性研究费

可行性研究费是指在工程项目投资决策阶段，对有关建设方案、技术方案或生产经营方案进行的技术经济论证，以及编制、评审可行性研究报告等所需的费用。包括项目建议书、预可行性研究、可行性研究费等。

2. 专项评价费

专项评价费是指建设单位按照国家规定委托相关单位开展专项评价及有关验收工作发生的费用。

专项评价费包括环境影响评价费、安全预评价费、职业病危害预评价费、地质灾害危险性评价费、水土保持评价费、压覆矿产资源评价费、节能评估费、危险与可操作性分析及安全完整性评价费以及其他专项评价及验收费。

1）环境影响评价费

环境影响评价费是指在工程项目投资决策过程中，对其进行环境污染或影响评价所需的费用。包括编制环境影响报告书（含大纲）、环境影响报告表和评估等所需的费用，以及建设项目竣工验收阶段环境保护验收调查和环境监测、编制环境保护验收报告的费用。

2）安全预评价费

安全预评价费是指为预测和分析建设项目存在的危害因素种类和危险危害程度，提出先进、科学、合理可行的安全技术和管理对策,而编制评价大纲、编写安全评价报告书和评估等所需的费用。

3）职业病危害预评价费

职业病危害预评价费是指建设项目因可能产生职业病危害,而编制职业病危害预评价书、职业病危害控制效果评价书和评估所需的费用。

4）地质灾害危险性评价费

地质灾害危险性评价费是指在灾害易发区对建设项目可能诱发的地质灾害和建设项目本身可能遭受的地质灾害危险程度的预测评价,编制评价报告书和评估所需的费用。

5）水土保持评价费

水土保持评价费是指对建设项目在生产建设过程中可能造成水土流失进行预测,编制水土保持方案和评估所需的费用。

6）压覆矿产资源评价费

压覆矿产资源评价费是指对需要压覆重要矿产资源的建设项目,编制压覆重要矿床评价和评估所需的费用。

7）节能评估费

节能评估费是指对建设项目的能源利用是否科学合理进行分析评估,并编制节能评估报告以及评估所发生的费用。

8）危险与可操作性分析及安全完整性评价费

危险与可操作性分析及安全完整性评价费是指对应用于生产具有流程性工艺特征的新建、改建、扩建项目进行工艺危害分析和对安全仪表系统的设置水平及可靠性进行定量评估所发生的费用。

9）其他专项评价及验收费

根据国家法律法规、建设项目所在省、自治区、直辖市人民政府有关规定,以及行业规定需进行的其他专项评价、评估、咨询所需的费用。如重大投资项目社会稳定风险评估、防洪评价、交通影响评价费等。

3. 勘察设计费

1）勘察费

勘察费是指勘察人根据发包人的委托,收集已有资料、现场踏勘、制定勘察纲要、进行勘察作业,以及编制工程勘察文件和岩土工程设计文件等收取的费用。

2）设计费

设计费是指设计人根据发包人的委托,提供编制建设项目初步设计文件、施工图设计文件、非标准设备设计文件、竣工图文件等服务所收取的费用。

4. 监理费

监理费是指受建设单位委托,工程监理单位为工程建设提供监理服务所发生的费用。

5. 研究试验费

研究试验费是指为建设项目提供或验证设计参数、数据、资料等进行必要的研究试验,以及设计规定在建设过程中必须进行试验、验证所需的费用。包括自行或委托其他部门的专题研究、试验所需人工费、材料费、试验设备及仪器使用费等。这项费用按照设计单位根据本工程项目的需要提出的研究试验内容和要求计算。在计算时要注意不应包括以下项目：

（1）应由科技三项费用（即新产品试制费、中间试验费和重要科学研究补助费）开支的项目。

（2）应在建筑安装费用中列支的施工企业对建筑材料、构件和建筑物进行一般鉴定、检查所发生的费用及技术革新的研究试验费。

（3）应由勘察设计费或工程费用中开支的项目。

6. 特殊设备安全监督检验费

特殊设备安全监督检验费是指对在施工现场安装的列入国家特种设备范围内的设备（设施）检验检测和监督检查所发生的应列入项目开支的费用。

7. 监造费

监造费是指对项目所需设备材料制造过程、质量进行驻厂监督所发生的费用。设备材料监造是指承担设备监造工作的单位受项目法人或建设单位的委托，按照设备、材料供货合同的要求，坚持客观公正、诚信科学的原则，对工程项目所需设备、材料在制造和生产过程中的工艺流程、制造质量等进行监督，并对委托人（项目法人或建设单位）负责的服务。

8. 招标费

招标费是指建设单位委托招标代理机构进行招标服务所发生的费用。

9. 设计评审费

设计评审费是指建设单位委托有资质的机构对设计文件进行评审的费用。设计文件包括初步设计文件和施工图设计文件等。

10. 技术经济标准使用费

技术经济标准使用费是指建设项目投资确定与计价、费用控制过程中使用相关技术经济标准时所发生的费用。

11. 工程造价咨询费

工程造价咨询费是指建设单位委托造价咨询机构进行各阶段相关造价业务工作所发生的费用。

2.4.5 建设期计列的生产经营费

建设期计列的生产经营费是指为达到生产经营条件在建设期发生或将要发生的费用。包括专利及专有技术使用费、联合试运转费、生产准备费等。

1. 专利及专有技术使用费

专利及专有技术使用费是指在建设期内为取得专利、专有技术、商标权、商誉、特许经营权等发生的费用。

1）专利及专有技术使用费的主要内容

（1）工艺包装费、设计及技术资料费、有效专利、专有技术使用费、技术保密费和技术服务费等。

（2）商标权、商誉和特许经营权费。

（3）软件费等。

2）专利及专有技术使用费的计算

在计算专利及专有技术使用费时应注意以下问题：

（1）按专利使用许可协议和专有技术使用合同的规定计列。

（2）专有技术的界定应以省、部级鉴定批准为依据。

（3）项目投资中只计算在建设期支付的专利及专有技术使用费；协议或合同规定在生产期支付的应在生产成本中核算。

（4）一次性支付的商标权、商誉及特许经营权费按协议或合同规定计列；协议或合同规定在生产期支付的应在生产成本中核算。

2. 联合试运转费

联合试运转费是指新建或新增加生产能力的工程项目，在交付生产前按照设计文件规定的工程质量标准和技术要求，对整个生产线或装置进行负荷联合试运转所发生的费用净支出（试运转支出大于收入的差额部分费用）。试运转支出包括试运转所需原材料、燃料及动力消耗、低值易耗品、其他物料消耗、工具用具使用费、机械使用费、联合试运转人员工资、施工单位参加试运转人员工资、专家指导费，以及必要的工业炉烘炉费等；试运转收入包括试运转期间的产品销售收入和其他收入。联合试运转费不包括应由设备安装工程费用开支的调试及试车费用，以及在试运转中暴露出来的因施工原因或设备缺陷等发生的处理费用。

3. 生产准备费

1）生产准备费的内容

生产准备费是指在建设期内，建设单位为保证项目正常生产所做的提前准备工作发生的费用，包括：

（1）人员培训费及提前进厂费，即自行组织培训或委托其他单位培训的人员工资、工资性补贴、职工福利费、差旅交通费、劳动保护费、学习资料费等。

（2）为保证初期正常生产（或营业、使用）所必需的生产办公、生活家具用具购置费。

2）生产准备费的计算

（1）新建项目以设计定员为基数计算，改扩建项目以新增设计定员为基数计算，公式为：

$$生产准备费＝（新增）设计定员×生产准备费指标 \qquad (2.59)$$

（2）可采用综合的生产准备费指标进行计算，也可以按费用内容的分类指标计算。

2.4.6　工程保险费

工程保险费是指为转移工程项目建设的意外风险,在建设期内对建筑工程、安装工程、机械设备和人身安全进行投保而发生的费用。包括建筑安装工程一切险、引进设备财产保险和人身意外伤害险等。不同的建设项目可根据工程特点选择投保险种。

根据不同的工程类别,分别以其建筑、安装工程费乘以建筑、安装工程保险费费率计算。民用建筑(住宅楼、综合性大楼、商场、旅馆、医院、学校)占建筑工程费的 2‰～4‰;其他建筑(工业厂房、仓库、道路、码头、水坝、隧道、桥梁、管道等)占建筑工程费的 3‰～6‰;安装工程(农业、工业、机械、电子、电器、纺织、矿山、石油、化学及钢铁工业、钢结构桥梁)占建筑工程费的 3‰～6‰。

2.4.7　税金

按财政部《基本建设项目建设成本管理规定》(财建〔2016〕504 号),统一归纳计列的城镇土地使用税、耕地占用税、契税、车船税、印花税等除增值税外的税金。

2.5　预备费、建设期贷款利息

2.5.1　预备费

预备费是指在建设期内因各种不可预见因素的变化而预留的可能增加的费用,包括基本预备费和价差预备费。

1. 基本预备费

1)基本预备费的内容

基本预备费是指投资估算或工程概算阶段预留的,由于工程实施中不可预见的工程变更及洽商、一般自然灾害处理、地下障碍物处理、超规超限设备运输等而可能增加的费用,亦可称为工程建设不可预见费。基本预备费一般由以下四部分构成:

(1)工程变更及洽商。在批准的初步设计范围内,技术设计、施工图设计及施工过程中所增加的工程费用;设计变更、工程变更、材料代用、局部地基处理等增加的费用。

(2)一般自然灾害处理。一般自然灾害造成的损失和预防自然灾害所采取的措施费用。实行工程保险的工程项目,该费用应适当降低。

(3)不可预见的地下障碍物处理的费用。

(4)超规超限设备运输增加的费用。

2)基本预备费的计算

基本预备费是以工程费用和工程建设其他费用二者之和为计取基础,乘以基本预备费费率进行计算。

$$基本预备费 = （工程费用 + 工程建设其他费）\times 基本预备费费率 \qquad (2.60)$$

基本预备费费率按国家及有关部门规定取值。

2. 价差预备费

1）价差预备费的内容

价差预备费是指为在建设期内利率、汇率或价格等因素的变化而预留的可能增加的费用，亦称为价格变动不可预见费。价差预备费的内容包括：人工、设备、材料、施工机械的价差费，建筑安装工程费及工程建设其他费用调整，利率、汇率调整等增加的费用。

2）价差预备费的计算

价差预备费一般根据国家规定的投资综合价格指数，以估算年份价格水平的投资额为基数，采用复利方法计算。

计算公式为：

$$PF = \sum_{t=1}^{n} I_t \left[(1+f)^m (1+f)^{0.5} (1+f)^{t-1} - 1 \right] \qquad (2.61)$$

式中，PF 为价差预备费；n 为建设期年份数；I_t 为建设期中第 t 年的静态投资计划额，包括工程费用、工程建设其他费用及基本预备费；f 为年涨价率；m 为建设前期年限（从编制估算到开工建设，单位：年）。

【例 2.4】 某建设项目建安工程费 5 000 万元，设备购置费 3 000 万元，工程建设其他费 2 000 万元，已知基本预备费率 5%，项目建设前期年限为 1 年，建设期为 3 年，各年投资计划额为：第一年完成投资 20%，第二年 60%，第三年 20%。年均投资价格上涨率为 6%，求建设项目建设期间价差预备费。

【解】 工程费用 = 5 000 + 3 000 = 8 000 万元

基本预备费 = （5 000 + 3 000 + 2 000）× 5% = 500 万元

静态投资 = 5 000 + 3 000 + 2 000 + 500 = 10 500 万元

建设期第一年完成投资：10 500 × 20% = 2 100 万元

第二年价差预备费为：

$$PF_1 = I_1 \left[(1+f)(1+f)^{0.5} - 1 \right] = 191.8 \text{ 万元}$$

第二年完成投资：10 500 × 60% = 6 300 万元

第二年价差预备费为：

$$PF_2 = I_2 \left[(1+f)(1+f)^{0.5}(1+f) - 1 \right] = 987.9 \text{ 万元}$$

第三年完成投资：10 500 × 20% = 2 100 万元

第三年价差预备费为：

$$PF_3 = I_3 \left[(1+f)(1+f)^{0.5}(1+f)^2 - 1 \right] = 475.1 \text{ 万元}$$

所以，建设期的价差预备费为：

$$PF = 191.8 + 978.9 + 475.1 = 1 654.8 \text{ 万元}$$

2.5.2 建设期贷款利息

建设期贷款利息主要是指在建设期内发生的为工程项目筹措资金的融资费用及债务资金

利息。

建设期贷款利息实行复利计算。

当贷款在年初一次性贷出且利率固定时,建设期贷款利息的计算公式为:

$$I = P(1+i)^n - P \tag{2.62}$$

式中,P 为一次性贷款数额;i 为年利率;n 为计息期;I 为贷款利息。

当总贷款是分年均衡发放时,建设期贷款利息的计算可按当年借款在年中支用考虑,即当年贷款按半年计息,上年贷款按全年计息。

$$q_j = \left(P_{j-1} + \frac{1}{2}A_j\right) \times i \tag{2.63}$$

式中,q_j 为建设期第 j 年应计利息;P_{j-1} 为建设期第 $(j-1)$ 年末贷款累计金额与利息累计金额之和;A_j 为建设期第 j 年贷款金额;i 为年利率。

利用国外贷款的利息计算中,年利率应综合考虑贷款协议中向贷款方加收的手续费、管理费、承诺费,以及国内代理机构向贷款方收取的转贷费、担保费和管理费等。

【例 2.5】 某新建项目,建设期为 3 年,分年均衡进行贷款,第一年贷款 300 万元,第二年 600 万元,第三年 400 万元,年利率为 12%,建设期内利息只计息不支付。试计算建设期贷款利息。

【解】 在建设期,各年利息计算如下:

$$q_1 = \frac{1}{2}A_1 \cdot i = \frac{1}{2} \times 300 \times 12\% = 18 \text{ 万元}$$

$$q_2 = \left(P_1 + \frac{1}{2}A_2\right) \cdot i = \left(300 + 18 + \frac{1}{2} \times 600\right) \times 12\% = 74.16 \text{ 万元}$$

$$q_3 = \left(P_2 + \frac{1}{2}A_3\right) \cdot i = \left(318 + 600 + 74.16 + \frac{1}{2} \times 400\right) \times 12\% = 143.06 \text{ 万元}$$

所以,建设期贷款利息 $= q_1 + q_2 + q_3 = 18 + 74.16 + 143.06 = 235.22$ 万元

课后思考

1. 在施工现场的各类人员(项目经理、业主方代表、监理员、钢筋工、挖掘机司机等)的工资中哪些属于建安费?

2. 建安费两种划分之间的联系是什么?二者的总和是否完全一致?

3. 单价措施项目费和总价措施项目费的区别是什么?

4. 进口设备运杂费中运输费的运输区间是什么?

5. 进口设备原价的组成有哪些?

6. 研究试验费和材料检验试验费的区别是什么?分别归属于哪类费用?

本章测试

3

工程计价依据

〖导 学〗

造价文件的编制离不开基本的工程计价依据,除了基础标准、管理规范等资料,最主要的依据就是工程建设定额。工程建设定额体现的是一种按照法定规则测算出来的资源消耗量的数量标准。这种量的规定,反映出完成建设工程中的某项合格产品与各种生产消耗之间特定的数量关系,且和当时当地的社会经济发展水平及生产力发展状况相适应。如砌筑 10 m^3 的直形砖基础,需要多少钱? 需要多少块砖? 按照《湖北省房屋建筑与装饰工程消耗量定额及全费用基准表》(2018 年版),则需要 6 104.16 元(全费用,即人工费、材料费、机械费、费用、增值税之和),混凝土实心砖 5.288 千块,这是 2018 年湖北省的平均消耗水平。无论是定额计价模式还是清单计价模式,编制造价文件都需使用工程建设定额,其中预算定额是编制建筑安装工程预算、招标控制价、招标标底、投标报价以及工程结算的依据,是本章重点学习内容。

◉ 本章学习目标

1. 了解工程计价依据体系的框架。
2. 理解工程建设定额的作用和分类。
3. 掌握确定人、材、机消耗量和单价的基本方法。
4. 具备熟练运用预算定额的能力。
5. 了解概算定额和概算指标的相关知识。

3.1 工程计价依据概述

工程计价依据是指在工程计价活动中,所需要依据的各类数据和信息的总称。

3.1.1 工程计价依据体系

我国的工程造价管理体系可划分为工程造价管理的相关法律法规体系、工程造价管理标准体系、工程计价定额体系和工程计价信息体系四个主要部分。法律法规是实施工程造价管理的制度依据和重要前提;工程造价管理的标准是在法律法规要求下,规范工程造价管理的技术要求;工程计价定额通过提供国家、行业、地方定额的参考性依据和数据,指导企业的定额编制,起到规范管理和科学计价的作用;工程计价信息是市场经济体制下,进行造价信息传递和形成造价成果文件的重要支撑。从工程造价管理体系的总体架构看,前两项工程造价管理的相关法律法规体系、工程造价管理标准体系属于工程造价宏观管理的范畴,后两项工程计价定额体系、工程计价信息体系主要用的是工程计价,属于工程造价微观管理的范畴。工程造价管理体系中的工程造价管理标准体系、工程计价定额体系和工程计价信息体系是工程计价的主要依据。

3.1.2　工程计价依据的主要内容

1. 工程造价管理标准

工程造价管理标准泛指除应以法律、法规进行管理和规范的内容外,应以国家标准、行业标准进行规范的工程管理和工程造价咨询行为、质量的有关技术内容。工程造价管理的标准体系按照管理性质可分为:统一工程造价管理的基本术语、费用构成等的基础标准;规范工程造价管理行为、项目划分和工程量计算规则等管理性规范;规范各类工程造价成果文件编制的业务操作规程;规范工程造价咨询质量和档案的质量标准;规范工程造价指数发布及信息交换的信息标准等。

1)基础标准

包括《工程造价术语标准》(GB/T 50875)、《建设工程计价设备材料划分标准》(GB/T 50531)等。此外,我国目前还没有统一的建设工程造价费用构成标准,而这一标准的制定应是规范工程计价最重要的基础工作。

2)管理规范

包括《建设工程工程量清单计价规范》(GB 50500)、《建设工程造价咨询规范》(GB/T 51095)、《建设工程造价鉴定规范》(GB/T 51262)、《建筑工程建筑面积计算规范》(GB/T 50353)以及不同专业的建设工程工程量计算规范等。建设工程工程量计算规范由《房屋建筑与装饰工程工程量计算规范》(GB 50854)、《仿古建筑工程工程量计算规范》(GB 50855)、《通用安装工程工程量计算规范》(GB 50856)、《市政工程工程量计算规范》(GB 50857)、《园林绿化工程工程量计算规范》(GB 50858)、《矿山工程工程量计算规范》(GB 50859)、《构筑物工程工程量计算规范》(GB 50860)、《城市轨道交通工程工程量计算规范》(GB 50861)、《爆破工程工程量计算规范》(GB 50862)组成。同时也包括各专业部委发布的各类清单计价、工程量计算规范,如《水利工程工程量清单计价规范》(GB 50501)、《水运工程工程量清单计价规范》(JTS 271)以及各省市发布的公路工程工程量清单计价规范等。

3)操作规程

主要包括中国建设工程造价管理协会陆续发布的各类成果文件编审的操作规程:《建设项目投资估算编审规程》(CECA/GC-1)、《建设项目设计概算编审规程》(CECA/GC-2)、《建设项目施工图预算编审规程》(CECA/GC-5)、《建设项目工程结算编审规程》(CECA/GC-3)、《建设项目工程竣工决算编制规程》(CECA/GC-9)、《建设工程招标控制价编审规程》(CECA/GC-6)、《建设工程造价鉴定规程》(CECA/GC-8)、《建设项目全过程造价咨询规程》

(CECA/GC-4)、《工程造价咨询企业服务清单》(CCEA/GC-11),其中《建设项目全过程造价咨询规程》(CECA/GC-4)是我国最早发布的涉及建设项目全过程工程咨询的标准之一。

4)质量管理标准

主要包括《建设工程造价咨询成果文件质量标准》(CECA/GC-7),该标准编制的目的是对工程造价咨询成果文件和过程文件的组成、表现形式、质量管理要素、成果质量标准等进行规范。

5)信息管理规范

主要包括《建设工程人工材料设备机械数据标准》(GB/T 50851)和《建设工程造价指标指数分类与测算标准》(GB/T 51290)等。

2.工程定额

工程定额主要指国家、地方或行业主管部门以及企业自身制定的各种定额,包括工程消耗量定额和工程计价定额等。工程消耗量定额主要是指完成规定计量单位合格建筑安装产品所消耗的人工、材料、施工机具台班的数量标准。工程计价定额主要指工程定额中直接用于工程计价的定额或指标,按照定额应用的建设阶段不同,纵向划分为投资估算指标、概算定额和概算指标、预算定额等。随着工程造价市场化改革的不断深入,工程计价定额的作用主要在于建设前期造价预测以及投资管控目标的合理设定,而在建设项目交易过程中,定额的作用将逐步弱化,而更加依赖于市场价格信息进行计价。此外,部分地区和行业造价管理部门还会颁布工期定额。工期定额是指在正常的施工技术和组织条件下,完成建设项目和各类工程所需的工期标准。

3.工程计价信息

工程计价信息是指国家、各地区、各部门工程造价管理机构、行业组织以及信息服务企业发布的指导或服务于建设工程计价的人工、材料、工程设备、施工机具的价格信息,以及各类工程的造价指数、指标、典型工程数据库等。

3.2 工程建设定额

3.2.1 工程建设定额的概念

定额是一种规定的额度,广义上也就是处理待定事物的数量界限。所谓定,就是规定;所谓额,就是额度和限度。定额水平就是规定完成单位合格产品所需资源数量的多少。它随着社会生产力水平的变化而变化,是一定时期社会生产力的反映。

工程建设定额是指在正常的施工生产条件下,为完成某项按照法定规则划分的质量合格的分项或分部分项工程(或建筑构件)所需资源消耗量的数量标准。这种量的规定,反映出完成建设工程中的某项合格产品与各种生产消耗之间特定的数量关系。工程建设定额是根据国家一定时期的管理体系和管理制度,根据定额的不同用途和适用范围,由国家指定的机构按照一定程序编制,并按照规定的程序审批和颁发执行。在建筑工程中实行定额管理的目的,是为了在施工中力求以最少的人力、物力和资金消耗量,生产出更多、更好的建筑产品,取得更好的经济效益。

工程建设定额是一个综合概念,是工程建设中各类定额的总称。在建筑安装工程施工生产过程中,为完成某项工程或某项结构构件,必须消耗一定数量的劳动力、材料和机具。在社会平均的生产条件下,把科学的方法和实践经验相结合,生产质量合格的单位工程产品所必需的人工、材料、机具的数量标准,称为工程建设定额。工程建设定额除了规定有数量标准外,也规定了它的工作内容、质量标准、生产方法、安全要求和适用范围等。

3.2.2 我国工程建设定额的发展历程

据史书记载,我国自唐朝起就有国家制定的有关营造的规范。在《大唐六典》中就有各种用工量的计算方法。北宋时期,分行业将工料限量与设计、施工、材料结合在一起的《营造法式》,可谓由国家制定的一部建筑工程定额。清朝时期为适应营造业的发展,专门设置了"样房"和"算房"两个机关,样房负责图样设计,算房则专门负责施工预算。

新中国成立以来,为适应我国经济建设发展的需要,党和政府对建立和加强各种定额的管理工作十分重视。

早在1955年劳动部和建筑工程部就联合编制了《全国统一建筑安装工程劳动定额》,这是我国建筑业第一次编制的全国统一劳动定额。1962年、1966年建筑工程部先后两次修订并颁发了《全国建筑安装统一劳动定额》,这一时期是定额管理工作比较健全的时期。由于当时集中统一领导,执行定额认真,同时广泛开展技术测定,定额的深度和广度都有发展,对组织施工、改善劳动组织、降低工程成本、提高劳动生产率起到了有力的促进作用。

1979年,国家主管部门编制并颁发《建筑安装工程统一劳动定额》之后,各省、市、自治区相继设立了定额管理机构,企业配备了定额人员,并在此基础上编制了本地区的建筑工程施工定额,使定额管理工作进一步适应各地区生产发展的需要,调动了广大建筑工人的生产积极性,对提高劳动生产率起到了明显的促进作用。为适应建筑业的发展和施工中不断涌现的新结构、新技术、新材料的需要,城乡建设环境保护部于1985年编制并颁发了《全国建筑安装工程统一劳动定额》。

随着工程预算制度的建立和发展,工程预算定额也相应产生并不断发展。1955年建筑工程部编制了《全国统一建筑工程预算定额》;1957年国家建委在此基础上进行了修订并颁发了全国统一的《建筑工程预算定额》;之后,国家建委通知将建筑工程预算定额的编制和管理工作下放到省、市、自治区,各省、市、自治区于此后几年间先后组织编制了本地区的建筑安装工程预算定额;1981年国家建委组织编制了《建筑工程预算定额(修改稿)》,各省、市、自治区在此基础上于1984年、1985年先后编制了适合本地区的建筑安装工程预算定额。预算定额是预算制度的产物,它为各地区建筑产品价格的确定提供了重要依据。2013年3月,住房城乡建设部、财政部发布了新修订的《建筑安装工程费用项目组成》(建标〔2013〕44号)。特别应该提出的是,《建设工程工程量清单计价规范》(GB 50500—2008)自2008年12月1日起在全国开始执行,2013年7月,新版《建设工程工程量清单计价规范》(GB 50500—2013)正式实施,这在我国工程计价管理方面是一个重大改革,在工程造价领域与国际惯例接轨方面是一个重大举措。

3.2.3　工程建设定额的作用

工程建设定额是科学的产物,这也决定了它在社会主义市场经济中具有重要的地位和作用。工程建设定额主要具有以下几方面的作用:

1)工程建设定额是编制工程计划、组织和管理施工的基础

为了更好地组织和管理施工生产,必须编制施工进度计划和施工作业计划。在编制计划和组织管理施工生产中,直接或间接地要以各种定额来作为计算人力、物力和资金需用量的依据。通过人材机消耗量合理安排人力物力,便于施工作业计划的编制。

2)工程建设定额是确定建筑工程造价的重要依据

在有了设计文件规定的工程规模、工程数量及施工方法之后,即可依据相应定额所规定的人工、材料、机械台班的消耗量,以及单位预算价值和各种费用标准来确定建筑工程造价。

3)工程建设定额是贯彻按劳分配的衡量尺度

定额人工工日的耗用量是安排工人劳动量的依据。企业以定额作为促使工人节约社会劳动时间和提高劳动效率的手段,以增强市场竞争能力,获取更多的利润。

4)工程建设定额是加强企业管理的工具

作为工程造价计算依据的各类定额,能促使企业加强内部管理,把社会劳动的消耗控制在合理的限度内。同时,作为项目决策的定额指标,又在更高的层次上促使项目投资者合理而又有效地利用和分配社会劳动。

5)工程建设定额是总结先进生产方法的重要手段

定额是在平均先进合理的条件下,通过对施工生产过程的观察、分析综合制定的。它比较科学地反映出生产技术和劳动组织的先进合理程度。因此,我们可以以定额的标定方法为手段,对同一建筑产品在同一施工操作条件下的不同生产方式进行观察、分析和总结,从而得出一套比较完整的先进生产方法。

6)工程建设定额是促进建筑市场公平竞争的重要途径

定额是衡量设计方案优劣的标准,是企业实行经济核算的重要基础,它的数据来源于市场信息的反馈,是对市场行为的规范,因此它有利于建筑市场公平竞争,能够促进建筑市场的健康发展。

3.2.4　工程建设定额的特征

1)科学性

工程建设定额的科学性包括两重含义。一重含义是指工程建设定额和生产力发展水平相适应,反映出工程建设中生产消费的客观规律;另一重含义是指工程建设定额管理在理论、方法和手段上适应现代科学技术和信息社会发展的需要。

工程定额的科学性,首先表现在用科学的态度制定定额,尊重客观实际,力求定额水平合理;其次表现在制定定额的技术方法科学;再次,表现在定额制定和贯彻的一体化。

2)指导性

工程建设定额的指导性,是指定额一经国家、地方主管部门或授权单位颁发,各地区及有关

施工企业单位都应参照遵守和执行。定额的指导性提供了建筑工程统一的造价与核算尺度。

3）系统性

工程建设定额是相对独立的系统,是由多种定额结合而成的有机的整体,结构复杂、层次鲜明、目标明确。

4）统一性

工程建设定额的统一性按照其影响力和执行范围来看,有全国统一定额、地区统一定额和行业统一定额等;按照定额的制定、颁布和贯彻使用来看,有统一的程序、统一的原则、统一的要求和统一的用途。

5）稳定性和时效性

建筑工程定额中的任何一种定额,在一段时期内都表现出稳定的状态。根据具体情况不同,稳定的时间有长有短,一般基础定额在5—10年,预算定额在3—5年。但是,任何一种建筑工程定额都只能反映一定时期的生产力水平,当生产力向前发展了,定额就会变得陈旧。所以,建筑工程定额在具有稳定性特点的同时,也具有显著的时效性。当定额不能起到它应有作用的时候,建筑工程定额就要重新修订了。

建筑工程定额反映一定社会生产水平条件下的建筑产品(工程)生产和生产耗费之间的数量关系,同时也反映着建筑产品生产和生产耗费之间的质量关系;一定时期的定额,反映一定时期的建筑产品(工程)生产机械化程度和施工工艺、材料、质量等建筑技术的发展水平和质量验收标准水平。随着我国建筑生产事业的不断发展和科学发展观的深入贯彻,各种资料的消耗量必然会有所降低,产品质量及劳动生产率会有所提高。因此,定额并不是一成不变的,但在一定时期内,又必须是相对稳定的。

3.2.5　工程建设定额的分类

工程建设定额是工程建设中各类定额的总称,它包括许多种类。为了对工程建设定额能有一个全面的了解,可以按照不同的原则和方法对它进行科学的分类。

1. 按定额反映的生产要素消耗内容分类

按照定额反映的生产要素消耗内容,可以把工程建设定额分为劳动消耗定额、材料消耗定额和机具消耗定额三种。

1）劳动消耗定额

简称劳动定额(也称为人工定额),是在正常的施工技术和组织条件下,完成规定计量单位合格的建筑安装产品所消耗的人工工日的数量标准。劳动定额的主要表现形式是时间定额,但同时也表现为产量定额,时间定额与产量定额互为倒数。

2）材料消耗定额

简称材料定额,是指在正常的施工技术和组织条件下,完成规定计量单位合格的建筑安装产品所消耗的原材料、成品、半成品、构配件、燃料以及水、电等动力资源的数量标准。

3）机具消耗定额

机具消耗定额由机械消耗定额与仪器仪表消耗定额组成。机械消耗定额是以一台机械一个工作班为计量单位,所以又称为机械台班定额。机械消耗定额是指在正常的施工技术和组织条件下,完成规定计量单位合格的建筑安装产品所消耗的施工机械台班的数量标准。机械消耗定额的主要表现形式是机械时间定额,同时也以产量定额表现。仪器仪表消耗定额的表现形式与机械消耗定额类似。

2. 按定额的编制程序和用途分类

按定额的编制程序和用途,可以把工程建设定额分为施工定额、预算定额、概算定额、概算指标、投资估算指标等。

1) 施工定额

施工定额是完成一定计量单位的某一施工过程或基本工序所需消耗的人工、材料和施工机具台班数量标准。施工定额是施工企业(建筑安装企业)为组织生产和加强管理而在企业内部使用的一种定额,属于企业定额的性质。施工定额是以某一施工过程或基本工序作为研究对象,为表示生产产品数量与生产要素消耗综合关系而编制的定额。为了适应组织生产和管理的需要,施工定额的项目划分很细,是工程定额中分项最细、定额子目最多的一种定额,也是工程建设定额中的基础性定额。

2) 预算定额

预算定额是在正常的施工条件下,完成一定计量单位合格分项工程或结构构件所需消耗的人工、材料、施工机具台班数量及其费用标准。预算定额是一种计价性定额。从编制程序上看,预算定额是以施工定额为基础综合扩大编制的,同时它也是编制概算定额的基础。

3) 概算定额

概算定额是完成单位合格扩大分项工程或扩大结构构件所需消耗的人工、材料和施工机具台班的数量及其费用标准,是一种计价性定额。概算定额是编制扩大初步设计概算、确定建设项目投资额的依据。概算定额的项目划分与扩大初步设计的深度相适应,一般是在预算定额的基础上综合扩大而成的,每一扩大分项概算定额都包含了数项预算定额。

4) 概算指标

概算指标是以单位工程为对象,反映完成一个规定计量单位建筑安装产品的经济指标。概算指标是概算定额的扩大与合并,以更为扩大的计量单位来编制的。概算指标的内容包括人工、材料、机具台班三个基本部分,同时还列出了分部工程量及单位工程的造价,是一种计价定额。

5) 投资估算指标

投资估算指标是以建设项目、单项工程、单位工程为对象,反映建设总投资及其各项费用构成的经济指标。它是在项目建议书和可行性研究阶段编制投资估算、计算投资需要量时使用的一种定额。它的概略程度与可行性研究阶段相适应。投资估算指标往往根据历史的预、决算资料和价格变动等资料编制,但其编制基础仍然离不开预算定额、概算定额。

表 3.1　各类定额内容一览表

定额类别	施工定额	预算定额	概算定额	概算指标	投资估算指标
对象	工序	分项工程	扩大的分项工程	建筑物或构筑物	独立或完整的工程项目
用途	编制施工预算	编制施工图预算	编制扩大初步设计概算	编制初步设计概算	编制投资估算

定额类别	施工定额	预算定额	概算定额	概算指标	投资估算指标
项目划分	最细	细	较粗	粗	很粗
定额水平	平均先进	平均	平均	平均	平均
定额性质	生产性定额	计价性定额	计价性定额	计价性定额	计价性定额

3. 按投资的费用性质分类

按照投资的费用性质,可以把工程建设定额分为建筑工程定额、设备安装工程定额、建筑安装工程费用定额、工器具定额以及工程建设其他费用定额等。

(1)建筑工程定额,是建筑工程的施工定额、预算定额、概算定额和概算指标的统称。

(2)设备安装工程定额,是安装工程施工定额、预算定额、概算定额和概算指标的统称。

(3)建筑安装工程费用定额一般包括其他直接费用定额、现场经费定额和间接费定额。

(4)工、器具定额,是为新建或扩建项目投产运转首次配置的工、器具数量标准。

(5)工程建设其他费用定额,是独立于建筑安装工程、设备和工、器具购置之外的其他费用开支的标准。

4. 按主编单位和管理权限分类

工程定额可以分为全国统一定额、行业统一定额、地区统一定额、企业定额、补充定额等。

(1)全国统一定额,是由国家建设行政主管部门综合全国工程建设中技术和施工组织管理的情况编制,并在全国范围内执行的定额。

(2)行业统一定额,是考虑到各行业专业工程技术特点,以及施工生产和管理水平编制的。一般是只在本行业和相同专业性质的范围内使用。

(3)地区统一定额,包括省、自治区、直辖市定额。地区统一定额主要是考虑地区性特点和全国统一定额水平做适当调整和补充所编制的。

(4)企业定额,是施工单位根据本企业的施工技术、机械装备和管理水平编制的人工、材料、机具台班等的消耗标准。企业定额在企业内部使用,是企业综合素质的标志。企业定额水平一般应高于国家现行定额,才能满足生产技术发展、企业管理和市场竞争的需要。在工程量清单计价方法下,企业定额是施工企业进行投标报价的依据。

(5)补充定额,是指随着设计、施工技术的发展,现行定额不能满足需要的情况下,为了补充缺陷所编制的定额。补充定额只能在指定的范围内使用,可以作为以后修订定额的基础。

5. 按专业分类

由于工程建设涉及众多的专业,不同的专业所含的内容也不同,因此就确定人工、材料和机具台班消耗数量标准的工程定额来说,也需按不同的专业分别进行编制和执行。

建筑工程定额按专业对象分为建筑及装饰工程定额、房屋修缮工程定额、市政工程定额、铁路工程定额、公路工程定额、矿山井巷工程定额、水利工程定额、水运工程定额等。

安装工程定额按专业对象分为电气设备安装工程定额、机械设备安装工程定额、热力设备安装工程定额、通信设备安装工程定额、化学工业设备安装工程定额、工业管道安装工程定额、工艺金属结构安装工程定额等。

上述各种定额虽然适用于不同的情况和用途,但是它们是一个互相联系的、有机的整体,在实际工作中配合使用。

3.3　人工、材料和施工机具台班消耗量的确定

3.3.1　施工过程分解及工时研究

1. 施工过程及其分类

1）施工过程的含义

施工过程就是为完成某一项施工任务,在施工现场所进行的生产过程。其最终目的是要建造、改建、修复或拆除工业及民用建筑物和构筑物的全部或一部分。

建筑安装施工过程与其他物质生产过程一样,也包括生产力三要素,即劳动者、劳动对象、劳动工具。也就是说,施工过程是由不同工种、不同技术等级的建筑安装工人使用各种劳动工具(手动工具、小型工具、大中型机械和仪器仪表等),按照一定的施工工序和操作方法,直接或间接地作用于各种劳动对象(各种建筑、装饰材料,半成品,预制品和各种设备、零配件等),使其按照人们预定的目的,生产出建筑、安装以及装饰合格产品的过程。

每个施工过程的结束,获得了一定的产品,这种产品或者是改变了劳动对象的外表形态、内部结构或性质(由于制作和加工的结果),或者是改变了劳动对象在空间的位置(由于运输和安装的结果)。

2）施工过程分类

根据不同的标准和需要,施工过程有如下分类:

（1）根据施工过程组织上的复杂程度,可以分解为工序、工作过程和综合工作过程。

① 工序是指施工过程中在组织上不可分割,在操作上属于同一类的作业环节。其主要特征是劳动者、劳动对象和使用的劳动工具均不发生变化。如果其中一个因素发生变化,就意味着由一项工序转入了另一项工序。如钢筋制作,它由平直钢筋、钢筋除锈、切断钢筋、弯曲钢筋等工序组成。

从施工的技术操作和组织观点看,工序是工艺方面最简单的施工过程。在编制施工定额时,工序是主要的研究对象。测定定额时只需分解和标定到工序为止。如果进行某项先进技术或新技术的工时研究,就要分解到操作甚至动作为止,从中研究可加以改进操作或节约工时。

工序可以由一个人来完成,也可以由小组或施工队内的几名工人协同完成;可以手动完成,也可以由机械操作完成。在机械化的施工工序中,还可以包括由工人自己完成的各项操作和由机器完成的工作两部分。

② 工作过程是由同一工人或同一小组所完成的在技术操作上相互有机联系的工序的综合体。其特点是劳动者和劳动对象不发生变化,而使用的劳动工具可以变换。例如,砌墙和勾

缝,抹灰和粉刷等。

③ 综合工作过程是指同时进行的、在组织上有直接联系的、为完成一个最终产品结合起来的各个施工过程的总和。例如,砌砖墙这一综合工作过程,由调制砂浆、运砂浆、运砖、砌墙等工作过程构成,它们在不同的空间同时进行,在组织上有直接联系,最终形成共同产品,即一定数量的砖墙。

(2)按照施工工序是否重复循环分类,施工过程可以分为循环施工过程和非循环施工过程两类。如果施工过程的工序或其组成部分以同样的内容和顺序不断循环,并且每重复一次可以生产出同样的产品,则称为循环施工过程;反之,则称为非循环施工过程。

(3)按施工过程的完成方法和手段分类,施工过程可以分为手工操作过程(手动过程)、机械化过程(机动过程)和机手并动过程(半自动化过程)。

(4)按劳动者、劳动工具、劳动对象所处位置和变化分类,施工过程可分为工艺过程、搬运过程和检验过程。

① 工艺过程是指直接改变劳动对象的性质、形状、位置等,使其成为预期的施工产品的过程,例如房屋建筑中的挖基础、砌砖墙、粉刷墙面、安装门窗等。由于工艺过程是施工过程中最基本的内容,因而是工作时间研究和制定定额的重点。

② 搬运过程是指将原材料、半成品、构件、机具设备等从某处移动到另一处,保证施工作业顺利进行的过程。但操作者在作业中随时拿起或存放在工作面上的材料等,是工艺过程的一部分,不应视为搬运过程,如砌筑工将已堆放在砌筑地点的砖块拿起砌在砖墙上,这一操作就属于工艺过程,而不应视为搬运过程。

③ 检验过程主要包括对原材料、半成品、构配件等的数量、质量进行检验,判定其是否合格、能否使用;对施工活动的成果进行检测,判别其是否符合质量要求;对混凝土试块、关键零部件进行测试以及作业前对准备工作和安全措施的检查等。

3)施工过程的影响因素

对施工过程的影响因素进行研究,其目的是正确确定单位施工产品所需要的作业时间消耗。施工过程的影响因素包括技术因素、组织因素和自然因素。

(1)技术因素。包括产品的种类和质量要求,所用材料、半成品、构配件的类别、规格和性能,所用工具和机械设备的类别、型号、性能及完好情况等。

(2)组织因素。包括施工组织与施工方法、劳动组织、工人技术水平、操作方法和劳动态度、工资分配方式、劳动竞赛等。

(3)自然因素。包括酷暑、大风、雨、雪、冰冻等。

2. 工作时间分类

研究施工中的工作时间最主要的目的是确定施工的时间定额和产量定额,其前提是对工作时间按其消耗性质进行分类,以便研究工时消耗的数量及其特点。

工作时间指的是工作班延续时间。例如,8 小时工作制的工作时间就是 8 小时,午休时间不包括在内。对工作时间消耗的研究,可以分为两个系统进行,即工人工作时间的消耗和工人所使用的机器工作时间消耗。

1)工人工作时间消耗的分类

工人在工作班内消耗的工作时间,按其消耗的性质,基本可以分为两大类:必需消耗的时间和损失时间。工人工作时间的一般分类如图 3.1 所示。

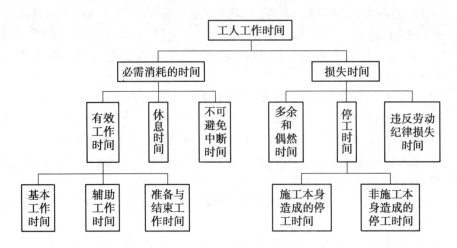

图 3.1 工人工作时间分类

(1) 必需消耗的工作时间,是指工人在正常施工条件下,为完成一定合格产品(工作任务)所消耗的时间,是制定定额的主要依据,包括有效工作时间、休息时间和不可避免中断时间的消耗。

① 有效工作时间指的是从生产效果来看与产品生产直接有关的时间消耗。其中包括基本工作时间、辅助工作时间、准备与结束工作时间的消耗。

a. 基本工作时间是工人完成能生产一定产品的施工工艺过程所消耗的时间。通过这些工艺过程可以使材料改变外形,如钢筋煨弯等;可以使预制构配件安装组合成型;也可以改变产品外部及表面的性质,如粉刷、油漆等。基本工作时间所包括的内容依工作性质各不相同,基本工作时间的长短和工作量大小成正比例。

b. 辅助工作时间是为保证基本工作能顺利完成所消耗的时间。在辅助工作时间里,不能使产品的形状大小、性质或位置发生变化。辅助工作时间的结束,往往就是基本工作时间的开始。辅助工作一般是手工操作,但如果在机手并动的情况下,辅助工作是在机械运转过程中进行的,为避免重复则不应再计辅助工作时间的消耗。辅助工作时间长短与工作量大小有关。

c. 准备与结束工作时间是执行任务前或任务完成后所消耗的工作时间。如工作地点、劳动工具和劳动对象的准备工作时间,工作结束后的整理工作时间等。准备与结束工作时间的长短与所担负的工作量大小无关,但往往和工作内容有关。这项时间消耗可以分为班内的准备与结束工作时间和任务的准备与结束工作时间。其中任务的准备和结束时间是在一批任务的开始与结束时产生的,如熟悉图纸、准备相应的工具、事后清理场地等,通常不反映在每一个工作班里。

② 休息时间指的是工人在工作过程中为恢复体力所必需的短暂休息和生理需要的时间消耗。这种时间是为了保证工人精力充沛地进行工作,所以在定额时间中必须进行计算。休息时间的长短与劳动性质、劳动条件、劳动强度和劳动危险性等密切相关。

③ 不可避免的中断所消耗的时间。它指的是由于施工工艺特点引起的工作中断所必需的时间。与施工过程工艺特点有关的工作中断时间,应包括在定额时间内,但应尽量缩短此项时间消耗。

（2）损失时间是指与产品生产无关，而与施工组织和技术上的缺点有关，与工人在施工过程中的个人过失或某些偶然因素有关的时间消耗。损失时间包括多余和偶然工作、停工、违背劳动纪律所引起的工时损失。

① 多余工作指的是工人进行了任务以外而又不能增加产品数量的工作，如重砌质量不合格的墙体。多余工作的工时损失，一般都是由于工程技术人员和工人的差错而引起的，因此，不应计入定额时间中。偶然工作也是工人在任务外进行的工作，但能够获得一定产品，如抹灰工不得不补上偶然遗留的墙洞等。由于偶然工作能获得一定产品，拟定定额时要适当考虑它的影响。

② 停工时间是工作班内停止工作造成的工时损失。停工时间按其性质可分为施工本身造成的停工时间和非施工本身造成的停工时间两种。施工本身造成的停工时间，是由于施工组织不善、材料供应不及时、工作面准备工作做得不好、工作地点组织不良等情况引起的停工时间。非施工本身造成的停工时间，指的是由于停电等外因引起的停工时间。前一种情况在拟定定额时不应该计算，后一种情况定额中则应给予合理的考虑。

③ 违背劳动纪律造成的工作时间损失是指工人在工作班开始和午休后的迟到、午饭前和工作班结束前的早退、擅自离开工作岗位、工作时间内聊天或办私事等造成的工时损失。由于个别工人违背劳动纪律而影响其他工人无法工作的时间损失也包括在内。

2）机器工作时间消耗的分类

在机械化施工过程中，对工作时间消耗的分析和研究，除了要对工人工作时间的消耗进行分类研究之外，还需要分类研究机器工作时间的消耗。

机器工作时间的消耗，按其性质也分为必需消耗的时间和损失时间两大类，如图 3.2 所示。

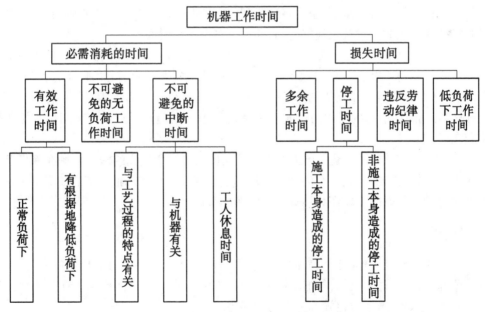

图 3.2 机器工作时间分类

（1）必需消耗的工作时间，包括有效工作、不可避免的无负荷工作和不可避免的中断三项时间消耗。

① 在有效工作的时间消耗中包括正常负荷下、有根据地降低负荷下的工时消耗。

a. 正常负荷下的工作时间,是机器在与机器说明书规定的额定负荷相符的情况下进行工作的时间。

b. 有根据地降低负荷下的工作时间,是在个别情况下由于技术上的原因,机器在低于其计算负荷下工作的时间。例如,汽车运输重量轻而体积大的货物时,不能充分利用汽车的载重吨位因而不得不降低其计算负荷。

② 不可避免的无负荷工作时间,是指由施工过程的特点和机械结构的特点造成的机械无负荷工作时间。例如,筑路机在工作区末端调头等,就属于此项工作时间的消耗。

③ 不可避免的中断工作时间,指的是与工艺过程的特点、机器的使用和保养、工人休息有关的中断时间。

a. 与工艺过程的特点有关的不可避免中断工作时间,有循环的和定期的两种。循环的不可避免中断,是在机器工作的每一个循环中重复一次,如汽车装货和卸货时的停车。定期的不可避免中断,是经过一定时期重复一次,例如把灰浆泵由一个工作地点转移到另一工作地点时的工作中断。

b. 与机器有关的不可避免中断工作时间是由于工人进行准备与结束工作或辅助工作时,机器停止工作而引起的中断工作时间。它是与机器的使用与保养有关的不可避免中断时间。

c. 工人休息时间,前面已经做了说明,这里要注意的是,应尽量利用与工艺过程有关的和与机器有关的不可避免中断时间进行休息,以充分利用工作时间。

(2) 损失的工作时间,包括多余工作、停工、违反劳动纪律所消耗的工作时间和低负荷下的工作时间。

① 机器的多余工作时间,一是机器进行任务内和工艺过程内未包括的工作而延续的时间,如工人没有及时供料而使机器空运转的时间;二是机械在负荷下所做的多余工作,如混凝土搅拌机搅拌混凝土时超过规定搅拌时间,即属于多余工作时间。

② 机器的停工时间,按其性质也可分为施工本身造成和非施工本身造成的停工时间。前者是由于施工组织得不好而引起的,如由于未及时供给机器燃料而引起的停工;后者是由于气候条件所引起的,如暴雨时压路机的停工。上述停工中延续的时间,均为机器的停工时间。

③ 违反劳动纪律引起的机器的时间损失是指由于工人迟到早退或擅离岗位等原因引起的机器停工时间。

④ 低负荷下的工作时间,是由于工人或技术人员的过错所造成的施工机械在降低负荷的情况下工作的时间,例如,工人装车的砂石数量不足引起的汽车在降低负荷的情况下工作所延续的时间。此项工作时间不能作为计算时间定额的基础。

3. 计时观察法

计时观察法是研究工作时间消耗的一种技术测定方法。它以工时消耗为研究对象,以观察测时为研究手段,通过密集抽样和粗放抽样等技术进行直接的时间研究。计时观察法以现场观察为主要技术手段,所以也被称为现场观察法。

计时观察法能够把现场工时消耗情况和施工组织技术条件联系起来加以考察,它不仅能为制定定额提供基础数据,也能为改善施工组织管理、改善工艺过程和操作方法、消除不合理的工时损失和进一步挖掘生产潜力提供技术根据。计时观察法的局限性在于它考虑人的因素不够充分。

对施工过程进行观察、测时,计算实物和劳务产量,记录施工过程所处的施工条件和确定影响工时消耗的因素,是计时观察法的三项主要内容和要求。计时观察法种类很多,最主要的有三种,如图 3.3 所示。

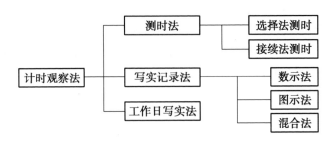

图 3.3 计时观察法的种类

1) 测时法

测时法主要适用于测定定时重复的循环工作的工时消耗,是精确度比较高的一种计时观察法,一般可达到 0.2～15 s。测时法只用来测定施工过程中循环组成部分工作时间消耗,不研究工人休息、准备与结束及其他非循环的工作时间。

(1) 测时法的分类

根据具体测时手段不同,可将测时法分为选择法和接续法两种。

① 选择法测时,是间隔选择施工过程中非紧连接的组成部分(工序或操作)测定工时,精确度达 0.5 s。当所测定的各工序或操作的延续时间较短时,连续测定比较困难,用选择法测时比较方便、简单。

② 接续法测时。它是连续测定一个施工过程各工序或操作的延续时间。接续法测时每次要记录各工序或操作的终止时间,并计算出本工序的延续时间。接续法测时也称作连续法测时,比选择法测时准确、完善,但观察技术也相对复杂。

(2) 测时法的观察次数

测时法属于抽样调查的方法,因此为了保证选取样本的数据可靠,需要对同一施工过程进行重复测时。一般来说,观测的次数越多,资料的准确性越高,但要花费较多的时间和人力,这样既不经济,也不现实。确定观测次数较为科学的方法,应该是依据误差理论和经验数据相结合的方法来判断。需要的观察次数与要求的算术平均值精确度及数列的稳定系数有关。

2) 写实记录法

写实记录法是一种研究各种性质的工作时间消耗的方法,包括基本工作时间、辅助工作时间、不可避免中断时间、准备与结束时间以及各种损失时间。采用这种方法,可以获得分析工作时间消耗和制定定额所必需的全部资料。这种测定方法比较简便、易于掌握,并能保证必需的精确度,因此写实记录法在实际中得到了广泛应用。

(1) 写实记录法的种类

写实记录法按记录时间的方法不同分为数示法、图示法和混合法三种,计时一般采用有秒针的普通计时表即可。

① 数示法写实记录。数示法的特征是用数字记录工时消耗,是三种写实记录法中精确度

较高的一种,精确度达 5 s,可以同时对两个工人进行观察,适用于组成部分较少而且比较稳定的施工过程。

② 图示法写实记录。图示法是在规定格式的图表上用时间进度线条表示工时消耗量的一种记录方式,精确度可达 30 s,可同时对三个以内的工人进行观察。这种方法的主要优点是记录简单,时间一目了然,原始记录整理方便。

③ 混合法写实记录。混合法吸取数字和图示两种方法的优点,以图示法中的时间进度线条表示工序的延续时间,在进度线的上部加写数字表示各时间区段的工人数。混合法适用于三个以上工人工作时间的集体写实记录。

(2) 写实记录法的延续时间

延续时间的确定,应立足于既不能消耗过多的观察时间,又能得到比较可靠和准确的结果。影响写实记录法延续时间的主要因素有:所测施工过程的广泛性和经济价值;已经达到的功效水平的稳定程度;同时测定不同类型施工过程的数目;被测定的工人人数以及测定完成产品的可能次数等。

3)工作日写实法

工作日写实法是一种研究整个工作班内的各种工时消耗的方法。运用工作日写实法主要有两个目的,一是取得编制定额的基础资料;二是检查定额的执行情况,找出缺点,改进工作。

(1) 用于取得编制定额的基础资料。工作日写实的目的是要获得观察对象在工作班内工时消耗的全部情况,以及产品数量和影响工时消耗的影响因素。其中工时消耗应该按工时消耗的性质分类记录。在这种情况下,通常需要测定 3～4 次。

(2) 用于检查定额的执行情况。通过工作日写实应该做到:查明工时损失量和引起工时损失的原因,制订消除工时损失、改善劳动组织和工作地点组织的措施,查明熟练工人是否能发挥自己的专长,确定合理的小组编制和合理的小组分工;确定机器在时间利用和生产率方面的情况,找出使用不当的原因,制订出改善机器使用情况的技术组织措施,计算工人或机器完成定额的实际百分比和可能百分比。在这种情况下,通常需要测定 1～3 次。

工作日写实法与测时法、写实记录法相比较,具有技术简便、费力不多、应用面广和资料全面的优点,在我国是一种采用较广的编制定额的方法。工作日写实法的缺点主要是由于有观察人员在场,即使在观察前做了充分准备,仍不免在工时利用上有一定的虚假性。

3.3.2 确定人工定额消耗量的基本方法

时间定额和产量定额是人工定额的两种表现形式。拟定出时间定额,利用时间定额和产量定额之间互为倒数的关系,就可以计算出产量定额。

在全面分析了各种影响因素的基础上,通过计时观察资料,可以获得定额的各种必需消耗时间。将这些时间进行归纳,有的是经过换算,有的是根据不同的工时规范附加,最后把各种定额时间加以综合和类比就可以得到整个工作过程人工消耗的时间定额。

1. 确定工序作业时间

根据计时观察资料的分析和选择,我们可以获得各种产品的基本工作时间和辅助工作时间,将这两种时间合并,可以称之为工序作业时间。它是各种因素的集中反映,决定着整个产品的定额时间。

1）拟定基本工作时间

基本工作时间在必需消耗的工作时间中占的比重最大。在确定基本工作时间时，必须细致、精确。基本工作时间消耗一般应根据计时观察资料来确定。其做法是，首先确定工作过程每一组成部分的工时消耗，然后再综合出工作过程的工时消耗。如果组成部分的产品计量单位和工作过程的产品计量单位不符，就需先求出不同计量单位的换算系数，进行产品计量单位的换算，然后再相加，求得工作过程的工时消耗。

（1）各组成部分与最终产品单位一致时的基本工作时间计算。此时，单位产品基本工作时间就是施工过程各个组成部分作业时间的总和。计算公式为：

$$T_1 = \sum_{i=1}^{n} t_i \qquad (3.1)$$

式中，T_1 为单位产品基本工作时间；t_i 为各组成部分的基本工作时间；n 为各组成部分的个数。

（2）各组成部分单位与最终产品单位不一致时的基本工作时间计算。此时，各组成部分基本工作时间应分别乘以相应的换算系数。计算公式为：

$$T_1 = \sum_{i=1}^{n} k_i \times t_i \qquad (3.2)$$

式中，k_i 为对应于 t_i 的换算系数。

【例 3.1】 砌砖墙勾缝的计量单位是平方米，但若将勾缝作为砌砖墙施工过程的一个组成部分对待，设每平方米墙面所需的勾缝时间为 10 min，试求各种不同墙厚每立方米砌体所需的勾缝时间。

【解】 （1）一砖厚的砖墙，其每立方米砌体墙面面积的换算系数为 $1/0.24 = 4.17$ m²

则每立方米砌体所需的勾缝时间是 $4.17 \times 10 = 41.7$ min

（2）标准砖规格为 240 mm × 115 mm × 53 mm，灰缝宽 10 mm，故

一砖半墙的厚度 $= 0.24 + 0.115 + 0.01 = 0.365$ m

一砖半厚的砖墙，其每立方米砌体墙面面积的换算系数为 $1/0.365 = 2.74$ m²，则

每立方米砌体所需的勾缝时间是：$2.74 \times 10 = 27.4$ min

2）拟定辅助工作时间

辅助工作时间的确定方法与基本工作时间相同。如果在计时观察时不能取得足够的资料，也可采用工时规范或经验数据来确定。如具有现行的工时规范，可以直接利用工时规范中规定的辅助工作时间的百分比来计算，范例如表 3.2 所示。

表 3.2 木作工程各类辅助工作时间的百分率参考表

工作项目	占工序作业时间(%)	工作项目	占工序作业时间(%)
磨刨刀	12.3	磨线刨	8.3
磨槽刨	5.9	锉锯	8.2
磨凿子	3.4	—	—

2. 确定规范时间

规范时间包括工序作业时间以外的准备与结束时间、不可避免中断时间以及休息时间。

1)确定准备与结束时间

准备与结束工作时间分为班内和任务两种。任务的准备与结束时间通常不能集中在某一个工作日中,而要采取分摊计算的方法,分摊在单位产品的时间定额里。

如果在计时观察资料中不能取得足够的准备与结束时间的资料,也可根据工时规范或经验数据来确定。

2)确定不可避免的中断时间

在确定不可避免的中断时间的定额时,必须注意由工艺特点所引起的不可避免中断才可列入工作过程的时间定额。

不可避免的中断时间也需要根据计时观察资料通过整理分析获得;也可以根据经验数据或工时规范,以占工作日的百分比表示此项工时消耗的时间定额。

3)拟定休息时间

休息时间应根据工作班作息制度、经验资料、计时观察资料以及对工作的疲劳程度做全面分析来确定。同时,应考虑尽可能利用不可避免的中断时间作为休息时间。

规范时间均可利用工时规范或经验数据确定,常用的参考数据如表 3.3 所示。

表 3.3　准备与结束、休息、不可避免的中断时间占工作班时间的百分率参考表

序号	工种	准备与结束时间占工作班时间(%)	休息时间占工作班时间(%)	不可避免的中断时间占工作班时间(%)
1	材料运输及材料加工	2	13~16	2
2	人力土方工程	3	13~16	2
3	架子工程	4	12~15	2
4	砖石工程	6	10~13	4
5	抹灰工程	6	10~13	3
6	手工木作工程	4	7~10	3
7	机械木作工程	3	4~7	3
8	模板工程	5	7~10	3
9	钢筋工程	4	7~10	4
10	现浇混凝土工程	6	10~13	3
11	预制混凝土工程	4	10~13	2
12	防水工程	5	25	3
13	油漆玻璃工程	3	4~7	2
14	钢制品制作及安装工程	4	4~7	2
15	机械土方工程	2	4~7	2
16	石方工程	4	13~16	2

序号	工种	准备与结束时间占工作班时间(%)	休息时间占工作班时间(%)	不可避免的中断时间占工作班时间(%)
17	机械打桩工程	6	10~13	3
18	构件运输及吊装工程	6	10~13	3
19	水暖电气工程	5	7~10	3

3. 拟定定额时间

确定的基本工作时间、辅助工作时间、准备与结束工作时间、不可避免的中断时间与休息时间之和,就是劳动定额的时间定额。根据时间定额可计算出产量定额,时间定额和产量定额互成倒数。

利用工时规范,可以计算劳动定额的时间定额。计算公式如下:

$$工序作业时间 = 基本工作时间 + 辅助工作时间 \tag{3.3}$$

$$规范时间 = 准备与结束工作时间 + 不可避免的中断时间 + 休息时间 \tag{3.4}$$

$$工序作业时间 = 基本工作时间 + 辅助工作时间 = \frac{基本工作时间}{1 - 辅助工作时间(\%)} \tag{3.5}$$

$$定额时间 = \frac{工序作业时间}{1 - 规范时间(\%)} \tag{3.6}$$

【例 3.2】 通过计时观察资料得知,人工挖二类土 1 m³ 的基本工作时间为 6 h,辅助工作时间占工序作业时间的 2%,准备与结束工作时间、不可避免的中断时间、休息时间分别占工作日的 3%、2%、18%。求该人工挖二类土的时间定额是多少?

【解】 基本工作时间 = 6 h = 0.75 工日 /m³

工序作业时间 = 0.75/(1 - 2%) = 0.765 工日 /m³

时间定额 = 0.765/(1 - 3% - 2% - 18%) = 0.994 工日 /m³

3.3.3 确定材料定额消耗量的基本方法

1. 材料的分类

合理确定材料消耗定额,必须研究和区分材料在施工过程中的类别。

1) 根据材料消耗的性质划分

施工中材料的消耗可分为必需消耗的材料和损失的材料两类性质。

必需消耗的材料是指在合理用料的条件下生产合格产品需要消耗的材料,包括直接用于建筑和安装工程的材料、不可避免的施工废料、不可避免的材料损耗。

必需消耗的材料属于施工正常消耗,是确定材料消耗定额的基本数据。其中,直接用于建筑和安装工程的材料编制材料净用量定额,不可避免的施工废料和材料损耗编制材料损耗定额。

2）根据材料消耗与工程实体的关系划分

施工中的材料可分为实体材料和非实体材料两类。

（1）实体材料，是指直接构成工程实体的材料，包括工程直接性材料和辅助材料。工程直接性材料主要是指一次性消耗、直接用于工程构成建筑物或结构本体的材料，如钢筋混凝土柱中的钢筋、水泥、砂、碎石等；辅助性材料主要是指虽也是施工过程中所必需，却并不构成建筑物或结构本体的材料，如土石方爆破工程中所需的炸药、引信、雷管等。工程直接性材料用量大，辅助材料用量少。

（2）非实体材料，是指在施工中必须使用但又不能构成工程实体的施工措施性材料。非实体材料主要是指周转性材料，如模板、脚手架、支撑等。

2. 确定材料消耗量的基本方法

确定实体材料的净用量定额和材料损耗定额的计算数据，是通过现场技术测定、实验室试验、现场统计和理论计算等方法获得的。

1）现场技术测定法

现场技术测定法，又称为观测法，是根据对材料消耗过程的测定与观察，通过完成产品数量和材料消耗量的计算，而确定各种材料消耗定额的一种方法。现场技术测定法主要适用于确定材料损耗量，因为该部分数值用统计法或其他方法较难得到。通过现场观察，还可以区别出哪些是可以避免的损耗，哪些是属于难以避免的损耗，明确定额中不应列入可以避免的损耗。

用观测法制定材料的消耗定额时，所选用的观测对象应符合下列要求：

（1）建筑物应具有代表性。

（2）施工方法符合操作规范的要求。

（3）建筑材料的品种、规格、质量符合技术、设计的要求。

（4）被观测对象在节约材料和保证产品质量等方面有较好的成绩。

2）实验室试验法

实验室试验法主要用于编制材料净用量定额。通过试验，能够对材料的结构、化学成分和物理性能以及按强度等级控制的混凝土、砂浆、沥青、油漆等配比做出科学的结论，给编制材料消耗定额提供有技术根据的、比较精确的计算数据。例如：可测定出砼的配合比，然后计算出每立方米砼中的水泥、砂、石、水的消耗量。由于在实验室内比施工现场具有更好的工作条件，所以这种方法能更深入、详细地研究各种因素对材料消耗的影响，从中得到比较准确的数据；其缺点在于无法估计施工现场某些因素对材料消耗量的影响。

3）现场统计法

现场统计法是以施工现场积累的分部分项工程使用材料数量、完成产品数量、完成工作原材料的剩余数量等统计资料为基础，经过整理分析，获得材料消耗的数据。这种方法比较简单易行，但也有缺陷：一是该方法一般只能确定材料总消耗量，不能确定必需消耗的材料和损失量；二是其准确程度受到统计资料和实际使用材料的影响。因而其不能作为确定材料净用量定额和材料损耗定额的依据，只能作为编制定额的辅助性方法使用。

4）理论计算法

理论计算法是根据施工图和建筑构造要求，用理论计算公式计算出产品材料净用量的方法。这种方法较适用于不易产生损耗且容易确定废料的材料消耗量的计算。

材料消耗量包含净用量和损耗量两部分,净用量是指构成产品实体的材料用量,损耗量指不可避免的施工废料和操作损耗。材料的损耗一般以损耗率表示。材料损耗率可以通过观察法或统计法确定。材料损耗率及材料损耗量的计算通常采用以下公式:

$$材料损耗率 = \frac{材料的损耗量}{材料的净用量} \times 100\% \tag{3.7}$$

则:
$$材料消耗量 = 材料净用量 \times (1 + 材料损耗率) \tag{3.8}$$

① 砖砌体材料用量的计算

砖砌体材料用量的计算公式如下:

$$砖净用量(块) = \frac{墙厚砖数 \times 2}{墙厚 \times (砖长 + 灰缝宽) \times (砖厚 + 灰缝宽)} \tag{3.9}$$

$$砖消耗量 = 砖净用量 \times (1 + 损耗率) \tag{3.10}$$

$$砂浆消耗量(m^3) = (1 - 砖净用量 \times 每块砖体积) \times (1 + 损耗率) \tag{3.11}$$

式中,每块标准砖体积为 $0.24\ m \times 0.115\ m \times 0.053\ m = 0.001\ 462\ 8\ m^3$,灰缝宽为 $0.01\ m$。

墙厚砖数如表3.4所示。

表 3.4　标准砖墙厚表

墙厚砖数	$\frac{1}{2}$	$\frac{3}{4}$	1	$1\frac{1}{2}$	2
墙厚(m)	0.115	0.178	0.24	0.365	0.49

【例 3.3】　计算每 $1\ m^3$ 一砖半厚砖墙标准砖和砂浆的净用量及总消耗量,砖和砂浆损耗率均为 1%。

【解】　$1\ m^3$ 一砖半厚砖墙的标准砖净用量$=2\times1.5/[(0.24+0.01)\times(0.053+0.01)\times$
　　　　$0.365]=522$ 块

$1\ m^3$ 一砖半厚砖墙中砂浆的净用量 $= 1 - 522 \times 0.24 \times 0.115 \times 0.053 = 0.236\ m^3$

标准砖总消耗量 $= 522 \times (1 + 1\%) = 527$ 块

砂浆总消耗量 $= 0.236 \times (1 + 1\%) = 0.238\ m^3$

② 块料面层材料用量计算

块料面层一般指瓷砖、锦砖、预制水磨石、大理石等,通常以 $100\ m^2$ 为单位。其计算公式如下:

$$块料净用量 = \frac{100}{(块料长 + 灰缝宽) \times (块料宽 + 灰缝宽)} \tag{3.12}$$

$$灰缝材料净用量 = [100 - 块料净用量 \times 块料长 \times 块料宽] \times 灰缝厚 \tag{3.13}$$

$$结合层材料净用量 = 100 \times 结合层厚 \tag{3.14}$$

【例 3.4】　用 $1:1$ 水泥砂浆贴 $152\ mm \times 152\ mm \times 5\ mm$ 瓷砖墙面,结合层厚度为 $10\ mm$,试计算每 $100\ m^2$ 墙面瓷砖和砂浆的消耗量(灰缝宽 $2\ mm$),瓷砖损耗率 1.5%,砂浆损

耗率1%。

【解】 每 100 m² 瓷砖墙面中:

瓷砖净用量 $= 100/[(0.152+0.002) \times (0.152+0.002)] = 4\,217$ 块

瓷砖消耗量 $= 4\,217 \times (1+1.5\%) = 4\,280$ 块

结合层砂浆净用量 $= 100 \times 0.01 = 1.00$ m³

缝隙砂浆净用量 $= [100-4\,217 \times 0.152 \times 0.152] \times 0.005 = 0.013$ m³

砂浆消耗量 $= (1+0.013) \times (1+1\%) = 1.023$ m³

3.3.4 确定施工机具台班定额消耗量的基本方法

施工机具台班定额消耗量包括机械台班定额消耗量和仪器仪表台班定额消耗量,二者的确定方法大体相同,本部分主要介绍机械台班定额消耗量的确定。

1. 确定机械 1 h 纯工作正常生产率

机械纯工作时间就是指机械的必需消耗时间。机械 1 h 纯工作正常生产率,就是在正常施工组织条件下,具有必需的知识和技能的技术工人操纵机械 1 h 的生产率。

根据机械工作特点的不同,机械 1 h 纯工作正常生产率的确定方法也有所不同。

1) 循环动作机械

对于循环动作机械,确定机械纯工作 1 h 正常生产率的计算公式如下:

$$机械一次循环的正常延续时间 = \sum(循环各组成部分正常延续时间) - 交叠时间$$

$$(3.15)$$

$$机械纯工作 1\,h 循环次数 = \frac{60 \times 60(\text{s})}{一次循环的正常延续时间} \qquad (3.16)$$

$$机械纯工作 1\,h 正常生产率 = 机械纯工作 1\,h 循环次数 \times 一次循环生产的产品数量$$

$$(3.17)$$

2) 连续动作机械

对于连续动作机械,确定机械纯工作 1 h 正常生产率要根据机械的类型和结构特征,以及工作过程的特点来进行,计算公式如下:

$$机械纯工作 1\,h 正常生产率 = \frac{工作时间内生产的产品数量}{工作时间(\text{h})} \qquad (3.18)$$

工作时间内的产品数量和工作时间的消耗,要通过多次现场观察和机械说明书来取得数据。

2. 确定施工机械的时间利用系数

确定施工机械的时间利用系数,是指机械在一个台班内的净工作时间与工作班延续时间之比。机械的时间利用系数和机械在工作班内的工作状况有着密切的关系。所以,要确定机械的时间利用系数,首先要拟定机械工作班的正常工作状况,保证合理利用工时。机械时间利

用系数的计算公式如下：

$$机械时间利用系数 = \frac{机械在一个工作班内纯工作时间}{一个工作班延续时间(8\ h)} \quad (3.19)$$

3. 计算施工机械台班定额

计算施工机械台班定额是编制机械定额工作的最后一步。在确定了机械工作正常条件、机械 1 h 纯工作正常生产率和机械时间利用系数之后，采用下列公式计算施工机械的产量定额：

$$施工机械台班产量定额 = 机械纯工作 1\ h 正常生产率 \times 工作班纯工作时间 \quad (3.20)$$

或：

$$施工机械台班产量定额 = 机械纯工作 1\ h 正常生产率 \times 工作班延续时间 \times 机械时间利用系数 \quad (3.21)$$

$$施工机械台班时间定额 = 1/施工机械台班产量定额 \quad (3.22)$$

【例 3.5】 某工程现场采用出料容量 500 L 的混凝土搅拌机，每一次循环中，装料、搅拌、卸料、中断需要的时间分别为 1 min、3 min、1 min、1 min，机械时间利用系数为 0.9，求该机械的台班产量定额。

【解】 该搅拌机一次循环的正常延续时间 $= 1 + 3 + 1 + 1 = 6\ min = 0.1\ h$

该搅拌机纯工作 1 h 循环次数 $= 10$ 次

该搅拌机纯工作 1 h 正常生产率 $= 10 \times 500 = 5\ 000\ L = 5\ m^3$

该搅拌机台班产量定额 $= 5 \times 8 \times 0.9 = 36\ m^3/台班$

3.4 建筑安装工程人工、材料和施工机具台班单价的确定

3.4.1 人工单价

人工日工资单价是指施工企业平均技术熟练程度的生产工人在每工作日（国家法定工作时间内）按规定从事施工作业应得的日工资总额。合理确定人工日工资单价是正确计算人工费和工程造价的前提和基础。

1. 人工日工资单价组成内容

人工日工资单价由计时工资或计件工资、奖金、津贴补贴以及特殊情况下支付的工资组成。

（1）计时工资或计件工资，是指按计时工资标准和工作时间或对已做工作按计件单价支付给个人的劳动报酬。

（2）奖金，是指对超额劳动和增收节支支付给个人的劳动报酬，如节约奖、劳动竞赛奖等。

（3）津贴补贴，是指为了补偿职工特殊或额外的劳动消耗和因其他原因支付给个人的津贴，以及为了保证职工工资水平不受物价影响支付给个人的物价补贴，如流动施工津贴、特殊地区施工津贴、高温(寒)作业临时津贴、高空津贴等。

（4）特殊情况下支付的工资，是指根据国家法律、法规和政策规定，因病、工伤、产假、计划生育假、婚丧假、事假、探亲假、定期休假、停工学习、执行国家或社会义务等原因按计时工资标准或计件工资标准的一定比例支付的工资。

2. 人工日工资单价的确定方法

1）年平均每月法定工作日

由于人工日工资单价是每一个法定工作日的工资总额，因此需要对年平均每月法定工作日进行计算。计算公式如下：

$$年平均每月法定工作日 = \frac{全年日历日 - 法定假日}{12} \tag{3.23}$$

式中，法定假日指双休日和法定节日。

2）日工资单价的计算

确定了年平均每月法定工作日后，将上述工资总额进行分摊，即形成人工日工资单价。计算公式如下：

$$日工资单价 = \frac{生产平均月工资(计时、计件) + 平均月\left(奖金 + 津贴补贴 + 特殊情况下支付的工资\right)}{年平均每月法定工作日} \tag{3.24}$$

3）日工资单价的管理

虽然施工企业投标报价时可以自主确定人工费，但由于人工日工资单价在我国具有一定的政策性，因此工程造价管理机构确定日工资单价应根据工程项目的技术要求，通过市场调查并参考实物工程量人工单价综合分析确定，发布的最低日工资单价不得低于工程所在地人力资源和社会保障部门所发布的最低工资标准：普工1.3倍、一般技工2倍、高级技工3倍。

如依据湖北省相关规定，人工工日消耗量不分工种，按普工、技工、高级技工分三个等级，人工日工资单价分别为：普工92.00元/工日，技工142.00元/工日，高级技工212.00元/工日。

3. 影响人工日工资单价的因素

影响人工日工资单价的因素很多，归纳起来有以下几方面：

1）社会平均工资水平

建筑安装工人人工日工资单价必然和社会平均工资水平趋同。社会平均工资水平取决于经济发展水平。由于经济的增长，社会平均工资也会增长，从而影响人工日工资单价的提高。

2）生活消费指数

生活消费指数的提高会促进人工日工资单价的提高，以减少生活水平的下降，或维持原来的生活水平。生活消费指数的变动取决于物价的变动，尤其是生活消费品物价的变动。

3）人工日工资单价的组成内容

例如，《关于印发〈建筑安装工程费用项目组成〉的通知》(建标〔2013〕44号)将职工福利费和劳动保护费从人工日工资单价中删除,这也必然引起人工日工资单价的变化。

4)劳动力市场供需变化

劳动力市场如果需求大于供给,人工日工资单价就会提高;供给大于需求,市场竞争激烈,人工日工资单价就会下降。

5)政府推行的社会保障和福利政策

相关政策的调整也会引起人工日工资单价的变动。

3.4.2 材料单价

在建筑工程中,材料费约占总造价的 $60\%\sim70\%$,在金属结构工程中其所占比重更大,因此,合理确定材料价格构成,正确计算材料单价,有利于合理确定和有效控制工程造价。材料单价是指建筑材料从其来源地运到施工工地仓库,直至出库形成的综合平均单价。

1. 材料单价的组成和确定方法

1)材料原价(或供应价格)

材料原价是指国内采购材料的出厂价格,国外采购材料抵达买方边境、港口或车站并交纳完各种手续费、税费(不含增值税)后形成的价格。在确定原价时,凡同一种材料因来源地、交货地、供货单位、生产厂家不同而有几种价格(原价)时,根据不同来源地供货数量比例,采取加权平均的方法确定其综合原价,计算公式如下:

$$加权平均原价 = \frac{(K_1C_1 + K_2C_2 + \cdots + K_nC_n)}{(K_1 + K_2 + \cdots + K_n)} \tag{3.25}$$

式中,$K_1,K_2,\cdots,K_n$ 为各不同供应地点的供应量或各不同使用地点的需要量;$C_1,C_2,\cdots,C_n$ 为各不同供应地点的原价。

若材料供货价格为含税价格,则材料原价应以购进货物适用的税率(13%或 9%)或征收率(3%)扣除增值税进项税额。

2)材料运杂费

材料运杂费是指国内采购材料自来源地、国外采购材料自到岸港运至工地仓库或指定堆放地点发生的费用(不含增值税)。其中包括外埠中转运输过程中所发生的一切费用和过境过桥费用,包括调车和驳船费、装卸费、运输费及附加工作费等。

同一品种的材料有若干个来源地,应采用加权平均的方法计算材料运杂费,计算公式如下:

$$加权平均运杂费 = \frac{(K_1T_1 + K_2T_2 + \cdots + K_nT_n)}{(K_1 + K_2 + \cdots + K_n)} \tag{3.26}$$

式中,$K_1,K_2,\cdots,K_n$ 为各不同供应点的供应量或各不同使用地点的需求量;$T_1,T_2,\cdots,T_n$ 为各不同运距的运费。

若运输费用为含税价格,则需要按"两票制"或"一票制"两种支付方式分别调整。

(1)"两票制"支付方式。所谓"两票制"材料,是指材料供应商就收取的货物销售价款和运杂费向建筑业企业分别提供货物销售和交通运输两张发票的材料。在这种方式下,运杂费以接受交通运输与服务适用税率9%扣除增值税进项税额。

（2）"一票制"支付方式。所谓"一票制"材料,是指材料供应商就收取的货物销售价款和运杂费合计金额向建筑业企业仅提供一张货物销售发票的材料。在这种方式下,运杂费采用与材料原价相同的方式扣除增值税进项税额。

3）运输损耗

在材料的运输中应考虑一定的场外运输损耗费用。这是指材料在运输装卸过程中不可避免的损耗。运输损耗的计算公式是:

$$运输损耗 = （材料原价 + 运杂费）× 运输损耗率（\%） \tag{3.27}$$

4）采购及保管费

采购及保管费是指为组织采购、供应和保管材料过程中所需要的各项费用,包括采购费、仓储费、工地保管费和仓储损耗。

采购及保管费一般按照材料到库价格以费率取定。材料采购及保管费计算公式如下:

$$采购及保管费 = 材料运到工地仓库价格 × 采购及保管费税率（\%） \tag{3.28}$$

或:

$$采购及保管费 = （材料原价 + 运杂费 + 运输损耗费）× 采购及保管费税率（\%） \tag{3.29}$$

综上所述,材料单价的一般计算公式为:

$$材料单价 = \{（供应价格 + 运杂费）× [1 + 运输损耗率（\%）]\} \tag{3.30}$$
$$× [1 + 采购及保管费率（\%）]$$

由于我国幅员辽阔,建筑材料产地与使用地点的距离,各地差异很大,采购、保管、运输方式也不尽相同,因此材料单价原则上按地区范围编制。

【例3.6】 某建设项目材料（适用13%增值税税率）从两个地方采购,其采购量及有关费用如表3.5所示,求该工地水泥的单价（表中原价、运杂费均为含税价格,且材料采用"两票制"支付方式）。

表3.5 材料采购信息表

采购处	采购量（t）	原价（元/t）	运杂费（元/t）	运输损耗率（%）	采购及保管费费率（%）
来源一	300	340	20	0.5	3.5
来源二	200	350	15	0.4	

【解】 应将含税的原价和运杂费调整为不含税价格,具体过程如下:

表3.6 材料价格信息不含税价格处理

采购处	采购量（t）	原价（元/t）	原价（不含税）（元/t）	运杂费（元/t）	运杂费（不含税）（元/t）	运输损耗率（%）	采购及保管费费率（%）
来源一	300	340	340/1.13 = 300.88	20	20/1.09 = 18.35	0.5	3.5
来源二	200	350	350/1.13 = 309.73	15	15/1.09 = 13.76	0.4	

$$加权平均原价 = \frac{300 \times 300.88 + 200 \times 309.73}{300 + 200} = 304.42 \, 元/t$$

$$加权平均运杂费 = \frac{300 \times 18.35 + 200 \times 13.76}{300 + 200} = 16.51 \, 元/t$$

来源一的运输损耗费 $= (300.88 + 18.35) \times 0.5\% = 1.60 \, 元/t$

来源二的运输损耗费 $= (309.73 + 13.76) \times 0.4\% = 1.29 \, 元/t$

$$加权平均运输损耗费 = \frac{300 \times 1.60 + 200 \times 1.29}{300 + 200} = 1.48 \, 元/t$$

材料单价 $= (304.42 + 16.51 + 1.48) \times (1 + 3.5\%) = 333.69 \, 元/t$

2. 影响材料单价变动的因素

(1) 市场供需变化。材料原价是材料单价中最基本的组成。市场供大于求价格就会下降,反之,价格就会上升,从而也就会影响材料单价的涨落。

(2) 材料生产成本的变动直接影响材料单价的波动。

(3) 流通环节的多少和材料供应体制也会影响材料单价。

(4) 运输距离和运输方法的改变会影响材料运输费用的增减,从而也会影响材料单价。

(5) 国际市场行情会对进口材料单价产生影响。

3.4.3　施工机械台班单价

施工机械使用费是根据施工中耗用的机械台班数量和机械台班单价确定的。施工机械台班耗用量按有关定额规定计算;施工机械台班单价是指一台施工机械,在正常运转条件下一个工作班中所发生的全部费用,每台班按8小时工作制计算。正确制定施工机械台班单价是合理确定和控制工程造价的重要方面。

根据《建设工程施工机械台班费用编制规则》规定,施工机械划分为十二个类别,即:土石方及筑路机械、桩工机械、起重机械、水平运输机械、垂直运输机械、混凝土及砂浆机械、加工机械、泵类机械、焊接机械、动力机械、地下工程机械和其他机械。

施工机械台班单价由七项费用组成,包括折旧费、检修费、维护费、安拆费及场外运费、人工费、燃料动力费和其他费用。

1. 折旧费的组成及确定

折旧费是指施工机械在规定的耐用总台班内,陆续收回其原值的费用。计算公式如下:

$$台班折旧费 = \frac{机械预算价格 \times (1 - 残值率)}{耐用总台班} \tag{3.31}$$

1)机械预算价格

(1)国产施工机械的预算价格

国产施工机械预算价格按照机械原值、相关手续费和一次运杂费以及车辆购置税之和计算。

① 机械原值应按下列途径询价、采集:

a. 编制期施工企业购进施工机械的成交价格。

b. 编制期施工机械展销会发布的参考价格。

c. 编制期施工机械生产厂、经销商的销售价格。

d. 其他能反映编制期施工机械价格水平的市场价格。

② 相关手续费和一次运杂费应按实际费用综合取定，也可按其占施工机械原值的百分率确定。

③ 车辆购置税应按下列公式计算：

$$国产车辆购置税 = 计取基数 \times 车辆购置税税率 \qquad (3.32)$$

其中，计取基数 ＝ 机械原值＋相关手续费和一次运杂费，车辆购置税税率应按编制期国家有关规定计算。

（2）进口施工机械的预算价格

进口施工机械的预算价格按照到岸价格、关税、消费税、相关手续费和国内一次运杂费、银行财务费、车辆购置税之和计算。

① 进口施工机械原值应按"到岸价格＋关税"取定，到岸价格应按编制期施工企业签订的采购合同、外贸与海关等部门的有关规定及相应的外汇汇率计算取定；进口施工机械原值应按不含标准配置以外的附件及备用零配件的价格取定。

② 关税、消费税及银行财务费应执行编制期国家有关规定，并参照实际发生的费用计算，也可按占施工机械原值的百分率取定。

③ 相关手续费和国内一次运杂费应按实际费用综合取定，也可按其占施工机械原值的百分率确定。

④ 车辆购置税应按下列公式计算：

$$进口车辆购置税 = 计税价格 \times 车辆购置税税率 \qquad (3.33)$$

其中，计税价格 ＝ 到岸价格＋关税＋消费税，车辆购置税税率应按编制期国家有关规定计算。

2）残值率

残值率是指机械报废时回收其残余价值占施工机械预算价格的百分数。残值率应按编制期国家有关规定确定，目前各类施工机械均按5%计算。

3）耐用总台班

耐用总台班指施工机械从开始投入使用至报废前使用的总台班数，应按相关技术指标取定。

机械耐用总台班的计算公式为：

$$耐用总台班 = 折旧年限 \times 年工作台班 = 检修间隔台班 \times 检修周期 \qquad (3.34)$$

年工作台班指施工机械在一个年度内使用的台班数量。年工作台班应在编制期制度工作日基础上扣除检修、维护天数及考虑机械利用率等因素综合取定。

检修间隔台班是指机械自投入使用起至第一次检修止或自上一次检修后投入使用起至下一次检修止，应达到的使用台班数。

检修周期是指机械正常的施工作业条件下，将其寿命期（即耐用总台班）按规定的检修次数划分为若干个周期。其计算公式为：

$$检修周期 = 检修次数 + 1 \tag{3.35}$$

2. 检修费的组成及确定

检修费是指施工机械在规定的耐用总台班内,按规定的检修间隔进行必要的检修,以恢复其正常功能所需的费用。检修费是机械使用期限内全部检修费之和在台班费用中的分摊额,取决于一次检修费、检修次数和耐用总台班的数量。其计算公式为:

$$台班检修费 = \frac{一次检修费 \times 检修次数}{耐用总台班} \times 除税系数 \tag{3.36}$$

一次检修费,是指施工机械一次检修发生的工时费、配件费、辅料费、油燃料费等。一次检修费应以施工机械的相关技术指标和参数为基础,结合编制期市场价格综合确定。可按其占预算价格的百分率取定。

检修次数,是指施工机械在其耐用总台班内检修的次数。检修次数应按施工机械的相关技术指标取定。

除税系数,是指考虑一部分检修可以购买服务,从而需扣除维护费中包括的增值税进项税额。其计算公式为:

$$除税系数 = 自行检修比例 + \frac{委外检修比例}{(1+税率)} \tag{3.37}$$

自行检修比例、委外检修比例分别是指施工机械自行检修、委托专业修理修配部门检修占检修费比例。具体比值应结合本地区(部门)施工机械维修实际综合取定。税率按增值税修理修配劳务适用税率计取。

3. 维护费的组成及确定

维护费是指施工机械在规定的耐用总台班内,按规定的维护间隔进行各级维护和临时故障排除所需的费用,保障机械正常运转所需替换与随机配备工具附具的摊销和维护费用、机械运转及日常保养维护所需润滑与擦拭的材料费用及机械停滞期间的维护费用等。各项费用分摊到台班中,即为维护费。其计算公式为:

$$台班维护费 = \frac{\sum(各级维护一次费用 \times 除税系数 \times 各级维护次数) + 临时故障排除费}{耐用总台班}$$

$$\tag{3.38}$$

当维护费计算公式中各项数值难以确定时,也可按下列公式计算:

$$台班维护费 = 台班检修费 \times K \tag{3.39}$$

式中,K 为维护费系数,指维护费占检修费的百分数。

各级维护一次费用应按施工机械的相关技术指标,结合编制期市场价格综合取定。

各级维护次数应按施工机械的相关技术指标取定。

临时故障排除费可按各级维护费用之和的百分数取定。

替换设备及工具附具台班摊销费应按施工机械的相关技术指标,结合编制期市场价格综合取定。

除税系数,如公式(3.37)所示。

4. 安拆费及场外运费的组成和确定

安拆费指施工机械在现场进行安装与拆卸所需的人工、材料、机械和试运转费用以及机械辅助设施的折旧、搭设、拆除等费用;场外运费指施工机械整体或分体自停放地点运至施工现场或由一施工地点运至另一施工地点的运输、装卸、辅助材料及架线等费用。

安拆费及场外运费根据施工机械不同分为计入台班单价、单独计算和不需计算三种类型。

1) 计入台班单价

安拆简单、移动需要起重及运输机械的轻型施工机械,其安拆费及场外运费计入台班单价。安拆费及场外运费应按下列公式计算:

$$台班安拆费及场外运费 = \frac{一次安拆费及场外运费 \times 年平均安拆次数}{年工作台班} \quad (3.40)$$

一次安拆费应包括施工现场机械安装和拆卸一次所需的人工费、材料费、机械费、安全监测部门的检测费及试运转费。

一次场外运费应包括运输、装卸、辅助材料、回程等费用。

年平均安拆次数按施工机械的相关技术指标,结合具体情况综合确定。

运输距离均按平均 30 km 计算。

2) 单独计算

安拆费及场外运费单独计算的情况包括:

(1) 安拆复杂、移动需要起重及运输机械的重型施工机械,其安拆费及场外运费单独计算。

(2) 利用辅助设施移动的施工机械,其辅助设施(包括轨道和枕木)等的折旧、搭设和拆除等费用可单独计算。

3) 不需计算

不需计算的情况包括:

(1) 不需安拆的施工机械,不计算一次安拆费。

(2) 不需相关机械辅助运输的自行移动机械,不计算场外运费。

(3) 固定在车间的施工机械,不计算安拆费及场外运费。

(4) 自升式塔式起重机、施工电梯安拆费的超高起点及其增加费,各地区、各部门可根据具体情况确定。

5. 人工费的组成及确定

人工费指机上司机(司炉)和其他操作人员的人工费。按下列公式计算:

$$台班人工费 = 人工消耗量 \times \left(1 + \frac{年制度工作日 - 年工作台班}{年工作台班}\right) \times 人工单价 \quad (3.41)$$

人工消耗量指机上司机(司炉)和其他操作人员工日消耗量。

年制度工作日应执行编制期国家有关规定。

人工单价应执行编制期工程造价管理机构发布的信息价格。

【例 3.7】 某载重汽车配司机 1 人,当年制度工作日为 250 天,年工作台班为 230 台班,人工单价为 142 元。求该载重汽车的人工费。

【解】 $1 \times \left(1 + \dfrac{250 - 230}{230}\right) \times 142 = 154.35$ 元/台班

6. 燃料动力费的组成和确定

燃料动力费是指施工机械在运转作业中所耗用的燃料及水、电等费用。计算公式如下:

$$台班燃料动力费 = \sum(台班燃料动力消耗量 \times 燃料动力单价) \tag{3.42}$$

燃料动力消耗量应根据施工机械技术指标等参数及实测资料综合确定。可采用下列公式:

$$台班燃料动力消耗量 = (实测数 \times 4 + 定额平均值 + 调查平均值)/6 \tag{3.43}$$

燃料动力单价应执行编制期工程造价管理机构发布的不含税信息价格。

7. 其他费用的组成和确定

其他费用是指施工机械按照国家规定应缴纳的车船税、保险费及检测费等。其计算公式为:

$$台班其他费 = \dfrac{年车船税 + 年保险费 + 年检测费}{年工作台班} \tag{3.44}$$

年车船税、年检测费应执行编制期国家及地方政府有关部门的规定。

年保险费应执行编制期国家及地方政府有关部门强制性保险的规定,非强制性保险不应计算在内。

3.4.4　施工仪器仪表台班单价

施工仪器仪表划分为七个类别:自动化仪表及系统、电工仪器仪表、光学仪器、分析仪表、试验机、电子和通信测量仪器仪表、专用仪器仪表。

施工仪器仪表台班单价由四项费用组成,包括折旧费、维护费、校验费、动力费。施工仪器仪表台班单价中的费用组成不包括检测软件的相关费用。

1. 折旧费

施工仪器仪表台班折旧费是指施工仪器仪表在耐用总台班内,陆续收回其原值的费用。计算公式如下:

$$台班折旧费 = \dfrac{施工仪器仪表原值 \times (1 - 残值率)}{耐用总台班} \tag{3.45}$$

施工仪器仪表原值应按以下方法取定:

(1) 对从施工企业采集的成交价格,各地区、各部门可结合本地区、各部门实际情况,综合确定施工仪器仪表原值。

（2）对从施工仪器仪表展销会采集的参考价格或从施工仪器仪表生产厂、经销商采集的销售价格，各地区、各部门可结合本地区、本部门实际情况，测算价格调整系数取定施工仪器仪表原值。

（3）对类别、名称、性能规格相同而生产厂家不同的施工仪器仪表，各地区、各部门可根据施工企业实际购进情况，综合取定施工仪器仪表原值。

（4）对进口与国产施工仪器仪表性能规格相同的，应以国产为准取定施工仪器仪表原值。

（5）进口施工仪器仪表原值应按编制期国内市场价格取定。

（6）施工仪器仪表原值应按不含一次运杂费和采购保管费的价格取定。

残值率指施工仪器仪表报废时回收其残余价值占施工仪器仪表原值的百分比。残值率应按国家有关规定取定。

耐用总台班指施工仪器仪表从开始投入使用至报废前所积累的工作总台班数量。耐用总台班应按相关技术指标取定。

$$耐用总台班 = 年工作台班 \times 折旧年限 \tag{3.46}$$

年工作台班指施工仪器仪表在一个年度内使用的台班数量。

$$年工作台班 = 年制度工作日 \times 年使用率 \tag{3.47}$$

年制度工作日应按国家规定制度工作日执行，年使用率应按实际使用情况综合取定。

折旧年限指施工仪器仪表逐年计提折旧费的年限。折旧年限应按国家有关规定取定。

2. 维护费

施工仪器仪表台班维护费是指施工仪器仪表各级维护、临时故障排除所需的费用及为保证仪器仪表正常使用所需备件（备品）的维护费用。计算公式如下：

$$台班维护费 = \frac{年维护费}{年工作台班} \tag{3.48}$$

年维护费指施工仪器仪表在一个年度内发生的维护费用。年维护费应按相关技术指标，结合市场价格综合取定。

3. 校验费

施工仪器仪表台班校验费是指国家与地方政府规定的标定与检验的费用。计算公式如下：

$$台班校验费 = \frac{年校验费}{年工作台班} \tag{3.49}$$

年校验费指施工仪器仪表在一个年度内发生的校验费用。年校验费应按相关技术指标取定。

4. 动力费

施工仪器仪表台班动力费是指施工仪器仪表在施工过程中所耗用的电费。计算公式如下：

$$台班动力费 = 台班耗电量 \times 电价 \tag{3.50}$$

台班耗电量应根据施工仪器仪表不同类别,按相关技术指标综合取定。

电价应执行编制期工程造价管理机构发布的信息价格。

3.5　预算定额

3.5.1　预算定额的概念和种类

预算定额是指在正常合理的施工条件下,规定完成一定计量单位的合格分项工程或结构构件所必需消耗的人工、材料、施工机具台班数量及其相应费用标准。预算定额是工程建设中的一项重要的技术经济文件,是编制施工图预算的主要依据,是确定和控制工程造价的基础。

预算定额是一种计价定额,其具有企业定额的性质,也具有社会定额的性质。预算定额的定额水平通常取社会平均水平。

按专业性质分,预算定额可以分为建筑工程定额和安装工程定额两大类。从管理权限和执行范围划分,预算定额可以分为全国统一定额、行业统一定额和地区统一定额等。按生产要素分,预算定额可以分为劳动定额、机械定额和材料消耗定额,它们互相依存形成一个整体,作为预算定额的组成部分,各自不具有独立性。

3.5.2　预算定额的作用

1)预算定额是编制施工图预算、确定和控制建筑安装工程造价的基础

施工图预算是施工图设计文件之一,是控制和确定建筑安装工程造价的必要手段。编制施工图预算,除设计文件决定的建设工程的功能、规模、尺寸和文字说明是计算分部分项工程量和结构构件数量的依据外,预算定额是确定一定计量单位工程人工、材料、机械消耗量的依据,也是计算分项工程单价的基础。

2)预算定额是对设计方案进行技术经济比较、技术经济分析的依据

设计方案在设计工作中居于中心地位。设计方案的选择要满足功能、符合设计规范,既要技术先进又要经济合理。根据预算定额对方案进行技术经济分析和比较,是选择经济合理设计方案的重要方法。对设计方案进行比较,主要是通过定额对不同方案所需人工、材料和机械台班消耗量等进行比较。这种比较可以判明不同方案对工程造价的影响。对于新结构、新材料的应用和推广,也需要借助预算定额进行技术分析和比较,从技术与经济的结合上考虑普遍采用的可能性和效益。

3)预算定额是施工企业进行经济活动分析的参考依据

实行经济核算的根本目的,是用经济的方法促使企业在保证质量和工期的条件下,用较少的劳动消耗取得预定的经济效果。中国的预算定额仍决定着企业的收入,企业必须以预算定额作为评价企业工作的重要标准。企业可根据预算定额,对施工中的劳动、材料、机械的消耗

情况进行具体的分析,以便找出低工效、高消耗的薄弱环节及其原因,为实现经济效益的增长由粗放型向集约型转变提供对比数据,促进企业市场竞争力的提升。

4)预算定额是编制标底、投标报价的基础

在深化改革中,在市场经济体制下预算定额作为编制标底的依据和施工企业报价的基础的作用仍将存在,这是由它本身的科学性和权威性决定的。

5)预算定额是编制概算定额和估算指标的基础

概算定额和估算指标是在预算定额基础上经综合扩大编制的,也需要利用预算定额作为编制依据,这样做不但可以节省编制工作中的人力、物力和时间,收到事半功倍的效果,还可以使概算定额和概算指标在水平上与预算定额一致,以避免造成执行中的不一致。

3.5.3　预算定额的编制原则和依据

1.预算定额的编制原则

(1)按社会平均水平确定预算定额的原则。预算定额是确定和控制建筑安装工程造价的主要依据,因此它必须遵照价值规律的客观要求,即按生产过程中所消耗的社会必要劳动时间确定定额水平。所谓预算定额的平均水平,是指在正常的施工条件、合理的施工组织和工艺条件、平均劳动熟练程度和劳动强度下,完成单位分项工程基本构造单元所需要的劳动时间。

(2)简明适用的原则。一是指在编制预算定额时,对于那些主要的、常用的、价值量大的项目,其分项工程划分宜细;次要的、不常用的、价值量相对较小的项目则可以粗一些。二是指编制预算定额要项目齐全,要注意补充那些因采用新技术、新结构、新材料而出现的新的定额项目;如果项目不全,缺项多,就会使计价工作缺少充足的可靠的依据。三是要合理确定预算定额的计量单位,简化工程量的计算,尽可能地避免同一种材料用不同的计量单位和一量多用,尽量减少定额附注和换算系数。

2.预算定额的编制依据

(1)现行施工定额。预算定额是在现行施工定额的基础上编制的。预算定额中人工、材料、机具台班消耗水平,需要根据施工定额取定;预算定额计量单位的选择,也要以施工定额为参考,从而保证两者的协调和可比性,减轻预算定额的编制工作量,缩短编制时间。

(2)现行设计规范、施工及验收规范,质量评定标准和安全操作规程。

(3)具有代表性的典型工程施工图及有关标准图。对这些图纸进行仔细分析研究,并计算出工程数量,作为编制定额时选择施工方法确定定额含量的依据。

(4)成熟推广的新技术、新结构、新材料和先进的施工方法等。这类资料是调整定额水平和增加新的定额项目所必需的依据。

(5)有关科学实验、技术测定和统计、经验资料。这类资料是确定定额水平的重要依据。

(6)现行的预算定额、材料单价、机具台班单价及有关文件规定等。包括过去定额编制过程中积累的基础资料,也是编制预算定额的依据和参考。

3.5.4 预算定额的组成

预算定额一般由总说明、工程量计算规则、分部工程说明、分项工程说明和定额项目表等内容组成。总说明主要是阐述预算定额的适用范围、指导思想及目的作用等内容。工程量计算规则是根据国家有关规定,对工程量的计算做出统一的规定。分部工程说明主要是阐述分部工程所包括的定额项目内容、分部工程各定额项目工程量的计算方法等。分项工程说明主要是阐述分项工程工作内容、本分项工程包括的主要工序及操作方法。定额项目表则包括了人工、材料(含构配件)、施工机械的消耗定额以及预算基价等内容。

3.5.5 预算定额消耗量的编制方法

确定预算定额人工、材料、机具台班消耗指标时,必须先按施工定额的分项逐项计算出消耗指标,然后再按预算定额的项目加以综合。但是,这种综合不是简单的合并和相加,而需要在综合过程中增加两种定额之间适当的水平差。预算定额的水平,首先取决于这些消耗量的合理确定。

人工、材料和机具台班消耗量指标,应根据定额编制原则和要求,采用理论与实际相结合、图纸计算与施工现场测算相结合、编制人员与现场工作人员相结合等方法进行计算和确定,使定额既符合政策要求,又与客观情况一致,便于贯彻执行。

1. 预算定额中人工工日消耗量的计算

预算定额中人工工日消耗量是指在正常施工条件下,生产单位合格产品所必需消耗的人工工日数量,它是由分项工程所综合的各个工序劳动定额包括的基本用工、其他用工两部分组成的。

预算定额中的人工工日消耗量可以有两种确定方法。一种是以劳动定额为基础确定;另一种是以现场观察测定资料为基础计算,主要用于遇到劳动定额缺项时,采用现场工作日写实等测时方法测定和计算定额的人工耗用量。

1) 基本用工

基本用工是指完成单位合格产品所必需消耗的技术工种用工。包括:完成定额计量单位的主要用工、按劳动定额规定应增加的用工量。

(1) 完成定额计量单位的主要用工,按综合取定的工程量和相应劳动定额进行计算。计算公式如下:

$$基本用工 = \sum(综合取定的工程量 \times 施工劳动定额) \tag{3.51}$$

例如工程实际中的砖基础,有 1 砖厚、1 砖半厚、2 砖厚等之分,用工各不相同,在预算定额中由于不区分厚度,需要按统计的比例,加权平均得出综合的人工消耗。

(2) 按劳动定额规定应增加计算的用工量。例如在砖墙项目中,分项工程的工作内容包括了附墙烟囱孔、垃圾道、壁橱等零星组合部分的内容,其人工消耗量相应增加附加人工消耗。由于预算定额是在施工定额子目的基础上综合扩大的,包括的工作内容较多,施工的工效视具体部位而不一样,所以需要另外增加人工消耗,而这种人工消耗也可以列入基本用工内。

2) 其他用工

其他用工通常包括超运距用工、辅助用工、人工幅度差。计算公式如下:

$$其他用工 = 辅助用工 + 超运距用工 + 人工幅度差 \tag{3.52}$$

(1) 超运距用工。超运距是指劳动定额中已包括的材料、半成品场内水平搬运距离与预算定额所考虑的现场材料、半成品堆放地点到操作地点的水平运输距离之差。计算公式如下:

$$超运距 = 预算定额取定运距 - 劳动定额已包括的运距 \tag{3.53}$$

$$超运距用工 = \sum (超运距材料数量 \times 时间定额) \tag{3.54}$$

需要指出,实际工程现场运距超过预算定额取定运距时,可另行计算现场二次搬运费。

(2) 辅助用工,即技术工种劳动定额内不包括而在预算定额内又必须考虑的用工。如机械土方工程配合用工、材料加工(筛砂、洗石、淋化石膏)、电焊点火用工等。计算公式如下:

$$辅助用工 = \sum (材料加工数量 \times 相应的加工劳动定额) \tag{3.55}$$

(3) 人工幅度差,即预算定额与劳动定额的差额,主要是指在劳动定额中未包括,而在正常施工情况下不可避免但又很难准确计量的用工和各种工时损失,包括:

① 各工种间的工序搭接及交叉作业相互配合或影响所发生的停歇用工。

② 施工过程中,移动临时水电线路而造成的影响工人操作的时间。

③ 工程质量检查和隐蔽工程验收工作而影响工人操作的时间。

④ 同一现场内单位工程之间因操作地点转移而影响工人操作的时间。

⑤ 工序交接时对前一工序不可避免的修整用工。

⑥ 施工中不可避免的其他零星用工。

人工幅度差计算公式如下:

$$人工幅度差 = (基本用工 + 辅助用工 + 超运距用工) \times 人工幅度差系数 \tag{3.56}$$

人工幅度差系数一般为 $10\% \sim 15\%$。在预算定额中,人工幅度差的用工量列入其他用工当中。

2. 预算定额中材料消耗量的计算

预算定额中的材料消耗量,是指在合理和节约使用材料的条件下,生产单位假定建筑安装产品(即分部分项工程或结构件)必须消耗的一定品种规格的材料、半成品、构配件等的数量标准。按照用途,其可以分为以下四类:

(1) 主要材料。指直接构成工程实体的材料,其中也包括成品、半成品的材料。

(2) 辅助材料。指构成工程实体的除主要材料以外的其他材料,如垫木钉子、铅丝等。

(3) 周转性材料。指脚手架、模板等多次周转使用的不构成工程实体的摊销性材料。

(4) 其他材料。指用量较少、难以计量的零星用料,如棉纱、编号用的油漆等。

预算定额中材料消耗量计算方法与基础定额一致,具体见 3.3.3 节,此处不再赘述。

3. 预算定额中机具台班消耗量的计算

预算定额中的机具台班消耗量是指在正常施工条件下,生产单位合格产品(分部分项工程或结构构件)必须消耗的某种型号施工机具的台班数量。下面主要介绍机械台班消耗量的计算。

1) 根据施工定额确定机械台班消耗量的计算

这种方法是指用施工定额中机械台班产量加机械幅度差计算预算定额的机械台班消耗量。

机械台班幅度差是指在施工定额中所规定的范围内没有包括,而在实际施工中又不可避免产生的影响机械或使机械停歇的时间,其包括:

(1) 施工机械转移工作面及配套机械相互影响损失的时间。

(2) 在正常施工条件下,机械在施工中不可避免的工序间歇。

(3) 工程开工或收尾时工作量不饱满所损失的时间。

(4) 检查工程质量影响机械操作的时间。

(5) 临时停机、停电影响机械操作的时间。

(6) 机械维修引起的停歇时间。

综上所述,预算定额的机械台班消耗量按下式计算:

$$预算定额机械台班消耗量 = 施工定额机械台班消耗量 \times (1 + 机械幅度差系数)$$

(3.57)

【例 3.8】 已知某挖掘机挖土,一次正常循环工作时间是 40 s,每次循环平均挖土量 0.6 m³,机械时间利用系数为 0.8,机械幅度差系数为 25%。求该机械挖土方 2 000 m³ 的预算定额机械耗用台班量。

【解】 机械纯工作 1 h 循环次数 = 3 600/40 = 90 次 / 台时

机械纯工作 1 h 正常生产率 = 90 × 0.6 = 54 m³/ 台时

施工机械台班产量定额 = 54 × 8 × 0.8 = 345.6 m³/ 台班

施工机械台班时间定额 = 1/345.6 = 0.002 89 台班 /m³

预算定额机械耗用台班 = 0.002 89 × (1 + 25%) = 0.003 61 台班 /m³

挖土方 2 000 m³ 的预算定额机械耗用台班量 = 2 000 × 0.003 61 = 7.22 台班

2) 以现场测定资料为基础确定机械台班消耗量

如遇到施工定额缺项者,则需要依据单位时间完成的产量测定。具体方法参见 3.3.4 节。

3.5.6 预算定额的应用

1. 预算定额表识读

预算定额手册的内容一般包括目录、总说明、建筑面积计算规则、分部工程说明和相应的计算规则、定额项目表(基价表)、附录等。其中定额项目表主要内容有:①分项工程定额编号(子目号)。②分项工程定额名称。③预算定额基价。④人工表现形式,包括工日数量、工日单价。⑤材料(含构配件)表现形式。材料栏内列出主要材料和周转使用材料名称及消耗数量，次要材料一般都以其他材料形式以金额"元"或占主要材料的比例表示。⑥施工机械表现形式。机械栏内列出主要机械名称、规格和数量，次要机械以其他机械费形式以金额"元"或占主要机械的比例表示。⑦预算定额的基价。人工工日单价、材料价格、机械台班单价均以预算价格为准。⑧说明和附注。在定额表下说明应调整、换算的内容和方法。

其中，预算定额基价就是预算定额分项工程或结构构件的单价。我国现行各省预算定额基价的表达内容不尽统一，有的定额基价只包括人工费、材料费和施工机具使用费，即工料单价；有的定额基价包括了工料单价以外的管理费、利润的清单综合单价，即不完全综合单价；还有的定额基价包括了规费、税金在内的全费用综合单价，即全费用单价。2018年《湖北省房屋建筑与装饰工程消耗量定额及全费用基价表》等系列定额中即采用了全费用单价的形式，下面以湖北省为例，说明预算定额表基价的组成以及应用。

$$分项工程全费用基价 = 定额人工费 + 定额材料费 + 定额机械费 + 定额费用 + 定额增值税 \tag{3.58}$$

其中：

$$\begin{aligned} 定额人工费 = {} & 分项工程定额普工工日 \times 普工工日单价 + 分项工程定额技工工日 \times \\ & 技工工日单价 + 分项工程定额高级技工工日 \times 高级技工工日单价 \end{aligned} \tag{3.59}$$

$$定额材料费 = \sum(分项工程定额材料用量 \times 相应材料预算价格) \tag{3.60}$$

$$定额机械费 = \sum(分项工程定额机械台班使用量 \times 相应机械台班预算单价) \tag{3.61}$$

$$\begin{aligned} 定额费用 = {} & (人工费 + 施工机具使用费) \times (总价措施项目费费率 + 企业管理费费率 + \\ & 利润率 + 规费费率) \end{aligned} \tag{3.62}$$

$$定额增值税 = (人工费 + 材料费 + 机械费 + 费用) \times 增值税税率 \tag{3.63}$$

2. 预算定额的直接套用

应用预算定额是指根据分部分项工程项目的内容正确地套用定额项目，确定定额基价，计算其人材机的消耗量。当施工图上分项工程或结构构件的设计要求与基价表中相应项目的工作内容完全一致时，就能直接套用。能够直接套用的定额是占绝大多数的。

【例3.9】 试求200 m³一砖厚混水砖墙的分项工程费和相应人、材、机的消耗量。

【解】 (1)计算分项工程费

直接套用定额A1-5，一砖厚混水砖墙的全费用基价为6 740.44 元/10 m³，则该项目的分项工程费：6 740.44 × 200 ÷ 10 = 134 808.80 元。

(2)计算人、材、机消耗量

根据2018年《湖北省房屋建筑与装饰工程消耗量定额及全费用基价表》的规定：

表3.7 砖墙定额表

工作内容：调、运、铺砂浆，运、砌砖，安放木砖、垫块   计量单位：10 m³

定额编号				A1-5
项　　目				混水砖墙
				1砖
全　费　用(元)				6 740.44
其中	人工费(元)			1 688.88
	材料费(元)			2 907.89
	机械费(元)			42.71
	费用(元)			1 544.41
	增值税(元)			556.55
名　　称		单位	单价(元)	数量
人工	普工	工日	92	2.872
	技工	工日	142	5.745
	高级技工	工日	212	2.872
材料	蒸压灰砂砖 240×115×53	千块	349.57	5.379
	干混砌筑砂浆 DM M10	t	257.35	3.932
	水	m³	3.39	1.638
	其他材料费占材料费比	%	—	0.18
	电【机械】	kW·h	0.75	6.5
机械	干混砂浆罐式搅拌机 20 000 L	台班	187.32	0.228

普工：2.872×200÷10 = 57.440 工日

技工：5.745×200÷10 = 114.900 工日

高级技工：2.872×200÷10 = 57.440 工日

蒸压灰砂砖 240×115×53：5.379×200÷10 = 107.580 千块

干混砌筑砂浆 DM M10：3.932×200÷10 = 78.640 t

水：1.638×200÷10 = 32.760 m³

电：6.500×200÷10 = 130.000 kW·h

机械(干混砂浆罐式搅拌机 20 000 L)：0.228×200÷10 = 4.560 台班

3. 预算定额的换算

当施工图上分项工程或结构构件的设计要求与基价表中相应项目的工作内容不完全一致时，就不能直接套用定额。当定额规定允许换算时，则应按定额规定的换算方法对相应定额项目的基价和人材机消耗量进行调整换算。换算后的定额项目应在定额编号的右下角标注一个"换"字，以示区别。

定额中规定可以换算的种类较多，如材料类别换算、乘系数换算等。一般情况下，材料换算时,人工费和机械费保持不变,仅换算材料费。而且在材料费的换算过程中,定额上的材料用量保持不变,仅换算材料的预算单价。材料换算的公式为:

换算后的基价 ＝ 换算前原定额基价 ＋ 应换算材料的定额用量×(换入材料的单价－换出材料的单价)　　　　　　(3.64)

1)预拌混凝土与现场搅拌混凝土换算

2018 年《湖北省房屋建筑与装饰工程消耗量定额及全费用基价表》中所使用的混凝土均为预拌混凝土。预拌混凝土是指在混凝土厂集中搅拌、用混凝土罐车运输到施工现场并入模的混凝土。采用现场搅拌时,执行相应的预拌混凝土项目,再执行现场搅拌混凝土调整费项目。

表 3.8　现场搅拌混凝土调整费

工作内容:混凝土搅拌、水平运输等　　　　　　　　　　　　　　　　计量单位:10 m³

定额编号			A2-59	
项　目			现场搅拌混凝土调整费	
全费用(元)			1 691.10	
其中	人工费(元)		731.68	
	材料费(元)		28.98	
	机械费(元)		73.06	
	费用(元)		717.75	
	增值税(元)		139.63	
名　称		单位	单价(元)	数　量
人工	普工	工日	92.00	3.514
	技工	工日	142.00	2.876
材料	水	m³	3.39	3.800
	电【机械】	kW·h	0.75	21.466
机械	双锥反转出料混凝土搅拌机 500 L	台班	187.33	0.390

预拌混凝土

2)干混预拌砂浆和现拌砂浆、湿拌砂浆的换算

2018 年《湖北省房屋建筑与装饰工程消耗量定额及全费用基价表》中所使用的混凝土均为干混预拌砂浆。

预拌砂浆

（1）实际使用现拌砂浆时，按下表调整：

表 3.9　干混预拌砂浆与现拌砂浆调整表　　　　　　　　　每 t

材料名称	技工（工日）	水（m³）	现拌砂浆（m³）	罐式搅拌机	灰浆搅拌机（台班）
干混砌筑砂浆	+0.225	−0.147	×0.588	减定额台班量	+0.01
干混地面砂浆					
干混抹灰砂浆	+0.232	−0.151	×0.606		

（2）实际使用湿拌砂浆时，按下表调整：

表 3.10　干混预拌砂浆与湿拌砂浆调整表　　　　　　　　　每 t

材料名称	技工（工日）	湿拌预伴砂浆（m³）	罐式搅拌机
干混砌筑砂浆	−0.118	×0.588	减定额台班量
干混地面砂浆			
干混抹灰砂浆	−0.121	×0.606	

【例 3.10】　某 100 m³ 粗料石勒脚，砂浆采用现拌砂浆。按下面已知的定额项目表和调整信息，计算该项目的分项工程费。（干混砌筑砂浆 DM M10 换算为传统水泥砂浆 M10，水泥砂浆 M10 价格 244.63 元/m³，灰浆搅拌机台班单价为 156.45 元，费用费率 89.19%，增值税税率 9%）

表 3.11　石勒脚定额表

工作内容：运石，调、运、铺砂浆，砌筑　　　　　　　　　　　　　　　计量单位：10 m³

定额编号					A1-54
项　　　目					石勒脚
					粗料石
全　费　用（元）					10 736.40
其中	人工费（元）				2 680.27
	材料费（元）				4 736.22
	机械费（元）				22.67
	费用（元）				2 410.75
	增值税（元）				886.49
人工	普工	工日	92.00	10.093	
	技工	工日	142.00	12.336	
材料	料石	m³	420.12	10.000	
	细料石	m³	420.12	—	
	干混砌筑砂浆 DM M10	t	257.35	2.057	
	水	m³	3.39	0.093	
	电【机械】	kW·h	0.75	3.450	

【解】 （1）套用相近定额 A1－54 干混砌筑砂浆 DM M10 粗料石勒脚,全费用基价为 10 736.40元/10 m³,干混砌筑砂浆 DM M10 数量为 2.057 t。

（2）定额调整换算：

每 10 m³ 干混砌筑砂浆 DM M10 粗料石勒脚工程中：

技工每吨砂浆增加 0.225 工日,则人工费中增加：0.225×2.057×142 ＝ 65.72 元/10 m³

水每吨砂浆减少：0.147 m³,则材料费中减少：0.147×2.057×3.39 ＝ 1.03 元/10 m³

原干混预拌砂浆换算为现拌水泥砂浆 M10,材料费变化为：

2.057×0.588×244.63－257.35×2.057＝－233.49 元/10 m³

机械费调整后为：0.01×2.057×156.45 ＝ 3.22 元/10 m³

（3）计算换算后的定额基价为：

人材机合计 ＝ (2 680.27＋65.72)＋(4 736.22－1.03－233.49)＋3.22 ＝ 7 250.91 元/10 m³

则费用 ＝ (人工费＋机械费)×费用费率 ＝ (2 680.27＋65.72＋3.22)×89.19% ＝ 2 452.02元/10 m³

增值税 ＝ (人工费＋材料费＋机械费＋费用)×增值税税率 ＝ (7 250.91＋2 452.02)× 9% ＝ 873.26 元/10 m³

换算后的全费用基价 A1-54$_换$ ＝ 7 250.91＋2 452.02＋873.26 ＝ 10 576.19 元/10 m³

则本工程项目的分项工程费：10 576.19×100÷10 ＝ 105 761.90 元

3）预拌混凝土、干混预拌砂浆强度等级的换算

如设计中的预拌混凝土、干混预拌砂浆的强度等级与定额项目表中不同时,定额又规定允许换算,此时只需要对不同强度等级的材料进行替换即可,属于材料换算,按公式(3.64)计算即可。

4）乘系数换算

乘系数换算一般按定额说明规定的系数相乘即可,如人工工日数、材料消耗量、机械台班量或者定额基价。此类换算较为简单。

3.6　概算定额与概算指标

3.6.1　概算定额的概念

概算定额是指在正常的施工生产条件下,完成一定计量单位的工程建设产品(扩大结构构件或分部扩大分项工程)所需要的人工、材料、机械台班消耗的数量及其费用标准。

概算定额是在预算定额的基础上,按工程形象部位,以主体结构分部为主,将一些相近的分项工程预算定额加以合并,进行综合扩大编制的。例如,在概算定额中的砖基础工程,往往把预算定额中的挖地槽、基础垫层、砌筑基础、敷设防潮层、回填土、余土外运等项目,并为一项砖基础工程。概算定额与预算定额相比,项目划分更加综合,更加适应初步设计或扩大初步设计阶段设计工作的深度,这使得概算工程量的计算和概算书的编制都比预算简化了许多,但精确度也相对降低。

概算定额的组成内容、表现形式和使用方法等与预算定额十分相似,也可划分为建筑工程

概算定额和安装工程概算定额两大类。其中,建筑工程概算定额包括一般土建工程概算定额、给排水工程概算定额、采暖工程概算定额、通信工程概算定额、电气照明工程概算定额和工业管道工程概算定额等;安装工程概算定额主要包括机器设备及安装工程概算定额、电气设备及安装工程概算定额和工器具及生产家具购置费概算定额等。概算定额在编制过程中,其定额水平的确定原则与预算定额是一致的,均为社会平均水平,但概算定额需与预算定额保持一个合理的幅度差,以保证根据概算定额编制的设计概算能够对根据预算定额编制的施工图预算起到控制作用。

3.6.2　概算定额的作用

概算定额的作用与预算定额是类似的,只是两者适用的工作阶段不同:概算定额应用于初步设计或技术设计阶段,预算定额应用于施工图设计完成之后。概算定额的作用表现在以下几个方面:

(1) 概算定额是编制概算、修正概算的主要依据。在工程项目设计的不同阶段均需对拟建工程进行估价,初步设计阶段应编制设计概算,技术设计阶段应编制修正概算,因此必须要有与设计深度相适应的计价定额。概算定额是为适应这种设计深度而编制的,其定额项目划分更具综合性,能够满足初步设计或扩大初步设计阶段工程计价需要。

(2) 概算定额是编制主要物资订购计划的依据。项目建设所需要的材料、工具设备等物资,应先提出采购计划,再据此进行订购。根据概算定额的消耗量指标可以比较准确、快速地计算主要材料及其他物资数量,可以在施工图设计之前提出物资采购计划。

(3) 概算定额是对设计方案进行经济分析的依据。设计方案的比较主要是对建筑、结构方案进行技术、经济比较,目的是选出经济合理的优秀设计方案。概算定额按扩大分项工程或扩大结构构件划分定额项目,可为初步设计或扩大初步设计方案的比较提供方便的条件。

(4) 概算定额是编制标底的依据和投标报价的参考。有些工程项目在初步设计阶段进行招标,概算定额是编制招标标底的重要依据;施工企业在投标报价时,也可以概算定额作为参考,既有一定的准确性,又能快速报价。

(5) 概算定额是编制概算指标和投资估算的依据。概算指标和投资估算均比概算定额更加综合扩大,两者的编制均需以概算定额作为基础,再结合其他一些资料和数据进行必要测算和分析才能完成。

3.6.3　概算定额的特点

概算定额具有以下特点:

(1) 法令性。概算定额是国家及其授权机关颁布并执行的,作为业主或投资方控制工程造价的重要依据,因而它具有一定的法令性。

(2) 专业性。概算定额按照不同的专业划分为多种类别,如建筑工程概算定额、安装工程概算定额、公路工程概算定额、电力工程建设概算定额等,形成了覆盖各个专业领域的概算定额体系。

(3) 实用性。概算定额的实用性表现在:其预算定额的基础上,根据典型工程调查测算资料取定各分部、分项工程含量,把预算定额中几个相关项目合并成一个项目,将定额项目综合扩大或者改变部分计算单位,以达到实用的目的。

(4)简洁性。概算定额所对应的是初步设计文件,由于设计的深度所限,要求概算定额一定要简洁明了,具有较强的综合能力。如在概算定额中,对于工程项目或整个建筑物的概算造价影响不大的零星工程,可以不计算其工程量,而按其占主要工程价值的百分比计算,这样既适应设计深度的需要,又可以简化概算的编制工作。

3.6.4 概算定额的内容和形式

1. 概算定额的内容

按专业特点和地区特点编制的概算定额手册,其内容与预算定额基本相同,由文字说明、定额项目表及附录三部分组成。

(1)文字说明。文字说明中包括总说明和分册、章(节)说明等。在总说明中,要说明编制的目的和依据所包括的内容和用途,使用的范围和应遵守的规定,以及建筑面积的计算规则。分册、章(节)说明等规定了分部分项工程的工程量计算规则等。

(2)定额项目表。定额项目表由项目表、综合项目及说明组成。项目表是概算定额的主要内容,它反映了一定计量单位的扩大分项工程或扩大结构构件的主要材料消耗量标准及概算单价。综合项目及说明规定了概算定额所综合扩大的分项工程内容,而这些分项工程所消耗的人工、材料及机械台班数量均已包括在概算定额项目内。

(3)附录。附录一般列在概算定额手册之后,通常包括各种砂浆、混凝土配合比表及其他相关资料。

2. 概算定额的表现形式

现行的概算定额一般是以行业或地区为主编制的,表现形式不尽一致,但其主要内容均包括人工、材料、机械的消耗量及其费用指标,有的还列出概算定额项目所综合的预算定额内容。

以建筑工程为例,表3.12是某地区建筑工程概算定额中砖基础概算定额项目表。

表 3.12　砖基础　　　　　　　　　　　　　　定额单位:m³

编　　号				1-2	
名　　称				砖基础	
基价(元)				117.49	
其　　中	人工费(元)			20.59	
	材料费(元)			96.40	
	机械费(元)			0.52	
预算定额编号	工程名称	单价(元)	单位	数量	合计(元)
3-1	砖基础	103.21	m³	1	103.21
1-16	人工挖地槽	1.73	m³	2.15	3.72
1-59	人工夯填土	1.42	m³	1.22	1.73

编　　号				1-2	
预算定额编号	工程名称	单价(元)	单位	数量	合计(元)
1-54	人工运土	2.21	m³	3.05	6.74
8-19	水泥砂浆防潮层	4.45	m³	0.47	2.09
人工	合计		工日	2.12	
主要材料	砖		块	522	
	水泥		kg	49	
	砂子		m³	0.28	

3.6.5 概算定额应用规则

应用概算定额应符合一定的规则。概算定额的应用规则如下：
(1) 符合概算定额规定的应用范围。
(2) 工程内容、计量单位及综合程度应与概算定额一致。
(3) 必要的调整和换算应严格按定额的文字说明和附录进行。
(4) 避免重复计算和漏项。
(5) 参考预算定额的应用规则。

3.6.6 概算指标的概念及作用

1. 概算指标的概念

建筑安装工程概算指标通常是以整个建筑物和构筑物为对象,以建筑面积、体积或成套设备装置的台或组为计量单位而规定的人工、材料、机械台班的消耗量标准和造价指标。

从以上概念可以看出,建筑安装工程概算定额与概算指标的主要区别如下：
(1) 确定各种消耗量指标的对象不同。概算定额是以单位扩大分项工程或单位扩大结构构件为对象;而概算指标则是以整个建筑物(如 100 m² 或 1 000 m³ 建筑物)和构筑物为对象。因此,概算指标比概算定额更加综合与扩大。
(2) 确定各种消耗量指标的依据不同。概算定额以现行预算定额为基础,通过计算之后才综合确定出各种消耗量指标;而概算指标中各种消耗量指标的确定主要基于各种预算或结算资料。

2. 概算指标的作用

概算指标和概算定额、预算定额一样,都是与各个设计阶段相适应的多次性计价的产物,它主要用于投资估价、初步设计阶段,其作用主要有：
(1) 概算指标可以作为编制投资估算的参考。
(2) 概算指标中的主要材料指标可以作为匡算主要材料用量的依据。

（3）概算指标是设计单位进行设计方案比较、建设单位选址的一种依据。

（4）概算指标是编制固定资产投资计划、确定投资额和主要材料计划的主要依据。

3.6.7　概算指标的分类和表现形式

1. 概算指标的分类

概算指标可分为两大类，一类是建筑工程概算指标，另一类是安装工程概算指标，如图3.4所示。

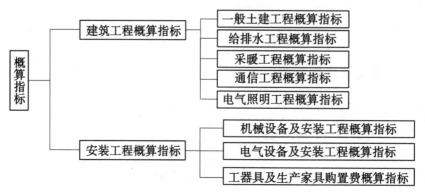

图3.4　概算指标分类

2. 概算指标的表现形式

概算指标在具体内容的表示方法上，分综合指标和单项指标两种形式。

（1）综合概算指标。综合概算指标是按照工业或民用建筑及其结构类型而制定的概算指标。综合概算指标的概括性较强，其准确性、针对性不如单项指标。

（2）单项概算指标。单项概算指标是指为某种建筑物或构筑物而编制的概算指标。单项概算指标的针对性较强，故指标中对工程结构形式要作介绍。只要工程项目的结构形式及工程内容与单项指标中的工程概况相吻合，编制出的设计概算就比较准确。

3.6.8　概算指标的组成内容

概算指标的组成内容一般分为文字说明和列表形式两部分，以及必要的附录。

（1）总说明和分册说明。其内容一般包括：概算指标的编制范围、编制依据、分册情况、指标包括的内容、指标未包括的内容、指标的使用方法、指标允许调整的范围及调整方法等。

（2）列表。建筑工程的列表形式，房屋建筑、构筑物一般是以建筑面积、建筑体积、"座"、"个"等为计量单位，附以必要的工程示意图；示意图画出建筑物的轮廓示意或单线平面图，列出综合指标"元/m²"或"元/m³"，自然条件（如地耐力、地震烈度等），建筑物的类型、结构形式及各部位中结构主要特点，主要工程量。安装工程的列表形式，设备以"t"或"台"为计算单位，也可以设备购置费或设备原价的百分比(%)表示,工艺管道一般以"t"为计算单位,通信电话站安装以"站"为计算单位;列出指标编号、项目名称、规格、综合指标(元/计算单位)之后一般还要列出其中的人工费,必要时还要列出主要材料费、辅材费。

【本章必备辅助学习资料】

1.《湖北省房屋建筑与装饰工程消耗量定额及全费用基价表》。

2.《湖北省建设工程公共专业消耗量定额及全费用基价表》。

3.《湖北省建筑安装工程费用定额》。

课后练习

1. 彩色地面砖规格为 200 mm×200 mm,灰缝 1 mm,其损耗率为 1.5%,试计算 100 m² 地面砖消耗量。

2. 钢筋混凝土构造柱按选定的模板设计图纸,每 10 m³ 混凝土模板接触面 66.7 m²,每 10 m² 接触面积需木板材 0.375 m³,模板的损耗率为 5%,周转次数 8 次,每次周转补损率 15%,试计算模板周转使用量、回收量及模板摊销量。

3. 某六层砖混结构办公楼,采用塔式起重机安装楼板梁,每根梁尺寸为 6.0 m×0.70 m× 0.3 m。试求吊装楼板梁的机械时间定额、人工时间定额和台班产量定额(工人配合)。

4. A1 型挖掘机,挖斗容量为 0.5 m³,每循环 1 次时间为 2 min,机械利用系数为 0.85,计算 A1 型挖掘机的台班产量。B1 型自卸汽车每次可载重 5 t,每次往返需 24 min,时间利用系数为 0.80,计算 B1 型汽车台班产量。

5. 某 1/2 砖厚混水砖墙 50 m³,砂浆采用现拌砂浆。按湖北省相关定额项目表和调整信息,计算该项目的分项工程费。(已知干混砌筑砂浆 DM M10 对应混合砂浆 M10,混合砂浆 M10 价格 253.76 元/m³,灰浆搅拌机台班单价为 156.45 元,费用费率 89.19%,增值税税率 9%)

表 3.13 砖墙、空斗墙、空花墙

工作内容:调、运、铺砂浆,运、砌砖,安放木砖、垫块 计量单位:10 m³

	定 额 编 号	A1-2	A1-3	A1-4	A1-5
	项 目	混水砖墙			
		1/4 砖	1/2 砖	3/4 砖	1 砖
	全 费 用 (元)	10 699.52	8 102.19	7 966.45	6 864.12
其中	人工费(元)	3 652.66	2 315.69	2 228.52	1 688.88
	材料费(元)	2 686.21	2 848.05	2 883.94	2 907.89
	机械费(元)	22.48	37.09	40.65	42.71
	费用(元)	3 277.86	2 098.44	2 023.87	1 544.41
	增值税(元)	1 060.31	802.92	789.47	680.23

续表 3.13

定 额 编 号			单价（元）	A1-2	A1-3	A1-4	A1-5
名 称		单位		数 量			
人工	普工	工日	92.00	6.212	3.938	3.790	2.872
	技工	工日	142.00	12.424	7.877	7.580	5.745
	高级技工	工日	212.00	6.212	3.938	3.790	2.872
材料	蒸压灰砂砖 240×115×53	千块	349.57	6.148	5.629	5.499	5.379
	干混砌筑砂浆 DM M10	t	257.35	2.038	3.363	3.677	3.932
	水	m³	3.39	1.530	1.625	1.641	1.638
	其他材料费占材料费比	%	—	0.180	0.180	0.180	0.180
	电【机械】	kW·h	0.75	3.421	5.645	6.187	6.500
机械	干混砂浆罐式搅拌机 20 000 L	台班	187.32	0.120	0.198	0.217	0.228

本定额中所使用的砂浆均按干混预拌砂浆编制。实际使用现拌砂浆时，按下表调整：

表 3.14　干混预拌砂浆与现拌砂浆调整表　　　　　　　每 t

材料名称	技工（工日）	水（m³）	现拌砂浆（m³）	罐式搅拌机	灰浆搅拌机（台班）
干混砌筑砂浆	+0.225	−0.147	×0.588	减定额台班量	+0.01
干混地面砂浆					
干混抹灰砂浆	+0.232	−0.151	×0.606		

本章测试

4 工程计量

〔导　学〕

工程量计算是指建设工程项目以工程设计图纸、施工组织设计或施工方案及有关技术经济文件为依据,按照相关工程国家标准的计算规则、计量单位等规定,进行工程数量的计算活动,在工程建设中简称工程计量。

由于工程计价的多阶段性和多次性,工程计量也具有多阶段性和多次性。工程计量不仅包括招标阶段工程量清单编制中工程量的计算,也包括投标报价以及合同履约阶段的变更、索赔、支付和结算中工程量的计算和确认。工程计量工作在不同计价过程中有不同的具体内容,如在招标阶段主要依据施工图纸和工程量计算规则确定拟建分部分项工程项目和措施项目的工程数量;在施工阶段主要根据合同约定、施工图纸及工程量计算规则对已完成工程量进行计算和确认。

工程量计算是工程造价管理和工程项目管理的重要环节,工程量计算准确与否直接关系到造价文件的精度和施工计划的准确性,因此要求造价从业人员具备严谨求实、一丝不苟的工匠精神和高度的责任感。

本章学习目标

1. 了解工程量计算的基本要求和顺序。
2. 熟悉房屋建筑与装饰工程各分部工程的清单项目划分。
3. 掌握建筑面积计算规则。
4. 掌握房屋建筑与装饰工程各分部工程的主要工程量计算规则。
5. 具备运用工程量计算规则计算工程量的能力。

4.1　概述

4.1.1　工程量的含义

工程量是工程计量的结果,是指按一定规则并以物理计量单位或自然计量单位所表示的建设工程各分部分项工程、措施项目或结构构件的数量。

物理计量单位是以物体的某种物理属性为计量单位,一般以长度(米,m)、面积(平方米,m^2)、体积(立方米,m^3)、重量(吨,t)等或它们的倍数为单位。

自然计量单位是以物体本身的自然属性为计量单位,一般用件、个(只)、台、座、套等或它们的倍数作为计量单位。例如烟囱、水塔以"座"为单位。

4.1.2 工程量计算的意义

计算工程量就是根据施工图、各专业工程工程量计算规范或者预算定额划分的项目及工程量计算规则,列出分部分项工程名称和计算式,然后计算出结果的过程。

工程量计算的工作,在整个工程造价的过程中是最繁重的一道工序,是编制造价文件的重要环节,准确计算工程量是工程计价活动中最基本的工作。一般来说工程量有以下作用:

(1)工程量是确定建筑安装工程造价的重要依据。只有准确计算工程量,才能正确计算工程相关费用,合理确定工程造价。

(2)工程量是承包方生产经营管理的重要依据。工程量在投标报价时是确定项目的综合单价和投标策略的重要依据。工程量在工程实施时是编制项目管理规划,安排工程施工进度,编制材料供应计划,进行工料分析,编制人工、材料、机具台班需要量,进行工程统计和经济核算,编制工程形象进度统计报表的重要依据。工程量在工程竣工时是向工程建设发包方结算工程价款的重要依据。

(3)工程量是发包方管理工程建设的重要依据。工程量是编制建设计划、筹集资金、工程招标文件、工程量清单、建筑工程预算、安排工程价款的拨付和结算、进行投资控制的重要依据。

4.1.3 工程量计算规则

工程量计算规则是工程计量的主要依据之一,是工程量数值的取定方法。采用的规范或定额不同,工程量计算规则也不尽相同。在计算工程量时,应按照规定的计算规则进行。我国现行的工程量计算规则主要有工程量计算规范中的工程量计算规则和消耗量定额中的工程量计算规则两类。

1. 工程量计算规范中的工程量计算规则

2012年12月,住房和城乡建设部发布了《建设工程工程量清单计价规范》(GB 50500—2013)以及相对应的九个专业的工程量计算规范(以下简称工程量计算规范),这九个工程量计算规范分别是:《房屋建筑与装饰工程工程量计算规范》(GB 50854—2013)、《仿古建筑工程工程量计算规范》(GB 50855—2013)、《通用安装工程工程量计算规范》(GB 50856—2013)、《市政工程工程量计算规范》(GB 50857—2013)、《园林绿化工程工程量计算规范》(GB 50858—2013)、《矿山工程工程量计算规范》(GB 50859—2013)、《构筑物工程工程量计算规范》(GB 50860—2013)、《城市轨道交通工程工程量计算规范》(GB 50861—2013)、《爆破工程工程量计算规范》(GB 50862—2013),于2013年7月1日起实施,用于规范工程计量行为,统一各专业工程量清单的编制、项目设置和工程量计算规则。采用该工程量计算规则计算的工程量一般为施工图纸的净量,不考虑施工余量,简称清单规则。本书主要介绍《房屋建筑与装饰工程工程量计算规范》(GB 50854—2013)中的相关规则。

2. 消耗量定额中的工程量计算规则

2015 年 3 月,住房和城乡建设部发布《房屋建筑与装饰工程消耗量定额》(TY 01-31-2015)、《通用安装工程消耗量定额》(TY 02-31-2015)、《市政工程消耗量定额》(ZYA 1-31-2015)(以下简称消耗量定额),在各消耗量定额中规定了分部分项工程和措施项目的工程量计算规则。需要注意的是,除了住房和城乡建设部统一发布的定额外,还有各个地方或行业发布的消耗量定额,其中也都规定了与之相对应的工程量计算规则。采用此类计算规则计算工程量,除了依据施工图纸外,一般还要考虑采用的施工方法和施工余量。除了消耗量定额,其他定额中也都有相应的工程量计算规则,如概算定额、预算定额等,统一简称为定额规则。

3. 在工程计量中两者的联系与区别

消耗量定额是工程量清单计价的重要依据,是确定清单项目人、材、机消耗量的基础,是编制招标控制价和投标报价的重要依据。消耗量定额和工程量计算规范在项目划分、工程量计算上既有区别又有很好的衔接。为便于比较,以房屋建筑与装饰工程的工程量计算规范与消耗量定额为例作一说明。

1) 两者的联系

消耗量定额章节划分与工程量计算规范附录顺序基本一致。消耗量定额包括:土石方工程,地基处理与边坡支护工程,桩基工程,砌筑工程,混凝土及钢筋混凝土工程,金属结构工程,木结构工程,门窗工程,屋面及防水工程,保温、隔热、防腐工程,楼地面装饰工程,墙、柱面装饰与隔断、幕墙工程,天棚工程,油漆、裱糊工程,其他装饰工程,拆除工程,措施项目,共十七章,与工程量计算规范附录是一致的。消耗量定额中节的划分也基本与工程量计算规范中的分部工程一致,如土石方工程分三节:土方工程、石方工程、回填及其他。

消耗量定额中的项目编码与工程量计算规范项目编码基本保持一致。消耗量定额中所列项目凡是与工程量计算规范中一致的都统一采用了清单项目的编码,即统一了分部工程项目编码,如消耗量定额第一章土石方工程(编码:0101)中的土方工程编码为 010101,与工程量计算规范是一致的。

消耗量定额中的工程量计算规则与工程量计算规范中的计算规则二者的基本计算方法也是一致的。现行消耗量定额的工程量计算规则与工程量计算规范的工程量计算规则都是对原有基础定额或预算定额工程量计算规则的继承和发展,多数内容保持了一定的衔接性。

2) 两者的区别

(1) 两者的用途不同。工程量计算规范的工程量计算规则主要用于计算工程量、编制工程量清单、结算中的工程计量等方面。而消耗量定额的工程量计算规则主要用于工程计价。工程量清单中的工程虽不能直接用来计价,但在计价时可以根据消耗量定额计算清单项目所包含的定额项目的定额工程量。

(2) 项目划分和综合的工作内容不同。消耗量定额项目划分一般是按照施工工序进行设置的,体现施工单元,包含的工作内容相对单一;而工程量计算规范清单项目划分一般是基于"综合实体"进行设置的,体现功能单元,包括的工作内容往往不止一项(即一个功能单元可能包括多个施工单元或者一个清单项目可能包括多个定额项目）。如消耗量定额的土方工程（编号：010101）根据施工方法不同分为人工土方和机械土方；人工土方又细分为人工挖一般土方、人工挖沟槽土方、人工挖基坑土方、人工挖冻土、人工挖淤泥流沙及人工装车、人工运土方、人力车运土方、人工运淤泥流沙等项目；人工挖一般土方根据土壤类别和基深又分为8个定额项目。而在工程量计算规范土方工程（编号：010101）中与之对应的清单项目分为5项，即挖一般土方，挖沟槽土方，挖基坑土方，冻土开挖，挖淤泥、流沙；清单项目挖一般土方综合的工作内容有排地表水、土方开挖、围护（挡土板）及拆除、基底钎探、运输，这些内容在消耗量定额中往往是单独的定额子目。

（3）计算口径的调整。消耗量定额项目计量考虑了不同施工方法和加工余量的实际数量，即消耗量定额项目计量考虑了一定的施工方法、施工工艺和现场实际情况；而工程量计算规范规定的工程量主要是完工后的净量或图纸（含变更）的净量。如土方工程中的挖基础土方（编号：010101004），按工程量计算规范其工程量按图示尺寸以垫层底面积乘以挖土深度计算，按规范规定应是净量（需要注意的是规范中也同时说明，编制招标工程量清单时也可以将放坡增加的工程量并入土方工程量内）；消耗量定额项目计量则包括放坡及工作面等的开挖量，即包含了为满足施工工艺要求而增加的加工余量。如图4.1所示。

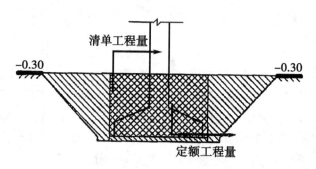

图4.1　挖基础土方清单工程量与消耗量定额工程量计算口径比较

（4）计量单位的调整。工程量清单项目的计量单位一般采用基本的物理计量单位或自然计量单位，如 m^2、m^3、m、kg、t 等；消耗量定额中的计量单位一般为扩大的物理计量单位或自然计量单位，如 $100\ m^2$、$10\ m^3$、$10\ m$ 等。

4.1.4　工程量计算的依据

工程量的计算需要根据施工图及其相关说明，技术规范、标准、定额，有关的图集，有关的计算手册等，按照一定的工程量计算规则逐项进行。主要依据包括：

（1）国家发布的工程量计算规范和国家、地方及行业发布的消耗量定额及其工程量计算规则。

（2）经审定的施工设计图纸及其说明。施工图纸全面反映建筑物（或构筑物）的结构构造、各部位的尺寸及工程做法，是工程量计算的基础资料和基本依据。除了施工设计图纸及其说明，还应配合有关的标准图集进行工程量计算。

（3）经审定的施工组织设计（项目管理实施规划）或施工方案。施工图纸主要表现拟建工程的实体项目,分项工程的具体施工方法及措施应按施工组织设计(项目管理实施规划)或施工方案确定。如计算挖基础土方,施工方法是采用人工开挖还是采用机械开挖,基坑周围是否需要放坡、预留工作面或做支撑防护等,应以施工方案为计算依据。

(4) 经审定通过的其他有关技术经济文件。如工程施工合同、招标文件的商务条款等。

4.1.5　工程量计算的基本要求

(1) 工作内容和范围必须与各专业工程工程量计算规范或定额中相应分项工程所包括的内容和范围一致。计算工程量时,要熟悉各专业工程工程量计算规范和定额中每个分项工程所包括的内容和范围,以避免重复列项和漏计项目。

(2) 工程量计量单位必须与各专业工程工程量计算规范或定额单位一致。在计算工程量时,首先要弄清楚各专业工程工程量计算规范或定额的计量单位。一般各专业工程工程量计算规范计量单位为本位,而定额的计量单位为扩大 10 倍、100 倍后的单位。

(3) 工程量计算规则要与各专业工程工程量计算规范或现行定额要求一致。在按施工图纸计算工程量时,所采用的计算规则必须与各专业工程工程量计算规范或本地区现行的预算定额工程量计算规则相一致,这样才能有统一的计算标准,防止错算。由于清单规则与定额规则在有些分部有所不同,因而按清单规则计算出的工程量为"清单工程量",按定额规则计算出的工程量则为"定额工程量",这一点在后面章节的学习中要注意区分。本章将以清单规则为主介绍房屋建筑与装修装饰工程工程量的计算,涉及清单工程量与定额工程量规则不同时再特别说明。

(4) 工程量计算式要力求简单明了,按一定次序排列。为了便于工程量的核对,在计算工程量时有必要注明层数、部位、断面、图号等。工程量计算式一般按长、宽、厚的次序排列,如计算面积时按长×宽(高),计算体积时按长×宽×高等,可按照行业内的规范表格来进行。

(5) 力求分层分段计算。要结合施工图纸尽量做到结构按楼层、内装修按楼层分房间、外装修按施工层分立面计算,或按施工方案的要求分段计算,或按使用的材料不同分别进行计算。这样,在计算工程量时既可避免漏项,又可为安排施工进度、编制资源计划提供数据。

(6) 按《房屋建筑与装修装饰工程工程量计算规范》要求保留有效位数。工程计量时每一项目汇总的有效位数应遵守下列规定:

① 以"t"为单位,应保留小数点后三位数字,第四位小数四舍五入。
② 以"m、m²、m³、kg"为单位,应保留小数点后两位数字,第三位小数四舍五入。
③ 以"个、件、根、组、系统"为单位,应取整数。

4.1.6　工程量计算的一般顺序

工程量计算是一项繁杂而细致的工作,为了准确快速地计算工程量,避免发生多算、少算、重复计算的现象,计算时应按一定的顺序及方法进行。具体的计算顺序应根据具体工程和个人习惯来确定,一般有以下几种顺序:

1. 单位工程计算顺序

一个单位工程,其工程量计算顺序一般有以下几种:

(1)按图纸顺序计算。根据图纸排列的先后顺序,由建筑施工图到结构施工图;每个专业图纸由前向后,按"先平面,再立面,再剖面;先基本图,再详图"的顺序计算。

(2)按消耗量定额的分部分项顺序计算。按消耗量定额的章、节、子目次序,由前向后,逐项对照,定额项目与图纸设计内容能对上号时就计算。

(3)按工程量计算规范顺序计算。按工程量计算规范附录先后顺序,由前向后,逐项对照计算。

(4)按施工顺序计算。按施工顺序计算工程量,可以按先施工的先算,后施工的后算的方法进行。如:由平整场地、基础挖土方开始算起,直到装饰工程等全部施工内容结束。

2. 分部工程量计算程序

在安排各分部工程计算顺序时,可以按照《房屋建筑与装修装饰工程工程量计算规范》(GB 50854—2013)附录中的工程量计算规则的顺序或按照施工顺序依次进行计算,并注意计算顺序之间的逻辑关系,如计算墙体工程量时要扣除门窗洞口所占的面积,为此在计算时应先计算门窗工程量,再计算墙体工程量。通常计算顺序为:建筑面积→土石方与基础工程→混凝土及钢筋混凝土工程→门窗工程→墙体工程→装饰抹灰工程→楼地面工程→屋面工程→金属结构工程→其他工程。

3. 分项工程量计算顺序

1)不同分项工程之间

为了防止重算和避免漏算,同一工程内部各个分项工程之间的工程量计算,通常按照施工顺序进行计算。

例如带形基础,它一般是由挖基槽土方、做垫层、砌基础和回填土四个分项工程组成,各分项工程量计算就可采用挖基槽土方→做垫层→砌基础→回填土这个顺序进行。

2)同一分项工程中

为防止重算和避免漏算,在同一分项工程内部各个组成部分之间,宜采用以下工程量计算顺序:

(1)按顺时针顺序计算。即从平面图左上角开始,按顺时针方向逐步计算,绕一周后回到左上角。此方法适用于计算外墙及其基础、室内楼地面、顶棚等。

(2)按横竖顺序计算。即从平面图上的横竖方向,从左到右、先外后内、先横后竖、先上后下逐步计算。此方法适用于计算内墙及其基础、间壁墙、门窗过梁、墙面抹灰等。

如图4.2所示,先计算横墙,再计算纵墙。横墙的计算顺序为(1)→(2)→(3)→(4)→(5);纵墙的计算顺序为(6)→(7)→(8)→(9)→(10)→(11)→(12)。

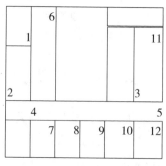

图4.2 某建筑物平面示意图

（3）按图纸分项编号顺序计算。即按照图纸上注明的结构构件、配件的编号顺序计算。如混凝土构件、门窗、金属结构等，按照图样的编号进行计算。

（4）按轴线顺序计算。对于复杂的工程，计算墙体、柱、内外粉刷时，仅按上述顺序计算，可能发生重复或遗漏，这时，可按图纸上的轴线顺序进行计算，并将其部位以轴线号表示出来。

工程量的计算顺序并不完全限于以上几种，造价工作人员可根据自己的经验和习惯，采取各种不同的方法和形式。

4.1.7　运用统筹法计算工程量

运用统筹法计算工程量，就是分析工程量计算中各分部分项工程量计算之间的固有规律和相互之间的依赖关系，运用统筹法原理来合理安排工程量的计算程序。它有以下几个基本要点：

（1）统筹程序，合理安排。要达到准确而又快速计算工程量的目的，首先就要统筹安排计算程序，否则就会出现事倍功半的结果。如室内地面工程中的房心回填土、地坪垫层、地面面层工程量计算，如按施工顺序计算，则为：房心回填土（长×宽×高）→地坪垫层（长×宽×厚）→地面面层（长×宽）。从以上计算式中可以看出每一个分项工程都计算了一次（长×宽），浪费了时间；而利用统筹法计算，可以先算地面面层，然后利用已经算出的面积（长×宽）分别计算房心回填土和地坪垫层的工程量。这样，既简化了计算过程又提高了计算速度。

（2）利用基数，连续计算。在工程量计算中，离不开几个常用的基数，即"三线一面"。"三线"是指建筑平面中的外墙中心线、外墙外边线、内墙净长线；"一面"是指底层建筑面积。利用好"三线一面"会使许多工程量的计算化繁为简。如利用外墙中心线可计算外墙基槽土方、垫层、基础、圈梁、防潮层、外墙墙体等工程量；利用外墙外边线可计算外墙抹灰、勾缝和散水等工程量；利用底层建筑面积可计算综合脚手架、平整场地、地面垫层、面层、天棚装饰、平屋面防水等工程量。在计算过程中要注意尽可能使用前面已经算出的数据，减少重复计算。

（3）一次算出，多次使用。在工程量计算过程中，往往有一些不能用"线""面"基数进行连续计算的项目，如门窗、屋架、钢筋混凝土预制标准构件等。对此，可首先将常用数据一次算出，汇编成土建工程量计算手册（即"册"）；其次把那些规律较明显的如槽、沟断面等一次算出，也编制入册。当须计算有关的工程量时，只要查手册或根据手册快速计算即可，这样可以减少按图逐项地进行繁琐而重复的计算，亦能保证计算的及时与准确性。

（4）结合实际，灵活机动。用"线""面""册"计算工程量是常用的工程量基本计算方法，实践证明，这种方法在一般工程上完全可以适用。但在特殊工程上，由于基础断面、墙厚、砂浆强度等级和各楼层的面积不同，就不能完全用"线"或"面"的一个数作为基数，而必须结合实际灵活地计算。

总之，统筹法计算工程量打破了按照规范顺序或按照施工顺序的工程量计算顺序，而是根据施工图样中大量图形线、面数据之间"集中""共需"的关系，找出工程量的变化规律，利用其几何共同性，统筹安排数据的计算。

4.2 建筑面积计算

4.2.1 建筑面积的概述

1. 建筑面积的概念

建筑面积是建筑物外墙勒脚以上各层结构外围水平面积之和。

所谓结构外围是指不包括外墙装饰抹灰层的厚度，因而建筑面积应按图纸尺寸计算，而不能在现场量取。

建筑面积包括建筑使用面积、辅助面积和结构面积。使用面积指的是建筑物各层平面布置中直接为生产或生活使用的净面积。在民用建筑中，居室净面积亦称"居住面积"。辅助面积，是指建筑物各层平面布置中为辅助生产或生活所占净面积的总和。使用面积与辅助面积的总和称为"有效面积"。结构面积是指建筑物各层平面布置中的墙体、柱等结构所占面积的总和。

计算工业与民用建筑的建筑面积，总的规则是：凡在结构上、使用上形成具有一定使用功能的建筑物和构筑物，并能单独计算出其水平面积及其相应消耗的人工、材料和机械用量的，应计算建筑面积；反之，不应计算建筑面积。

2. 建筑面积的作用

（1）建筑面积是确定建设规模的重要指标，如施工图设计的建筑面积不得超过初步设计的 5%，否则必须重新报批。

（2）建筑面积是确定各项经济技术指标的基础，如每平方米造价、单位建筑面积的材料消耗标准等。

（3）建筑面积是计算有关分项工程量的依据，如利用底层建筑面积计算室内回填土、天棚面积等；另外，它也是计算脚手架、垂直运输机械费用的依据。

（4）建筑面积是选择概算指标和编制概算的主要依据，因为概算指标通常以建筑面积为计量单位。

4.2.2 建筑面积的计算规则

新版《建筑工程建筑面积计算规范》(GB/T 50353—2013)自 2014 年 7 月 1 日起实施，原《建筑工程建筑面积计算规范》(GB/T 50353—2005)同时废止。根据该规范，建筑面积的计算规则如下：

（1）建筑物的建筑面积应按自然层外墙结构外围水平面积之和计算。结构层高在 2.20 m 及以上的，应计算全面积；结构层高在 2.20 m 以下的，应计算 1/2 面积。

（2）建筑物内设有局部楼层时，对于局部楼层的二层及以上楼层，有围护结构的应按其围护结构外围水平面积计算，无围护结构的应按其结构底板水平面积计算，且结构层高在 2.20 m 及以上的，应计算全面积，结构层高在 2.20 m 以下的，应计算 1/2 面积。如图 4.3 所示。

（3）对于形成建筑空间的坡屋顶,结构净高在2.10 m及以上的部位应计算全面积;结构净高在1.20 m及以上至2.10 m以下的部位应计算1/2面积;结构净高在1.20 m以下的部位不应计算建筑面积。

（4）对于场馆看台下的建筑空间,结构净高在2.10 m及以上的部位应计算全面积;结构净高在1.20 m及以上至2.10 m以下的部位应计算1/2面积;结构净高在1.20 m以下的部位不应计算建筑面积。室内单独设置的有围护设施的悬挑看台,应按看台结构底板水平投影面积计算建筑面积。有顶盖无围护结构的场馆看台应按其顶盖水平投影面积的1/2计算面积。

（5）地下室、半地下室应按其结构外围水平面积计算。结构层高在2.20 m及以上的,应计算全面积;结构层高在2.20 m以下的,应计算1/2面积。

（6）出入口外墙外侧坡道有顶盖的部位,应按其外墙结构外围水平面积的1/2计算面积。如图4.4所示。

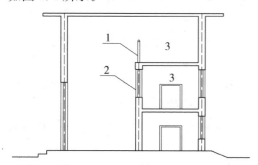

图4.3　建筑物内的局部楼层
1—围护设施;2—围护结构;3—局部楼层

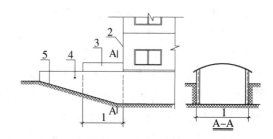

图4.4　地下室出入口
1—计算1/2投影面积部位;2—主体建筑;3—出入口顶盖;
4—封闭出入口侧墙;5—出入口坡道

（7）建筑物架空层及坡地建筑物吊脚架空层,应按其顶板水平投影计算建筑面积。结构层高在2.20 m及以上的,应计算全面积;结构层高在2.20 m以下的,应计算1/2面积。如图4.5所示。

（8）建筑物的门厅、大厅应按一层计算建筑面积,门厅、大厅内设置的走廊应按走廊结构底板水平投影面积计算建筑面积。结构层高在2.20 m及以上的,应计算全面积;结构层高在2.20 m以下的,应计算1/2面积。

（9）对于建筑物间的架空走廊,有顶盖和围护设施的,应按其围护结构外围水平面积计算全面积;无围护结构、有围护设施的,应按其结构底板水平投影面积计算1/2面积。有围护结构和无围护结构的架空走廊分别见图4.6、图4.7。

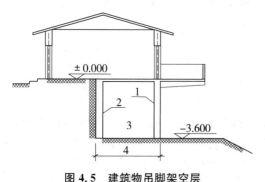

图4.5　建筑物吊脚架空层
1—柱;2—墙;3—吊脚架空层;4—计算建筑面积部位

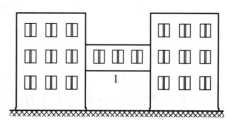

图4.6　有围护结构的架空走廊
1—架空走廊

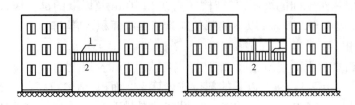

图 4.7　无围护结构的架空走廊
1—栏杆；2—架空走廊

（10）对于立体书库、立体仓库、立体车库，有围护结构的，应按其围护结构外围水平面积计算建筑面积；无围护结构、有围护设施的，应按其结构底板水平投影面积计算建筑面积。无结构层的应按一层计算，有结构层的应按其结构层面积分别计算。结构层高在 2.20 m 及以上的，应计算全面积；结构层高在 2.20 m 以下的，应计算 1/2 面积。

（11）有围护结构的舞台灯光控制室，应按其围护结构外围水平面积计算。结构层高在 2.20 m 及以上的，应计算全面积；结构层高在 2.20 m 以下的，应计算 1/2 面积。

（12）附属在建筑物外墙的落地橱窗，应按其围护结构外围水平面积计算。结构层高在 2.20 m 及以上的，应计算全面积；结构层高在 2.20 m 以下的，应计算 1/2 面积。

（13）窗台与室内楼地面高差在 0.45 m 以下且结构净高在 2.10 m 及以上的凸（飘）窗，应按其围护结构外围水平面积计算 1/2 面积。

（14）有围护设施的室外走廊（挑廊），应按其结构底板水平投影面积计算 1/2 面积；有围护设施（或柱）的檐廊，应按其围护设施（或柱）外围水平面积计算 1/2 面积。

（15）门斗应按其围护结构外围水平面积计算建筑面积，且结构层高在 2.20 m 及以上的，应计算全面积；结构层高在 2.20 m 以下的，应计算 1/2 面积。如图 4.8 所示。

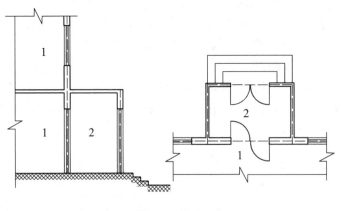

图 4.8　门斗
1—室内；2—门斗

（16）门廊应按其顶板的水平投影面积的 1/2 计算建筑面积；有柱雨篷应按其结构板水平投影面积的 1/2 计算建筑面积；无柱雨篷的结构外边线至外墙结构外边线的宽度在 2.10 m 及以上的，应按雨篷结构板的水平投影面积的 1/2 计算建筑面积。

（17）设在建筑物顶部、有围护结构的楼梯间、水箱间、电梯机房等，结构层高在 2.20 m 及以上的应计算全面积;结构层高在 2.20 m 以下的,应计算 1/2 面积。

(18) 围护结构不垂直于水平面的楼层,应按其底板面的外墙外围水平面积计算。结构净高在 2.10 m 及以上的部位,应计算全面积;结构净高在 1.20 m 及以上至 2.10 m 以下的部位,应计算 1/2 面积;结构净高在 1.20 m 以下的部位,不应计算建筑面积。

(19) 建筑物的室内楼梯、电梯井、提物井、管道井、通风排气竖井、烟道,应并入建筑物的自然层计算建筑面积。有顶盖的采光井应按一层计算面积,且结构净高在 2.10 m 及以上的,应计算全面积;结构净高在 2.10 m 以下的,应计算 1/2 面积。

(20) 室外楼梯应并入所依附建筑物自然层,并应按其水平投影面积的 1/2 计算建筑面积。

(21) 在主体结构内的阳台,应按其结构外围水平面积计算全面积;在主体结构外的阳台,应按其结构底板水平投影面积计算 1/2 面积。

(22) 有顶盖无围护结构的车棚、货棚、站台、加油站、收费站等,应按其顶盖水平投影面积的 1/2 计算建筑面积。

(23) 以幕墙作为围护结构的建筑物,应按幕墙外边线计算建筑面积。

(24) 建筑物的外墙外保温层,应按其保温材料的水平截面积计算,并计入自然层建筑面积。

(25) 与室内相通的变形缝,应按其自然层合并在建筑物建筑面积内计算。对于高低连跨的建筑物,当高低跨内部连通时,其变形缝应计算在低跨面积内。如图 4.9 所示。

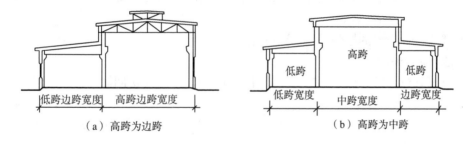

（a）高跨为边跨　　　　　　（b）高跨为中跨

图 4.9　高低连跨建筑物变形缝的计算

(26) 对于建筑物内的设备层、管道层、避难层等有结构层的楼层,结构层高在 2.20 m 及以上的,应计算全面积;结构层高在 2.20 m 以下的,应计算 1/2 面积。

(27) 下列项目不应计算建筑面积:

① 与建筑物内不相连通的建筑部件;

② 骑楼、过街楼底层的开放公共空间和建筑物通道;

③ 舞台及后台悬挂幕布和布景的天桥、挑台等;

④ 露台、露天游泳池、花架、屋顶的水箱及装饰性结构构件;

⑤ 建筑物内的操作平台、上料平台、安装箱和罐体的平台;

⑥ 勒脚、附墙柱、垛、台阶、墙面抹灰、装饰面、镶贴块料面层、装饰性幕墙,主体结构外的空调室外机搁板(箱)、构件、配件,挑出宽度在 2.10 m 以下的无柱雨篷和顶盖高度达到或超过两个楼层的无柱雨篷;

⑦ 窗台与室内地面高差在 0.45 m 以下且结构净高在 2.10 m 以下的凸(飘)窗,窗台与室

内地面高差在 0.45 m 及以上的凸(飘)窗;

⑧ 室外爬梯、室外专用消防钢楼梯、无围护结构的观光电梯;

⑨ 建筑物以外的地下人防通道,独立的烟囱、烟道、地沟、油(水)罐、气柜、水塔、贮油(水)池、贮仓、栈桥等构筑物。

4.2.3 基本术语

(1) 建筑面积(construction area)

建筑物(包括墙体)所形成的楼地面面积。

(2) 自然层(floor)

按楼地面结构分层的楼层。

(3) 结构层高(structure story height)

楼面或地面结构层上表面至上部结构层上表面之间的垂直距离。

(4) 围护结构(building enclosure)

围合建筑空间的墙体、门、窗。

(5) 建筑空间(space)

以建筑界面限定的、供人们生活和活动的场所。

(6) 结构净高(structure net height)

楼面或地面结构层上表面至上部结构层下表面之间的垂直距离。

(7) 围护设施(enclosure facilities)

为保障安全而设置的栏杆、栏板等围挡。

(8) 地下室(basement)

室内地平面低于室外地平面的高度超过室内净高的 1/2 的房间。

(9) 半地下室(semi-basement)

室内地平面低于室外地平面的高度超过室内净高的 1/3,且不超过 1/2 的房间。

(10) 架空层(stilt floor)

仅有结构支撑而无外围护结构的开敞空间层。

(11) 走廊(corridor)

建筑物中的水平交通空间。

(12) 架空走廊(elevated corridor)

专门设置在建筑物的二层或二层以上,作为不同建筑物之间水平交通的空间。

(13) 结构层(structure layer)

整体结构体系中承重的楼板层。

(14) 落地橱窗(french window)

突出外墙面且根基落地的橱窗。

(15) 凸窗(飘窗)(bay window)

凸出建筑物外墙面的窗户。

(16) 檐廊(eaves gallery)

建筑物挑檐下的水平交通空间。

（17）挑廊（overhanging corridor）

挑出建筑物外墙的水平交通空间。

（18）门斗（air lock）

建筑物入口处两道门之间的空间。

（19）雨篷（canopy）

建筑物出入口上方为遮挡雨水而设置的部件。

（20）门廊（porch）

建筑物入口前有顶棚的半围合空间。

（21）楼梯（stairs）

由连续行走的梯级、休息平台和维护安全的栏杆（或栏板）、扶手以及相应的支托结构组成的作为楼层之间垂直交通使用的建筑部件。

（22）阳台（balcony）

附设于建筑物外墙，设有栏杆或栏板，可供人活动的室外空间。

（23）主体结构（major structure）

接受、承担和传递建设工程所有上部荷载，维持上部结构整体性、稳定性和安全性的有机联系的构造。

（24）变形缝（deformation joint）

防止建筑物在某些因素作用下引起开裂甚至破坏而预留的构造缝。

（25）骑楼（overhang）

建筑底层沿街面后退且留出公共人行空间的建筑物。

（26）过街楼（overhead building）

跨越道路上空并与两边建筑相连接的建筑物。

（27）建筑物通道（passage）

为穿过建筑物而设置的空间。

（28）露台（terrace）

设置在屋面、首层地面或雨篷上供人室外活动的有围护设施的平台。

（29）勒脚（plinth）

在房屋外墙接近地面部位设置的饰面保护构造。

（30）台阶（step）

联系室内外地坪或同楼层不同标高而设置的阶梯形踏步。

【例 4.1】　如图 4.10 所示，坡屋顶建筑，勒脚厚 40 mm，墙体厚 240 mm，试计算其建筑面积 S。

【解】　底层 $S_1 = (5.76 + 0.24) \times (9.76 + 0.24) \times 0.5 = 30 \text{ m}^2$

坡屋顶：$S_2 = (2.76 + 0.24) \times 10 \times 0.5 + (5.76 - 2.76) \times 10 = 45 \text{ m}^2$

建筑面积 $S = S_1 + S_2 = 30 + 45 = 75 \text{ m}^2$

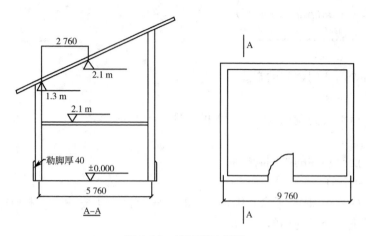

图 4.10 坡屋顶示意图

【例 4.2】 某六层建筑物平面如图 4.11 所示,墙体厚 240 mm,求该建筑物的建筑面积。

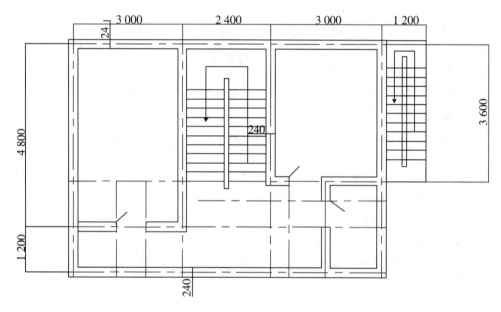

图 4.11 平面示意图

【解】 $[(3+2.4+3+0.24)\times(1.2+4.8+0.24)+(1.2-0.12)\times(3.6+0.12)\times0.5]$
$\times 6 = 335.53\ m^2$

4.3 土石方工程

4.3.1 基本知识

《房屋建筑与装饰工程工程量计算规范》(GB 50854—2013)(以下简称《规范》)中将土石

方工程划分为土方工程、石方工程和土石方回填三节。在计算土石方工程量之前,应明确以下资料:

（1）土壤及岩石的类别,见表 4.1 及表 4.2。

表 4.1 土壤分类表

土壤分类	土壤名称	开挖方法
一、二类土	粉土、砂土(粉砂、细砂、中砂、粗砂、砾砂)、粉质黏土、弱中盐渍土、软土(淤泥质土、泥炭、泥炭质土)、软塑红黏土、冲填土	用锹,少许用镐、条锄开挖。机械能全部直接铲挖满载者
三类土	黏土、碎石土(圆砾、角砾)、混合土、可塑红黏土、硬塑红黏土、强盐渍土、素填土、压实填土	主要用镐、条锄,少许用锹开挖。机械需部分刨松方能铲挖满载者或可直接铲挖但不能满载者
四类土	碎石土(卵石、碎石、漂石、块石)、坚硬红黏土、超盐渍土、杂填土	全部用镐、条锄挖掘,少许用撬棍挖掘。机械须普遍刨松方能铲挖满载者

注:本表土的名称及其含义按国家标准《岩土工程勘察规范》(GB 50021—2001)(2009 年版)定义。

表 4.2 岩石分类表

岩石分类		代表性岩石	开挖方法
极软岩		1. 全风化的各种岩石 2. 各种半成岩	部分用手凿工具,部分用爆破法开挖
软质岩	软岩	1. 强风化的坚硬岩或较硬岩 2. 中等风化—强风化的较软岩 3. 未风化—微风化的页岩、泥岩、泥质砂岩等	用风镐和爆破法开挖
	较软岩	1. 中等风化—强风化的坚硬岩或较硬岩 2. 未风化—微风化的凝灰岩、千枚岩、泥灰岩、砂质泥岩等	用爆破法开挖
硬质岩	较硬岩	1. 微风化的坚硬岩 2. 未风化—微风化的大理岩、板岩、石灰岩、白云岩、钙质砂岩等	用爆破法开挖
	坚硬岩	未风化—微风化的花岗岩、闪长岩、辉绿岩、玄武岩、安山岩、片麻岩、石英岩、石英砂岩、硅质砾岩、硅质石灰岩等	用爆破法开挖

注:本表依据国家标准《工程岩体分级标准》(GB 50218—94)和《岩土工程勘察规范》(GB 50021—2001)(2009 年版)整理。

（2）土壤的湿度及地下水位标高。

（3）土方、沟槽、基坑开挖(回填)起止标高、施工方法及运距。

（4）岩石开凿、爆破方法,石渣清运方法及运距。

（5）其他相关资料。

4.3.2 清单项目划分

在《规范》中,土方工程被划分为七个子目,石方工程被划分为四个子目,回填工程则被划分为两个子目,具体见表 4.3～表 4.5。

表4.3　土方工程(编号:010101)

项目编码	项目名称	项目特征	计量单位	工程量计算规则	工作内容
010101001	平整场地	1. 土壤类别 2. 弃土运距 3. 取土运距	m²	按设计图示尺寸以建筑物首层建筑面积计算	1. 土方挖填 2. 场地找平 3. 运输
010101002	挖一般土方	1. 土壤类别 2. 挖土深度 3. 弃土运距	m³	按设计图示尺寸以体积计算	1. 排地表水 2. 土方开挖 3. 围护(挡土板)及拆除 4. 基底钎探 5. 运输
010101003	挖沟槽土方			按设计图示尺寸以基础垫层底面积乘以挖土深度计算	
010101004	挖基坑土方				
010101005	冻土开挖	1. 冻土厚度 2. 弃土运距		按设计图示尺寸开挖面积乘厚度以体积计算	1. 爆破 2. 开挖 3. 清理 4. 运输
010101006	挖淤泥、流砂	1. 挖掘深度 2. 弃淤泥、流砂距离		按设计图示位置、界限以体积计算	1. 开挖 2. 运输
010101007	挖管沟土方	1. 土壤类别 2. 管外径 3. 挖沟深度 4. 回填要求	1. m 2. m³	1. 以米计量,按设计图示以管道中心线长度计算 2. 以立方米计量,按设计图示管底垫层面积乘以挖土深度计算;无管底垫层按管外径的水平投影面积乘以挖土深度计算。不扣除各类井的长度,井的土方并入	1. 排地表水 2. 土方开挖 3. 围护(挡土板)、支撑 4. 运输 5. 回填

表4.4　石方工程(编号:010102)

项目编码	项目名称	项目特征	计量单位	工程量计算规则	工作内容
010102001	挖一般石方	1. 岩石类别 2. 开凿深度 3. 弃碴运距	m³	按设计图示尺寸以体积计算	1. 排地表水 2. 凿石 3. 运输
010102002	挖沟槽石方			按设计图示尺寸沟槽底面积乘以挖石深度以体积计算	
010102003	挖基坑石方			按设计图示尺寸基坑底面积乘以挖石深度以体积计算	
010102004	挖管沟石方	1. 岩石类别 2. 管外径 3. 挖沟深度	1. m 2. m³	1. 以米计量,按设计图示以管道中心线长度计算 2. 以立方米计量,按设计图示截面积乘以长度计算	1. 排地表水 2. 凿石 3. 回填 4. 运输

表 4.5　回填(编号:010103)

项目编码	项目名称	项目特征	计量单位	工程量计算规则	工作内容
010103001	回填方	1. 密实度要求 2. 填方材料品种 3. 填方粒径要求 4. 填方来源、运距	m³	按设计图示尺寸以体积计算 1. 场地回填:回填面积乘平均回填厚度 2. 室内回填:主墙间面积乘回填厚度,不扣除间隔墙 3. 基础回填:按挖方清单项目工程量减去自然地坪以下埋设的基础体积(包括基础垫层及其他构筑物)	1. 运输 2. 回填 3. 压实
010103002	余方弃置	1. 废弃料品种 2. 运距	m³	按挖方清单项目工程量减利用回填方体积(正数)计算	余方点装料运输至弃置点

4.3.3　工程量计算规则

1. 平整场地

平整场地是指在开工前为了方便施工现场进行放样、定线和施工等需要,对建筑场地厚度在±30 cm 以内的挖、填、找平。它与一般所指的开工前的"三通一平"中的"平"不是一回事。但挖填土厚度超过±30 cm 时,应按挖土方项目计算。

计算规则:按设计图示尺寸以建筑物首层建筑面积计算。

图 4.12　平整场地示意图

2. 挖沟槽

沟槽、基坑、一般土方划分规则:底宽 7 m 以内,且底长大于底宽三倍以上的为沟槽;底面积在 150 m²(不包括加宽工作面)以内,且坑底的长与宽之比小于或等于 3 的为基坑;底宽 7 m 以上,底面积 150 m² 以上,平整场地挖土方厚度在 30 cm 以外,均按一般土方计算。

清单规则:按设计图示尺寸以基础垫层底面积乘以挖土深度计算。

定额规则:按实际施工方法进行计算。

注:土方体积以挖掘前的天然密实体积计算。非天然密实土方按表 4.6 折算。

表4.6 土方体积折算系数表

天然密实度体积	虚方体积	夯实后体积	松填体积
0.77	1.00	0.67	0.83
1.00	1.30	0.87	1.08
1.15	1.50	1.00	1.25
0.92	1.20	0.80	1.00

注：① 虚方指未经碾压、堆积时间≤1年的土壤。

② 本表按《全国统一建筑工程预算工程量计算规则》(GJDGZ—101—95)整理。

③ 设计密实度超过规定的，填方体积按工程设计规定执行；无设计规定的，按各省、自治区、直辖市或行业建设行政主管部门规定的系数执行。

另外《规范》中说明：挖沟槽、基坑、一般土方因工作面和放坡增加的工程量（管沟工作面增加的工程量）是否并入各土方工程量中，应按各省、自治区、直辖市或行业建设主管部门的规定实施，如并入各土方工程量中，办理工程结算时，按经发包人认可的施工组织设计规定计算，编制工程量清单时，可按表4.7~表4.9规定计算。

表4.7 放坡系数表

土类别	放坡起点(m)	人工挖土	机械挖土		
			在坑内作业	在坑上作业	顺沟槽在坑上作业
一、二类土	1.20	1：0.50	1：0.33	1：0.75	1：0.50
三类土	1.50	1：0.33	1：0.25	1：0.67	1：0.33
四类土	2.00	1：0.25	1：0.10	1：0.33	1：0.25

注：① 沟槽、基坑中土类别不同时，分别按其放坡起点、放坡系数，依不同土类别厚度加权平均计算。

② 计算放坡时，在交接处的重复工程量不予扣除，原槽、坑作基础垫层时，放坡自垫层上表面开始计算。

表4.8 基础施工所需工作面宽度计算表

基础材料	每边各增加工作面宽度(mm)
砖基础	200
浆砌毛石、条石基础	150
混凝土基础垫层支模板	300
混凝土基础支模板	300
基础垂直面做防水层	1 000(防水层面)

注：本表按《全国统一建筑工程预算工程量计算规则》(GJDGZ—101—95)整理。

表4.9 管沟施工每侧所需工作面宽度计算表

管沟材料	管道结构宽(mm)			
	≤500	≤1 000	≤2 500	>2 500
混凝土及钢筋混凝土管道(mm)	400	500	600	700
其他材质管道(mm)	300	400	500	600

注：① 本表按《全国统一建筑工程预算工程量计算规则》(GJDGZ—101—95)整理。

② 管道结构宽：有管座的按基础外缘，无管座的按管道外径。

在实际工程中,投标人计算投标报价时一般要考虑具体的施工方案,因此按上述表格确定放坡系数与工作面宽度等后,计算出定额工程量,再以此套取定额求造价。

常见的施工方案有:不放坡只预留工作面;支挡土板且留工作面;放坡且留工作面等。下面以第三种情况加以说明。

1)放坡自垫层下面开始

如图 4.13 所示。

施工设计开挖断面积 $= (b+2c+kH) \times H$ (4.1)

式中,H 为开挖深度;k 为放坡系数;c 为工作面宽;b 为设计基础垫层宽。

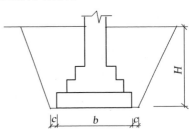

图 4.13 垫层下表面放坡示意图

外墙基槽长按中心线长度,内墙基槽按图示设计基础垫层间净长计算,沟槽长度 L 即为外墙中心线长与 $\sum$ 内墙基础垫层净长之和,因此:

$$挖沟槽工程量\ V = (b+2c+kH) \times HL \tag{4.2}$$

内外突出的垛、附墙烟囱等并入沟槽土方内计算。

两槽交接处重叠部分,因放坡产生的重复计算工程量,不予扣除。

2)放坡自垫层上表面开始

即原槽浇灌垫层,如图 4.14 所示。

【例 4.3】 如图 4.15(a)、4.15(b)所示,按定额规则计算人工挖沟槽土方。土质类别为二类,垫层 C10 砼。

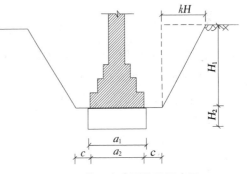

图 4.14 垫层上表面放坡示意图

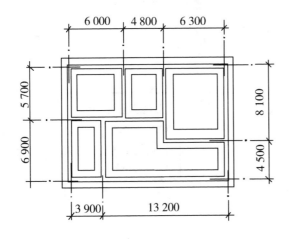

（a）某建筑物平面图

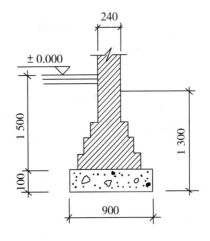

（b）某建筑物基础剖面图

图 4.15

【解】 分析:① 开挖深度 $H = 1.3 - 0.1 = 1.20$ m,达到一、二类土放坡起点深度;

② 一、二类土放坡系数 $k = 0.5$;

③ 垫层宽 0.9 m 原槽浇灌;

④ 砖基础宽 $= 0.24 + 0.0625 \times 6 = 0.615$ m,工作面 $c = 0.20$ m。

沟槽长度计算:

外墙中心线长 $= (3.9 + 13.2 + 6.9 + 5.7) \times 2 = 59.40$ m

内墙基础垫层净长 $= (6.9 - 0.9) + (5.7 - 0.9) + (8.1 - 0.45) +$
$$(6.0 + 4.8 - 0.9) + (6.3 - 0.45)$$
$$= 34.20 \text{ m}$$

合计沟槽长度 $L = 59.4 + 34.2 = 93.60$ m

挖垫层土方量 $= 0.9 \times 0.1 \times 93.6 = 8.424$ m³

挖砖基础土方量 $= (b + 2c + kH) \times H \times L$
$$= (0.615 + 2 \times 0.2 + 0.5 \times 1.2) \times 1.2 \times 93.6$$
$$= 181.40 \text{ m}^3$$

合计挖沟槽工程量 $= 8.42 + 181.40 = 189.82$ m³

3. 挖基坑

清单规则同前项,定额规则按具体施工方案分为以下几种:

1)底面矩形不放坡

设独立基础底面尺寸为 $a \times b$,设计室外标高深度为 H,不放坡、不留工作面时基坑为一长方体,则

$$V = abH \tag{4.3}$$

2)底面矩形放坡

如设工作面为 c,坡度系数为 k,则基坑形状为一倒梯形体,见图 4.16。

$$V = (a + 2c + kH)(b + 2c + kH)H + 1/3k^2H^3 \tag{4.4}$$

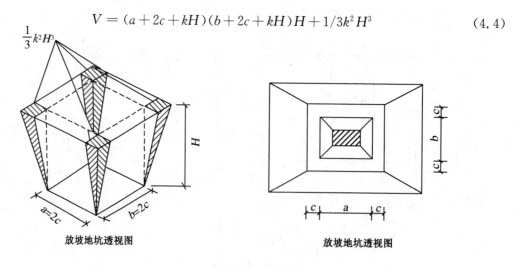

图 4.16 矩形地坑放坡示意图

3）底面圆形不放坡

$$V = \pi r^2 H \qquad (4.5)$$

4）底面圆形放坡

见图 4.17。

$$V = \frac{1}{3}\pi H(r^2 + R^2 + rR) \qquad (4.6)$$

式中，r 为坑底半径(含工作面宽度)；R 为坑上口半径，$R = r + kH$。

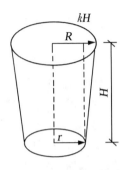

图 4.17　圆形地坑放坡
示意图

4. 回填

1）基槽、基坑回填

回填土体积 ＝ 挖土体积 － 设计室外地坪以下埋设的砌筑量

$$(4.7)$$

2）室内回填土

室内回填土体积 ＝ 主墙间净面积 × 回填土厚度 － 各种沟道所占体积

$$主墙间净面积 = S_底 - (L_中 \times 墙厚 + L_内 \times 墙厚) \qquad (4.8)$$

5. 土方运输(余土或取土工程量)

定额规则当中土方运输是一个单独的子目，而清单规则中则将其归入挖、填项目当中。

余土或取土工程量可按下式计算：

$$余(取)土体积(m^3) ＝ 挖土总体积 － 回填土总体积 \qquad (4.9)$$

上式计算结果为正值时，为余土外运体积；为负值时，为需要取土体积。

【**例 4.4**】　有一建筑，外墙厚 370 mm，中心线总长 80 m，内墙厚 240 mm，净长线总长为 35 m。底层建筑面积为 600 m²，室内外高差 0.6 m，地坪厚度 100 mm。已知该建筑基础挖土量为 1 000 m³，室外设计地坪以下埋设物体积 450 m³，计算该工程的余土外运量。

【**解**】　余土量 ＝ 挖方体积 － 回填体积，而回填体积中有部分砖墙体积和房心土回填体积。

房心土回填体积应从底层建筑面积中减掉墙体所占面积，再乘以填土厚度。

墙体面积 ＝ 80 × 0.37 ＋ 35 × 0.24 ＝ 38.00 m²

房心回填土面积 ＝ 600 － 38 ＝ 562.00 m²

房心回填土厚 ＝ 室内外高差 － 地坪厚 ＝ 0.6 － 0.1 ＝ 0.50 m

房心回填土体积 ＝ 562 × 0.5 ＝ 281.00 m³

余土量 ＝ 1 000 － 450 － 281 ＝ 269.00 m³

4.4 地基处理工程与支护工程

4.4.1 基本知识

1) 地基处理

地基处理一般是指用于改善支承建筑物的地基(土或岩石)的承载能力或抗渗能力所采取的工程技术措施,主要分为基础工程措施和岩土加固措施。

2) 基坑与边坡支护

建造埋置深度大的基础或地下工程时,往往需要进行大深度的土方开挖。这个由地面向下开挖的地下空间称为基坑。

基坑与边坡支护就是为保证地下结构施工及基坑周边环境的安全,对基坑侧壁及周边环境采用的支挡、加固与保护措施。

4.4.2 清单项目划分

《规范》中将清单项目分为地基处理和基坑与边坡支护两个部分,分别见表4.10、表4.11。

表 4.10 地基处理(编号:010201)

项目编码	项目名称	项目特征	计量单位	工程量计算规则	工作内容
010201001	换填垫层	1. 材料种类及配比 2. 压实系数 3. 掺加剂品种	m³	按设计图示尺寸以体积计算	1. 分层铺填 2. 碾压、振密或夯实 3. 材料运输
010201002	铺设土工合成材料	1. 部位 2. 品种 3. 规格		按设计图示尺寸以面积计算	1. 挖填锚固沟 2. 铺设 3. 固定 4. 运输
010201003	预压地基	1. 排水竖井种类、断面尺寸、排列方式、间距、深度 2. 预压方法 3. 预压荷载、时间 4. 砂垫层厚度	m²		1. 设置排水竖井、盲沟、滤水管 2. 铺设砂垫层、密封膜 3. 堆载、卸载或抽气设备安拆、抽真空 4. 材料运输
010201004	强夯地基	1. 夯击能量 2. 夯击遍数 3. 夯击点布置形式、间距 4. 地耐力要求 5. 夯填材料种类		按设计图示处理范围以面积计算	1. 铺设夯填材料 2. 强夯 3. 夯填材料运输
010201005	振冲密实(不填料)	1. 地层情况 2. 振密深度 3. 孔距			1. 振冲加密 2. 泥浆运输

项目编码	项目名称	项目特征	计量单位	工程量计算规则	工作内容
010201006	振冲桩(填料)	1. 地层情况 2. 空桩长度、桩长 3. 桩径 4. 填充材料种类	1. m 2. m³	1. 以米计量,按设计图示尺寸以桩长计算 2. 以立方米计量,按设计桩截面乘以桩长以体积计算	1. 振冲成孔、填料、振实 2. 材料运输 3. 泥浆运输
010201007	砂石桩	1. 地层情况 2. 空桩长度、桩长 3. 桩径 4. 成孔方法 5. 材料种类、级配		1. 以米计量,按设计图示尺寸以桩长(包括桩尖)计算 2. 以立方米计量,按设计桩截面乘以桩长(包括桩尖)以体积计算	1. 成孔 2. 填充、振实 3. 材料运输
010201008	水泥粉煤灰碎石桩	1. 地层情况 2. 空桩长度、桩长 3. 桩径 4. 成孔方法 5. 混合料强度等级		按设计图示尺寸以桩长(包括桩尖)计算	1. 成孔 2. 混合料制作、灌注、养护 3. 材料运输
010201009	深层搅拌桩	1. 地层情况 2. 空桩长度、桩长 3. 桩截面尺寸 4. 水泥强度等级、掺量		按设计图示尺寸以桩长计算	1. 预搅下钻、水泥浆制作、喷浆搅拌提升成桩 2. 材料运输
010201010	粉喷桩	1. 地层情况 2. 空桩长度、桩长 3. 桩径 4. 粉体种类、掺量 5. 水泥强度等级、石灰粉要求	m		1. 预搅下钻、喷粉搅拌提升成桩 2. 材料运输
010201011	夯实水泥土桩	1. 地层情况 2. 空桩长度、桩长 3. 桩径 4. 成孔方法 5. 水泥强度等级 6. 混合料配比		按设计图示尺寸以桩长(包括桩尖)计算	1. 成孔、夯底 2. 水泥土拌和、填料、夯实 3. 材料运输
010201012	高压喷射注浆桩	1. 地层情况 2. 空桩长度、桩长 3. 桩截面 4. 注浆类型、方法 5. 水泥强度等级		按设计图示尺寸以桩长计算	1. 成孔 2. 水泥浆制作、高压喷射注浆 3. 材料运输
010201013	石灰桩	1. 地层情况 2. 空桩长度、桩长 3. 桩径 4. 成孔方法 5. 掺和料种类、配合比		按设计图示尺寸以桩长(包括桩尖)计算	1. 成孔 2. 混合料制作、运输、夯填

项目编码	项目名称	项目特征	计量单位	工程量计算规则	工作内容
010201014	灰土（土）挤密桩	1. 地层情况 2. 空桩长度、桩长 3. 桩径 4. 成孔方法 5. 灰土级配	m	按设计图示尺寸以桩长（包括桩尖）计算	1. 成孔 2. 灰土拌和、运输、填充、夯实
10201015	柱锤冲扩桩	1. 地层情况 2. 空桩长度、桩长 3. 桩径 4. 成孔方法 5. 桩体材料种类、配合比		按设计图示尺寸以桩长计算	1. 安、拔套管 2. 冲孔、填料、夯实 3. 桩体材料制作、运输
010201016	注浆地基	1. 地层情况 2. 空钻深度、注浆深度 3. 注浆间距 4. 浆液种类及配比 5. 注浆方法 6. 水泥强度等级	1. m 2. m³	1. 以米计量，按设计尺寸以钻孔深度计算 2. 以立方米计量，按设计图示尺寸以加固体积计算	1. 成孔 2. 注浆导管制作、安装 3. 浆液制作、压浆 4. 材料运输
10201017	褥垫层	1. 厚度 2. 材料品种及比例	1. m² 2. m³	1. 以平方米计量，按设计图示尺寸以铺设面积计算 2. 以立方米计量，按设计图示尺寸以体积计算	材料拌和、运输、铺设、压实

表 4.11　基坑与边坡支护（编码：010202）

项目编码	项目名称	项目特征	计量单位	工程量计算规则	工作内容
010202001	地下连续墙	1. 地层情况 2. 导墙类型、截面 3. 墙体厚度 4. 成槽深度 5. 混凝土类别、强度等级 6. 接头形式	m³	按设计图示墙中心线长乘以厚度乘以槽深以体积计算	1. 导墙挖填、制作、安装、拆除 2. 挖土成槽、固壁、清底置换 3. 混凝土制作、运输、灌注、养护 4. 接头处理 5. 土方、废泥浆外运 6. 打桩场地硬化及泥浆池、泥浆沟
010202002	咬合灌注桩	1. 地层情况 2. 桩长 3. 桩径 4. 混凝土种类、强度等级 5. 部位	1. m 2. 根	1. 以米计量，按设计图示尺寸以桩长计算 2. 以根计量，按设计图示数量计算	1. 成孔、固壁 2. 混凝土制作、运输、灌注、养护 3. 套管压拔 4. 土方、废泥浆外运 5. 打桩场地硬化及泥浆池、泥浆沟

项目编码	项目名称	项目特征	计量单位	工程量计算规则	工作内容
010202003	圆木桩	1. 地层情况 2. 桩长 3. 材质 4. 尾径 5. 桩倾斜度	1. m 2. 根	1. 以米计量,按设计图示尺寸以桩长(包括桩尖)计算 2. 以根计量,按设计图示数量计算	1. 工作平台搭拆 2. 桩机移位 3. 桩靴安装 4. 沉桩
010202004	预制钢筋混凝土板桩	1. 地层情况 2. 送桩深度、桩长 3. 桩截面 4. 沉桩方法 5. 连接方式 6. 混凝土强度等级			1. 工作平台搭拆 2. 桩机移位 3. 沉桩 4. 板桩连接
010202005	型钢桩	1. 地层情况或部位 2. 送桩深度、桩长 3. 规格型号 4. 桩倾斜度 5. 防护材料种类 6. 是否拔出	1. t 2. 根	1. 以吨计量,按设计图示尺寸以质量计算 2. 以根计量,按设计图示数量计算	1. 工作平台搭拆 2. 桩机移位 3. 打(拔)桩 4. 接桩 5. 刷防护材料
010202006	钢板桩	1. 地层情况 2. 桩长 3. 板桩厚度	1. t 2. m²	1. 以吨计量,按设计图示尺寸以质量计算 2. 以平方米计量,按设计图示墙中心线长乘以桩长以面积计算	1. 工作平台搭拆 2. 桩机移位 3. 打拔钢板桩
010202007	锚杆(锚索)	1. 地层情况 2. 锚杆(索)类型、部位 3. 钻孔深度 4. 钻孔直径 5. 杆体材料品种、规格、数量 6. 预应力 7. 浆液种类、强度等级	1. m 2. 根	1. 以米计量,按设计图示尺寸以钻孔深度计算 2. 以根计量,按设计图示数量计算	1. 钻孔、浆液制作、运输、压浆 2. 锚杆(锚索)制作、安装 3. 张拉锚固 4. 锚杆(锚索)施工平台搭设、拆除
010202008	土钉	1. 地层情况 2. 钻孔深度 3. 钻孔直径 4. 置入方法 5. 杆体材料品种、规格、数量 6. 浆液种类、强度等级			1. 钻孔、浆液制作、运输、压浆 2. 土钉制作、安装 3. 土钉施工平台搭设、拆除
010202009	喷射混凝土、水泥砂浆	1. 部位 2. 厚度 3. 材料种类 4. 混凝土(砂浆)类别、强度等级	m²	按设计图示尺寸以面积计算	1. 修整边坡 2. 混凝土(砂浆)制作、运输、喷射、养护 3. 钻排水孔、安装排水管 4. 喷射施工平台搭设、拆除

续表 4.11

项目编码	项目名称	项目特征	计量单位	工程量计算规则	工作内容
010202010	钢筋混凝土支撑	1. 部位 2. 混凝土种类 3. 混凝土强度等级	m³	按设计图示尺寸以体积计算	1. 模板（支架或支撑）制作、安装、拆除、堆放、运输及清理模内杂物、刷隔离剂等 2. 混凝土制作、运输、浇筑、振捣、养护
010202011	钢支撑	1. 部位 2. 钢材品种、规格 3. 探伤要求	t	按设计图示尺寸以质量计算。不扣除孔眼质量，焊条、铆钉、螺栓等不另增加质量	1. 支撑、铁件制作（摊销、租赁） 2. 支撑、铁件安装 3. 探伤 4. 刷漆 5. 拆除 6. 运输

4.4.3 工程量计算规则

1. 地基处理

（1）地层情况按表 4.1 和表 4.2 的规定，并根据岩土工程勘察报告按单位工程各地层所占比例（包括范围值）进行描述。对无法准确描述的地层情况，可注明由投标人根据岩土工程勘察报告自行决定报价。

（2）项目特征中的桩长应包括桩尖，空桩长度＝孔深－桩长，孔深为自然地面至设计桩底的深度。

（3）高压喷射注浆类型包括旋喷、摆喷、定喷，高压喷射注浆方法包括单管法、双重管法、三重管法。

（4）如采用泥浆护壁成孔，工作内容包括土方、废泥浆外运，如采用沉管灌注成孔，工作内容包括桩尖制作、安装。

2. 基坑与边坡支护

（1）地层情况按表 4.1 和表 4.2 的规定，并根据岩土工程勘察报告按单位工程各地层所占比例（包括范围值）进行描述。对无法准确描述的地层情况，可注明由投标人根据岩土工程勘察报告自行决定报价。

（2）土钉置入方法包括钻孔置入、打入或射入等。

（3）基坑与边坡的检测、变形观测等费用按国家相关取费标准单独计算，不在本清单项目中。

（4）地下连续墙和喷射混凝土（砂浆）的钢筋网、咬合灌注桩的钢筋笼及钢筋混凝土支撑的制作、安装，按《规范》附录 E 中相关项目列项。本分部未列的基坑与边坡支护的排桩按《规范》附录 C 中相关项目列项。水泥土墙、坑内加固按《规范》表 B.1 中相关项目列项。砖、石挡土墙、护坡按《规范》附录 D 中相关项目列项。混凝土挡土墙按《规范》附录 E 中相关项目列项。

4.5 桩基工程

4.5.1 基本知识

当建筑物建造在软弱土层上,不能以天然土壤地基做基础,而进行人工地基处理又不经济时,往往可以采用桩基础来提高地基的承载能力。桩基础具有施工简单、速度快、承载能力强、沉降量小而且均匀等特点,因而在工业与民用建筑工程中得到广泛的应用。

4.5.2 清单项目划分

《规范》中将桩基工程分为打桩和灌注桩两个部分,分别见表 4.12、表 4.13。

表 4.12　打桩(编号:010301)

项目编码	项目名称	项目特征	计量单位	工程量计算规则	工作内容
010301001	预制钢筋混凝土方桩	1. 地层情况 2. 送桩深度、桩长 3. 桩截面 4. 桩倾斜度 5. 沉桩方法 6. 接桩方式 7. 混凝土强度等级	1. m 2. m³ 3. 根	1. 以米计量,按设计图示尺寸以桩长(包括桩尖)计算 2. 以立方米计量,按设计图示截面积乘以桩长(包括桩尖)以实体积计算 3. 以根计量,按设计图示数量计算	1. 工作平台搭拆 2. 桩机竖拆、移位 3. 沉桩 4. 接桩 5. 送桩
010301002	预制钢筋混凝土管桩	1. 地层情况 2. 送桩深度、桩长 3. 桩外径、壁厚 4. 桩倾斜度 5. 沉桩方法 6. 接桩方式 7. 混凝土强度等级 8. 填充材料种类 9. 防护材料种类			1. 工作平台搭拆 2. 桩机竖拆、移位 3. 沉桩 4. 接桩 5. 送桩 6. 桩尖制作安装 7. 填充材料、刷防护材料

项目编码	项目名称	项目特征	计量单位	工程量计算规则	工作内容
010301003	钢管桩	1. 地层情况 2. 送桩深度、桩长 3. 材质 4. 管径、壁厚 5. 桩倾斜度 6. 沉桩方法 7. 填充材料种类 8. 防护材料种类	1. t 2. 根	1. 以吨计量,按设计图示尺寸以质量计算 2. 以根计量,按设计图示数量计算	1. 工作平台搭拆 2. 桩机竖拆、移位 3. 沉桩 4. 接桩 5. 送桩 6. 切割钢管、精割盖帽 7. 管内取土 8. 填充材料、刷防护材料
010301004	截(凿)桩头	1. 桩类型 2. 桩头截面、高度 3. 混凝土强度等级 4. 有无钢筋	1. m³ 2. 根	1. 以立方米计量,按设计桩截面乘以桩头长度以体积计算 2. 以根计量,按设计图示数量计算	1. 截(切割)桩头 2. 凿平 3. 废料外运

表 4.13　灌注桩(编号:010302)

项目编码	项目名称	项目特征	计量单位	工程量计算规则	工作内容
010302001	泥浆护壁成孔灌注桩	1. 地层情况 2. 空桩长度、桩长 3. 桩径 4. 成孔方法 5. 护筒类型、长度 6. 混凝土种类、强度等级			1. 护筒埋设 2. 成孔、固壁 3. 混凝土制作、运输、灌注、养护 4. 土方、废泥浆外运 5. 打桩场地硬化及泥浆池、泥浆沟
010302002	沉管灌注桩	1. 地层情况 2. 空桩长度、桩长 3. 复打长度 4. 桩径 5. 沉管方法 6. 桩尖类型 7. 混凝土种类、强度等级	1. m 2. m³ 3. 根	1. 以米计量,按设计图示尺寸以桩长(包括桩尖)计算 2. 以立方米计量,按不同截面在桩上范围内以体积计算 3. 以根计量,按设计图示数量计算	1. 打(沉)拔钢管 2. 桩尖制作、安装 3. 混凝土制作、运输、灌注、养护
010302003	干作业成孔灌注桩	1. 地层情况 2. 空桩长度、桩长 3. 桩径 4. 扩孔直径、高度 5. 成孔方法 6. 混凝土种类、强度等级			1. 成孔、扩孔 2. 混凝土制作、运输、灌注、振捣、养护

项目编码	项目名称	项目特征	计量单位	工程量计算规则	工作内容
010302004	挖孔桩土(石)方	1. 地层情况 2. 挖孔深度 3. 弃土(石)运距	m³	按设计图示尺寸(含护壁)截面积乘以挖孔深度以立方米计算	1. 排地表水 2. 挖土、凿石 3. 基底钎探 4. 运输
010302005	人工挖孔灌注桩	1. 桩芯长度 2. 桩芯直径、扩底直径、扩底高度 3. 护壁厚度、高度 4. 护壁混凝土种类、强度等级 5. 桩芯混凝土种类、强度等级	1. m³ 2. 根	1. 以立方米计量,按桩芯混凝土体积计算 2. 以根计量,按设计图示数量计算	1. 护壁制作 2. 混凝土制作、运输、灌注、振捣、养护
010302006	钻孔压浆桩	1. 地层情况 2. 空钻长度、桩长 3. 钻孔直径 4. 水泥强度等级	1. m 2. 根	1. 以米计量,按设计图示尺寸以桩长计算 2. 以根计量,按设计图示数量计算	钻孔、下注浆管、投放骨料、浆液制作、运输、压浆
010302007	灌注桩后压浆	1. 注浆导管材料、规格 2. 注浆导管长度 3. 单孔注浆量 4. 水泥强度等级	孔	按设计图示以注浆孔数计算	1. 注浆导管制作、安装 2. 浆液制作、运输、压浆

4.5.3 工程量计算规则

桩基工程定额工程量计算规则与清单工程量计算规则存在较大的差异,主要体现在计量单位上,如在《规范》中一般是存在多个计量单位,如预制混凝土方桩与管桩,计量单位可以是"m"或者"根",即计算长度或根数;而定额的计量单位是"10 m³",即以体积计算。

1. 打桩

(1)地层情况按表 4.1 和表 4.2 的规定,并根据岩土工程勘察报告按单位工程各地层所占比例(包括范围值)进行描述。对无法准确描述的地层情况,可注明由投标人根据岩土工程勘察报告自行决定报价。

(2)项目特征中的桩截面、混凝土强度等级、桩类型等可直接用标准图代号或设计桩型进行描述。

(3)打桩项目包括成品桩购置费,如果用现场预制,应包括现场预制桩的所有费用。

(4)打试验桩和打斜桩应按相应项目单独列项,并应在项目特征中注明试验桩或斜桩(斜率)。

(5)桩基础的承载力检测、桩身完整性检测等费用按国家相关取费标准单独计算,不在本清单项目中。

2. 灌注桩

（1）地层情况按表 4.1 和表 4.2 的规定，并根据岩土工程勘察报告按单位工程各地层所占比例（包括范围值）进行描述。对无法准确描述的地层情况，可注明由投标人根据岩土工程勘察报告自行决定报价。

（2）项目特征中的桩长应包括桩尖，空桩长度＝孔深－桩长，孔深为自然地面至设计桩底的深度。

（3）项目特征中的桩截面（桩径）、混凝土强度等级、桩类型等可直接用标准图代号或设计桩型进行描述。

（4）泥浆护壁成孔灌注桩是指在泥浆护壁条件下成孔，采用水下灌注混凝土的桩。其成孔方法包括冲击钻成孔、冲抓锥成孔、回旋钻成孔、潜水钻成孔、泥浆护壁的旋挖成孔等。

（5）沉管灌注桩的沉管方法包括锤击沉管法、振动沉管法、振动冲击沉管法、内夯沉管法等。

（6）干作业成孔灌注桩是指不用泥浆护壁和套管护壁的情况下，用钻机成孔后，下钢筋笼，灌注混凝土的桩，适用于地下水位以上的土层使用。其成孔方法包括螺旋钻成孔、螺旋钻成孔扩底、干作业的旋挖成孔等。

（7）桩基础的承载力检测、桩身完整性检测等费用按国家相关取费标准单独计算，不在本清单项目中。

（8）混凝土灌注桩的钢筋笼制作、安装，按《规范》附录 E 中相关项目编码列项。

4.6 砌筑工程

砌筑工程系指由各种散体块料（如砖、石块、砌块等）组合堆砌，并用胶结材料（砂浆）连结而成整体的工程。砌筑工程在砖混结构建筑中，重量占建筑物总重量的 40％～65％，造价占工程总价的 30％～40％。其主要工作内容包括：基础、墙体、柱和其他零星砌体等的砌筑。

4.6.1 基本知识

1. 主要材料

1）砌体

砌筑工程中常用砌块尺寸如表 4.14 所示。其他砌块的尺寸如水泥煤渣空心砖、加气混凝土砌块、预制混凝土空心砌块的规格和标号在某些省份的定额中是综合考虑的。

表 4.14　常用砌块尺寸　　　　　　　　　　　　单位:mm

红(青)砖	$240 \times 115 \times 53$
硅酸盐砌块	$880 \times 430 \times 240$
条石	$1\ 000 \times 300 \times 300$ 或 $1\ 000 \times 250 \times 250$
方整石	$400 \times 220 \times 220$
五料石	$1\ 000 \times 400 \times 200$
烧结多孔砖	KP1 型: $240 \times 115 \times 90$, KM1 型: $190 \times 190 \times 90$
烧结空心砖	$240 \times 180 \times 115$

2) 砂浆

根据工程要求,不同的砌体采用不同的砂浆种类,常用的有水泥砂浆和混合砂浆。砂浆在砌筑工程的套价中是一个重要的角色,因此,要根据砂浆的标号分别套价。

2. 砖墙墙体厚度的确定

标准砖以 240 mm×115 mm×53 mm 为准,砖墙每增加 1/2 厚度,计算厚度增加 125 mm。其砌体厚度按表 4.15 计算。使用非标准砖时,其砌体厚度应按砖的实际规格和设计厚度计算。

表 4.15　标准砖砌体计算厚度表

墙厚	1/4	1/2	3/4	1	3/2	2	5/2
计算厚度(mm)	53	115	180	240	365	490	615

3. 基础与墙(柱)身的划分界线

(1) 砖(石)基础与墙身,以设计室内地面为界(有地下室者,以地下室室内设计地面为界),以下为基础,以上为墙身,见图 4.18(a)。

(2) 基础与墙身使用不同材料时,当材料分界线位于设计室内地面±300 mm 以内时,以不同材料分界线为界;超过±300 mm 时,以设计室内地面为分界线,见图 4.18(b)。

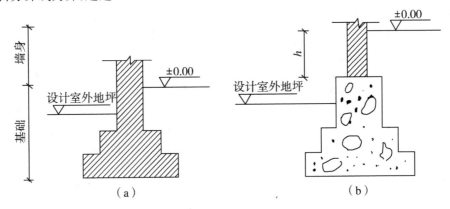

图 4.18　基础与墙(柱)身划分示意图

（3）砖（石）围墙，以设计室外地坪为分界线，以下为基础，以上为墙身。

4.6.2 清单项目划分

《规范》当中将砌筑工程分为砖砌体、砌块砌体、石砌体和垫层四个部分，具体项目划分见表 4.16～表 4.19。

表 4.16　砖砌体（编号：010401）

项目编码	项目名称	项目特征	计量单位	工程量计算规则	工作内容
010401001	砖基础	1. 砖品种、规格、强度等级 2. 基础类型 3. 砂浆强度等级 4. 防潮层材料种类	m³	按设计图示尺寸以体积计算 包括附墙垛基础宽出部分体积，扣除地梁（圈梁）、构造柱所占体积，不扣除基础大放脚T形接头处的重叠部分及嵌入基础内的钢筋、铁件、管道、基础砂浆防潮层和单个面积 ≤ 0.3 m² 的孔洞所占体积，靠墙暖气沟的挑檐不增加 基础长度：外墙按外墙中心线、内墙按内墙净长线计算	1. 砂浆制作、运输 2. 砌砖 3. 防潮层铺设 4. 材料运输
010401002	砖砌挖孔桩护壁	1. 砖品种、规格、强度等级 2. 砂浆强度等级		按设计图示尺寸以立方米计算	1. 砂浆制作、运输 2. 砌砖 3. 材料运输
010401003	实心砖墙			按设计图示尺寸以体积计算 扣除门窗、洞口、嵌入墙内的钢筋混凝土柱、梁、圈梁、挑梁、过梁及凹进墙内的壁龛、管槽、暖气槽、消火栓箱所占体积，不扣除梁头、板头、檩头、垫木、木楞头、沿缘木、木砖、门窗走头、砖墙内加固钢筋、木筋、铁件、钢管及单个面积 ≤ 0.3 m² 的孔洞所占的体积。凸出墙面的腰线、挑檐、压顶、窗台线、虎头砖、门窗套的体积亦不增加。凸出墙面的砖垛并入墙体体积内计算	1. 砂浆制作、运输 2. 砌砖 3. 刮缝 4. 砖压顶砌筑 5. 材料运输
010401004	多孔砖墙	1. 砖品种、规格、强度等级 2. 墙体类型 3. 砂浆强度等级、配合比			
010401005	空心砖墙				

续表 4.16

项目编码	项目名称	项目特征	计量单位	工程量计算规则	工作内容
010401005	空心砖墙			1. 墙长度:外墙按中心线、内墙按净长计算 2. 墙高度: (1) 外墙:斜(坡)屋面无檐口天棚者算至屋面板底;有屋架且室内外均有天棚者算至屋架下弦底另加 200 mm;无天棚者算至屋架下弦底另加300 mm,出檐宽度超过600 mm时按实砌高度计算;与钢筋混凝土楼板隔层者算至板顶。平屋顶算至钢筋混凝土板底 (2) 内墙:位于屋架下弦者,算至屋架下弦底;无屋架者算至天棚底另加100 mm;有钢筋混凝土楼板隔层者算至楼板顶;有框架梁时算至梁底 (3) 女儿墙:从屋面板上表面算至女儿墙顶面(如有混凝土压顶时算至压顶下表面) (4) 内、外山墙:按其平均高度计算 3. 框架间墙:不分内外墙按墙体净尺寸以体积计算 4. 围墙:高度算至压顶上表面(如有混凝土压顶时算至压顶下表面),围墙柱并入围墙体积内	
010401006	空斗墙	1. 砖品种、规格、强度等级 2. 墙体类型 3. 砂浆强度等级、配合比	m³	按设计图示尺寸以空斗墙外形体积计算。墙角、内外墙交接处、门窗洞口立边、窗台砖、屋檐处的实砌部分体积并入空斗墙体积内	1. 砂浆制作、运输 2. 砌砖 3. 装填充料 4. 刮缝 5. 材料运输
010401007	空花墙			按设计图示尺寸以空花部分外形体积计算,不扣除空洞部分体积	
010401008	填充墙	1. 砖品种、规格、强度等级 2. 墙体类型 3. 填充材料种类及厚度 4. 砂浆强度等级、配合比		按设计图示尺寸以填充墙外形体积计算	

项目编码	项目名称	项目特征	计量单位	工程量计算规则	工作内容
010401009	实心砖柱	1. 砖品种、规格、强度等级 2. 柱类型 3. 砂浆强度等级、配合比	m³	按设计图示尺寸以体积计算。扣除混凝土及钢筋混凝土梁垫、梁头、板头所占体积	1. 砂浆制作、运输 2. 砌砖 3. 刮缝 4. 材料运输
010401010	多孔砖柱				
010401011	砖检查井	1. 井截面、深度 2. 砖品种、规格、强度等级 3. 垫层材料种类、厚度 4. 底板厚度 5. 井盖安装 6. 混凝土强度等级 7. 砂浆强度等级 8. 防潮层材料种类	座	按设计图示数量计算	1. 砂浆制作、运输 2. 铺设垫层 3. 底板混凝土制作、运输、浇筑、振捣、养护 4. 砌砖 5. 刮缝 6. 井池底、壁抹灰 7. 抹防潮层 8. 材料运输
010401012	零星砌砖	1. 零星砌砖名称、部位 2. 砖品种、规格、强度等级 3. 砂浆强度等级、配合比	1. m³ 2. m² 3. m 4. 个	1. 以立方米计量,按设计图示尺寸截面积乘以长度计算 2. 以平方米计量,按设计图示尺寸水平投影面积计算 3. 以米计量,按设计图示尺寸长度计算 4. 以个计量,按设计图示数量计算	1. 砂浆制作、运输 2. 砌砖 3. 刮缝 4. 材料运输
010401013	砖散水、地坪	1. 砖品种、规格、强度等级 2. 垫层材料种类、厚度 3. 散水、地坪厚度 4. 面层种类、厚度 5. 砂浆强度等级	m²	按设计图示尺寸以面积计算	1. 土方挖、运、填 2. 地基找平、夯实 3. 铺设垫层 4. 砌砖散水、地坪 5. 抹砂浆面层
010401014	砖地沟、明沟	1. 砖品种、规格、强度等级 2. 沟截面尺寸 3. 垫层材料种类、厚度 4. 混凝土强度等级 5. 砂浆强度等级	m	以米计量,按设计图示以中心线长度计算	1. 土方挖、运、填 2. 铺设垫层 3. 底板混凝土制作、运输、浇筑、振捣、养护 4. 砌砖 5. 刮缝、抹灰 6. 材料运输

表 4.17 砌块砌体(编号:010402)

项目编码	项目名称	项目特征	计量单位	工程量计算规则	工作内容
010402001	砌块墙	1. 砌块品种、规格、强度等级 2. 墙体类型 3. 砂浆强度等级	m³	按设计图示尺寸以体积计算 扣除门窗、洞口、嵌入墙内的钢筋混凝土柱、梁、圈梁、挑梁、过梁及凹进墙内的壁龛、管槽、暖气槽、消火栓箱所占体积,不扣除梁头、板头、檩头、垫木、木楞头、沿缘木、木砖、门窗走头、砌块墙内加固钢筋、木筋、铁件、钢管及单个面积 ≤0.3 m² 的孔洞所占的体积。凸出墙面的腰线、挑檐、压顶、窗台线、虎头砖、门窗套的体积亦不增加。凸出墙面的砖垛并入墙体体积内计算 1. 墙长度:外墙按中心线、内墙按净长计算 2. 墙高度: (1) 外墙:斜(坡)屋面无檐口天棚者算至屋面板底;有屋架且室内外均有天棚者算至屋架下弦底另加 200 mm;无天棚者算至屋架下弦底另加 300 mm,出檐宽度超过 600 mm 时按实砌高度计算;与钢筋混凝土楼板隔层者算至板顶;平屋面算至钢筋混凝土板底 (2) 内墙:位于屋架下弦者,算至屋架下弦底;无屋架者算至天棚底另加 100 mm;有钢筋混凝土楼板隔层者算至楼板顶;有框架梁时算至梁底 (3) 女儿墙:从屋面板上表面算至女儿墙顶面(如有混凝土压顶时算至压顶下表面) (4) 内、外山墙:按其平均高度计算 3. 框架间墙:不分内外墙按墙体净尺寸以体积计算	1. 砂浆制作、运输 2. 砌砖、砌块 3. 勾缝 4. 材料运输

项目编码	项目名称	项目特征	计量单位	工程量计算规则	工作内容
010402001	砌块墙	1. 砖品种、规格、强度等级 2. 墙体类型 3. 砂浆强度等级	m³	4. 围墙:高度算至压顶上表面(如有混凝土压顶时算至压顶下表面),围墙柱并入围墙体积内	1. 砂浆制作、运输 2. 砌砖、砌块 3. 勾缝 4. 材料运输
010402002	砌块柱			按设计图示尺寸以体积计算 扣除混凝土及钢筋混凝土梁垫、梁头、板头所占体积	

表 4.18　石砌体(编号:010403)

项目编码	项目名称	项目特征	计量单位	工程量计算规则	工作内容
010403001	石基础	1. 石料种类、规格 2. 基础类型 3. 砂浆强度等级	m³	按设计图示尺寸以体积计算 包括附墙垛基础宽出部分体积,不扣除基础砂浆防潮层及单个面积≤0.3 m²的孔洞所占体积,靠墙暖气沟的挑檐不增加体积。 基础长度:外墙按中心线、内墙按净长计算	1. 砂浆制作、运输 2. 吊装 3. 砌石 4. 防潮层铺设 5. 材料运输
010403002	石勒脚			按设计图示尺寸以体积计算,扣除单个面积＞0.3 m²的孔洞所占的体积	
010403003	石墙	1. 石料种类、规格 2. 石表面加工要求 3. 勾缝要求 4. 砂浆强度等级、配合比		按设计图示尺寸以体积计算 扣除门窗、洞口、嵌入墙内的钢筋混凝土柱、梁、圈梁、挑梁、过梁及凹进墙内的壁龛、管槽、暖气槽、消火栓箱所占体积,不扣除梁头、板头、檩头、垫木、木楞头、沿缘木、木砖、门窗走头、石墙内加固钢筋、木筋、铁件、钢管及单个面积≤0.3 m²的孔洞所占的体积。凸出墙面的腰线、挑檐、压顶、窗台线、虎头砖、门窗套的体积亦不增加。凸出墙面的砖垛并入墙体体积内计算	1. 砂浆制作、运输 2. 吊装 3. 砌石 4. 石表面加工 5. 勾缝 6. 材料运输

续表 4.18

项目编码	项目名称	项目特征	计量单位	工程量计算规则	工作内容
010403003	石墙	1. 石料种类、规格 2. 石表面加工要求 3. 勾缝要求 4. 砂浆强度等级、配合比	m³	1. 墙长度:外墙按中心线、内墙按净长计算 2. 墙高度: (1)外墙:斜(坡)屋面无檐口天棚者算至屋面板底;有屋架且室内外均有天棚者算至屋架下弦底另加200 mm;无天棚者算至屋架下弦底另加300 mm,出檐宽度超过600 mm时按实砌高度计算;平屋顶算至钢筋混凝土板底 (2)内墙:位于屋架下弦者,算至屋架下弦底;无屋架者算至天棚底另加100 mm;有钢筋混凝土楼板隔层者算至楼板顶;有框架梁时算至梁底 (3)女儿墙:从屋面板上表面算至女儿墙顶面(如有混凝土压顶时算至压顶下表面) (4)内、外山墙:按其平均高度计算 3. 围墙:高度算至压顶上表面(如有混凝土压顶时算至压顶下表面),围墙柱并入围墙体积内	
010403004	石挡土墙			按设计图示尺寸以体积计算	1. 砂浆制作、运输 2. 吊装 3. 砌石 4. 变形缝、泄水孔、压顶抹灰 5. 滤水层 6. 勾缝 7. 材料运输
010403005	石柱				1. 砂浆制作、运输 2. 吊装 3. 砌石 4. 石表面加工 5. 勾缝 6. 材料运输
010403006	石栏杆		m	按设计图示以长度计算	
010403007	石护坡	1. 垫层材料种类、厚度 2. 石料种类、规格 3. 护坡厚度、高度 4. 石表面加工要求 5. 勾缝要求 6. 砂浆强度等级、配合比	m³	按设计图示尺寸以体积计算	1. 铺设垫层 2. 石料加工 3. 砂浆制作、运输 4. 砌石 5. 石表面加工 6. 勾缝 7. 材料运输
010403008	石台阶				
010403009	石坡道		m²	按设计图示以水平投影面积计算	

续表 4.18

项目编码	项目名称	项目特征	计量单位	工程量计算规则	工作内容
010403010	石地沟、明沟	1. 沟截面尺寸 2. 土壤类别、运距 3. 垫层材料种类、厚度 4. 石料种类、规格 5. 石表面加工要求 6. 勾缝要求 7. 砂浆强度等级、配合比	m	按设计图示以中心线长度计算	1. 土方挖、运 2. 砂浆制作、运输 3. 铺设垫层 4. 砌石 5. 石表面加工 6. 勾缝 7. 回填 8. 材料运输

表 4.19　垫层(编号:010404)

项目编码	项目名称	项目特征	计量单位	工程量计算规则	工作内容
010404001	垫层	垫层材料种类、配合比、厚度	m³	按设计图示尺寸以立方米计算	1. 垫层材料的拌制 2. 垫层铺设 3. 材料运输

　　注:除混凝土垫层应按《规范》附录 E 中相关项目编码列项外,没有包括垫层要求的清单项目应按本表垫层项目编码列项。

4.6.3　砌筑工程量计算规则

定额量与清单量相同。

1. 基础

基础按图示尺寸以 m³ 计算。

基础长度:外墙墙基按外墙的中心线 $L_{中}$ 计算;内墙墙基按内墙的净长线 $L_{内}$ 计算。

不扣除:基础大放脚 T 形接头处的重叠部分,嵌入基础内的钢筋、铁件、管道、基础防潮层、单个面积在 0.3 m^2 以内孔洞所占体积。

附墙垛基础宽出部分体积应并入基础工程量内。

应扣除:嵌入基础内的钢筋混凝土柱和地圈梁的体积。

$$砖石基础的工程量 = 基础长度 \times 基础断面积 \pm 应并入(扣除)的体积 \qquad (4.10)$$

大放脚基础工程量计算:

基础断面面积 = 基础墙厚度×(基础高度+大放脚折加高度) = 基础墙厚度×基础高度
+大放脚折加断面面积,即:

$$S = bh + \Delta S = b(h + \Delta h) \qquad (4.11)$$

式中,b 为基础墙厚度;h 为基础设计深度;ΔS 为大放脚增加断面面积;Δh 为大放脚折加高度,是将大放脚增加的断面面积按其相应的墙厚折合成的高度,计算公式为:$\Delta h = \Delta S/b$。

按以上公式,可计算出标准砖大放脚折加高度和增加断面面积,见表4.20。

表 4.20 标准砖大放脚折加高度和增加断面面积

大放脚层数	折加高度(m)								增加断面面积(m²)	
	1/2 砖		1 砖		3/2 砖		2 砖			
	等高	不等高	等高	不等高	等高	不等高	等高	不等高	等高	不等高
1	0.137	0.137	0.066	0.066	0.043	0.043	0.032	0.032	0.015 75	0.015 75
2	0.411	0.342	0.197	0.164	0.129	0.108	0.096	0.080	0.047 25	0.039 38
3			0.394	0.328	0.259	0.216	0.193	0.161	0.094 5	0.078 75
4			0.656	0.525	0.432	0.345	0.321	0.253	0.157 5	0.126 0
5			0.984	0.788	0.647	0.518	0.482	0.380	0.236 3	0.189 0
6			1.378	1.083	0.906	0.712	0.672	0.580	0.330 8	0.259 9
7			1.838	1.444	1.208	0.949	0.900	0.707	0.441	0.346 5
8			2.363	1.838	1.553	1.208	1.157	0.900	0.567	0.441 1

2. 墙体

计算方法:应区分不同墙厚和砂浆种类,以 m³ 计算。

应扣除:门窗、洞口,嵌入墙身的钢筋混凝土柱、梁,砖平拱,钢筋砖过梁,暖气槽、壁龛及单个面积在 0.3 m² 以上孔洞等所占的体积。

不扣除:梁头、内外墙板头、檩木、垫木、木楞头、沿椽木、木砖、门窗走头、墙内加固钢筋、木筋、铁件、钢管及单个面积在 0.3 m² 以下孔洞等所占的体积。

不增加:凸出墙面的窗台线、虎头砖、压顶线、山墙泛水、烟囱根、门窗套、三皮砖以内的腰线和挑檐等体积。

墙体体积 =(墙体长度×墙体高度－门窗洞口面积)×墙厚－嵌入墙体内的钢筋混凝土柱、
圈梁、过梁体积＋砖垛、女儿墙等体积 　　　　　　　　(4.12)

其中,外墙长度按外墙的中心线 $L_中$ 计算;内墙长度按内墙的净长线 $L_内$ 计算。

3. 墙身高度取法

1)外墙墙身高度

(1)坡屋面无檐口天棚者:算至屋面板底。

(2)有屋架且室内外均有天棚者:算至屋架下弦底另加 200 mm;无天棚者算至屋架下弦底另加 300 mm。

(3)平屋面:应算至钢筋混凝土板底。

2)内墙墙身高度

(1)位于屋架下弦者:其高度算至屋架下弦底。

(2)无屋架者:算至天棚底另加 100 mm。

(3)有钢筋混凝土楼板隔层者:算至楼板顶。

（4）有框架梁:应算至框架梁底——框架结构的填充墙。

3）女儿墙

从屋面板上表面算至女儿墙顶面,如有混凝土压顶时算至压顶下表面。

4）内、外山墙

按其平均高度计算。

5）围墙

高度算至压顶上表面,如有混凝土压顶时算至压顶下表面,围墙柱并入围墙体积内。

【例 4.5】 根据图 4.19 所示基础施工图,计算砖基础定额工程量。基础墙厚为 240 mm,采用标准红砖,M5 水泥砂浆砌筑。垫层为 C10 混凝土。

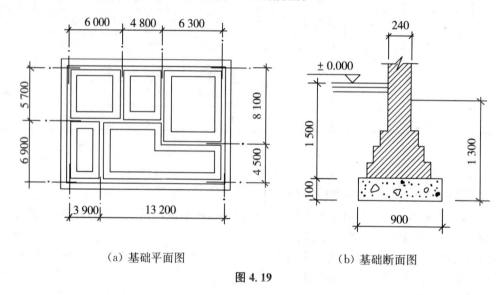

（a）基础平面图 　　　　　 （b）基础断面图

图 4.19

【解】 砖基础大放脚为等高式(两皮砖),其宽高比为 62.5 mm : 126 mm。

外墙砖基础长($L_{中}$)为:

$$L_{中} = [(6.9+5.7)+(3.9+13.2)] \times 2$$
$$= (12.6+17.1) \times 2 = 59.40 \text{ m}$$

内墙砖基础净长($L_{内}$)为:

$$L_{内} = (6.90-0.24)+(5.7-0.24)+(8.1-0.12)+(6.0+4.8-0.24)+(6.3-0.12)$$
$$= 36.84 \text{ m}$$

合计基础长为:

$$L = 59.40+36.84 = 96.24 \text{ m}$$

砖基础工程量为:

$$V_{基} = (0.24 \times 1.5+0.0625 \times 0.126 \times 12) \times 96.24 = 43.74 \text{ m}^3$$

4.7　混凝土工程

4.7.1　基本知识

1. 混凝土工程的工作内容

其工作内容包括混凝土拌制、运输、安装、浇捣、养护。模板和钢筋工程量单独计算。

2. 混凝土工程分类

1）按施工方法划分

分为现浇混凝土、预制混凝土、装配式混凝土。

装配式混凝土建筑

2）按构件部位划分

分为基础、柱、梁、墙、板、楼梯、其他构件与后浇带等。

4.7.2　清单项目划分

《规范》中将混凝土工程按施工方法分为现浇混凝土和预制混凝土两大部分,共 63 个子目。

1）现浇混凝土工程

具体划分为现浇混凝土基础、柱、梁、墙、板、楼梯、其他构件以及后浇带 8 个组成部分,具体见表 4.21～表 4.28。

表 4.21　现浇混凝土基础(编号:010501)

项目编码	项目名称	项目特征	计量单位	工程量计算规则	工作内容
010501001	垫层	1. 混凝土种类 2. 混凝土强度等级	m³	按设计图示尺寸以体积计算。不扣除伸入承台基础的桩头所占体积	1. 模板及支撑制作、安装、拆除、堆放、运输及清理模内杂物、刷隔离剂等 2. 混凝土制作、运输、浇筑、振捣、养护
010501002	带形基础				
010501003	独立基础				
010501004	满堂基础				
010501005	桩承台基础				
010501006	设备基础	1. 混凝土种类 2. 混凝土强度等级 3. 灌浆材料及其强度等级			

表 4.22　现浇混凝土柱(编号:010502)

项目编码	项目名称	项目特征	计量单位	工程量计算规则	工作内容
010502001	矩形柱	1. 混凝土种类 2. 混凝土强度等级	m³	按设计图示尺寸以体积计算 柱高: 1. 有梁板的柱高,应自柱基上表面(或楼板上表面)至上一层楼板上表面之间的高度计算 2. 无梁板的柱高,应自柱基上表面(或楼板上表面)至柱帽下表面之间的高度计算 3. 框架柱的柱高,应自柱基上表面至柱顶高度计算 4. 构造柱按全高计算,嵌接墙体部分(马牙槎)并入柱身体积 5. 依附柱上的牛腿和升板的柱帽,并入柱身体积计算	1. 模板及支架(撑)制作、安装、拆除、堆放、运输及清理模内杂物、刷隔离剂等 2. 混凝土制作、运输、浇筑、振捣、养护
010502002	构造柱				
010502003	异形柱	1. 柱形状 2. 混凝土种类 3. 混凝土强度等级			

表 4.23　现浇混凝土梁(编号:010503)

项目编码	项目名称	项目特征	计量单位	工程量计算规则	工作内容
010503001	基础梁	1. 混凝土种类 2. 混凝土强度等级	m³	按设计图示尺寸以体积计算。伸入墙内的梁头、梁垫并入梁体积内梁长: 1. 梁与柱连接时,梁长算至柱侧面 2. 主梁与次梁连接时,次梁长算至主梁侧面	1. 模板及支架(撑)制作、安装、拆除、堆放、运输及清理模内杂物、刷隔离剂等 2. 混凝土制作、运输、浇筑、振捣、养护
010503002	矩形梁				
010503003	异形梁				
010503004	圈梁				
010503005	过梁				
010503006	弧形、拱形梁				

表 4.24　现浇混凝土墙(编号:010504)

项目编码	项目名称	项目特征	计量单位	工程量计算规则	工作内容
010504001	直形墙	1. 混凝土种类 2. 混凝土强度等级	m³	按设计图示尺寸以体积计算 扣除门窗洞口及单个面积 > 0.3 m² 的孔洞所占体积,墙垛及突出墙面部分并入墙体体积内计算	1. 模板及支架(撑)制作、安装、拆除、堆放、运输及清理模内杂物、刷隔离剂等 2. 混凝土制作、运输、浇筑、振捣、养护
010504002	弧形墙				
010504003	短肢剪力墙				
010504004	挡土墙				

表 4.25　现浇混凝土板(编号:010505)

项目编码	项目名称	项目特征	计量单位	工程量计算规则	工作内容
010505001	有梁板	1. 混凝土种类 2. 混凝土强度等级	m³	按设计图示尺寸以体积计算,不扣除单个面积≤0.3 m²的柱、垛以及孔洞所占体积 压形钢板混凝土楼板扣除构件内压形钢板所占体积 有梁板(包括主、次梁与板)按梁、板体积之和计算,无梁板按板和柱帽体积之和计算,各类板伸入墙内的板头并入板体积内,薄壳板的肋、基梁并入薄壳体积内计算	1. 模板及支架(撑)制作、安装、拆除、堆放、运输及清理模内杂物、刷隔离剂等 2. 混凝土制作、运输、浇筑、振捣、养护
010505002	无梁板				
010505003	平板				
010505004	拱板				
010505005	薄壳板				
010505006	栏板				
010505007	天沟(檐沟)、挑檐板			按设计图示尺寸以体积计算	
010505008	雨篷、悬挑板、阳台板			按设计图示尺寸以墙外部分体积计算。包括伸出墙外的牛腿和雨篷反挑檐的体积	
010505009	空心板			按设计图示尺寸以体积计算。空心板(GBF高强薄壁蜂巢芯板等)应扣除空心部分体积	
010505010	其他板			按设计图示尺寸以体积计算	

注:现浇挑檐、天沟板、雨篷、阳台与板(包括屋面板、楼板)连接时,以外墙外边线为分界线;与圈梁(包括其他梁)连接时,以梁外边线为分界线。外边线以外为挑檐、天沟板、雨篷或阳台。

表 4.26　现浇混凝土楼梯(编号:010506)

项目编码	项目名称	项目特征	计量单位	工程量计算规则	工作内容
010506001	直形楼梯	1. 混凝土种类 2. 混凝土强度等级	1. m² 2. m³	1. 以平方米计量,按设计图示尺寸以水平投影面积计算。不扣除宽度≤500 mm的楼梯井,伸入墙内部分不计算 2. 以立方米计量,按设计图示尺寸以体积计算	1. 模板及支架(撑)制作、安装、拆除、堆放、运输及清理模内杂物、刷隔离剂等 2. 混凝土制作、运输、浇筑、振捣、养护
010506002	弧形楼梯				

表 4.27 现浇混凝土其他构件(编号:010507)

项目编码	项目名称	项目特征	计量单位	工程量计算规则	工作内容
010507001	散水、坡道	1. 垫层材料种类、厚度 2. 面层厚度 3. 混凝土种类 4. 混凝土强度等级 5. 变形缝填塞材料种类	m²	按设计图示尺寸以水平投影面积计算。不扣除单个 ≤ 0.3 m² 的孔洞所占面积	1. 地基夯实 2. 铺设垫层 3. 模板及支撑制作、安装、拆除、堆放、运输及清理模内杂物、刷隔离剂等 4. 混凝土制作、运输、浇筑、振捣、养护 5. 变形缝填塞
010507002	室外地坪	1. 地坪厚度 2. 混凝土强度等级			
010507003	电缆沟、地沟	1. 土壤类别 2. 沟截面净空尺寸 3. 垫层材料种类、厚度 4. 混凝土种类 5. 混凝土强度等级 6. 防护材料种类	m	按设计图示以中心线长度计算	1. 挖填、运土石方 2. 铺设垫层 3. 模板及支撑制作、安装、拆除、堆放、运输及清理模内杂物、刷隔离剂等 4. 混凝土制作、运输、浇筑、振捣、养护 5. 刷防护材料
010507004	台阶	1. 踏步高、宽 2. 混凝土种类 3. 混凝土强度等级	1. m² 2. m³	1. 以平方米计量,按设计图示尺寸水平投影面积计算 2. 以立方米计量,按设计图示尺寸以体积计算	1. 模板及支撑制作、安装、拆除、堆放、运输及清理模内杂物、刷隔离剂等 2. 混凝土制作、运输、浇筑、振捣、养护
010507005	扶手、压顶	1. 断面尺寸 2. 混凝土种类 3. 混凝土强度等级	1. m 2. m³	1. 以米计量,按设计图示的中心线延长米计算 2. 以立方米计量,按设计图示尺寸以体积计算	1. 模板及支架(撑)制作、安装、拆除、堆放、运输及清理模内杂物、刷隔离剂等 2. 混凝土制作、运输、浇筑、振捣、养护
010507006	化粪池、检查井	1. 部位 2. 混凝土强度等级 3. 防水、抗渗要求	1. m³ 2. 座	1. 按设计图示尺寸以体积计算 2. 以座计量,按设计图示数量计算	1. 模板及支架(撑)制作、安装、拆除、堆放、运输及清理模内杂物、刷隔离剂等 2. 混凝土制作、运输、浇筑、振捣、养护
010507007	其他构件	1. 构件的类型 2. 构件规格 3. 部位 4. 混凝土种类 5. 混凝土强度等级	m³		

表 4.28　后浇带（编号：010508）

项目编码	项目名称	项目特征	计量单位	工程量计算规则	工作内容
010508001	后浇带	1. 混凝土种类 2. 混凝土强度等级	m³	按设计图示尺寸以体积计算	1. 模板及支架（撑）制作、安装、拆除、堆放、运输及清理模内杂物、刷隔离剂等 2. 混凝土制作、运输、浇筑、振捣、养护及混凝土交接面、钢筋等的清理

2）预制混凝土工程

具体划分为预制混凝土柱、梁、屋架、板、楼梯以及其他预制构件 6 个组成部分，具体见表 4.29～表 4.34。

表 4.29　预制混凝土柱（编号：010509）

项目编码	项目名称	项目特征	计量单位	工程量计算规则	工作内容
010509001	矩形柱	1. 图代号 2. 单件体积 3. 安装高度 4. 混凝土强度等级 5. 砂浆（细石混凝土）强度等级、配合比	1. m³ 2. 根	1. 以立方米计量，按设计图示尺寸以体积计算 2. 以根计量，按设计图示尺寸以数量计算	1. 模板制作、安装、拆除、堆放、运输及清理模内杂物、刷隔离剂等 2. 混凝土制作、运输、浇筑、振捣、养护 3. 构件运输、安装 4. 砂浆制作、运输 5. 接头灌缝、养护
010509002	异形柱				

表 4.30　预制混凝土梁（编号：010510）

项目编码	项目名称	项目特征	计量单位	工程量计算规则	工作内容
010510001	矩形梁	1. 图代号 2. 单件体积 3. 安装高度 4. 混凝土强度等级 5. 砂浆（细石混凝土）强度等级、配合比	1. m³ 2. 根	1. 以立方米计量，按设计图示尺寸以体积计算 2. 以根计量，按设计图示尺寸以数量计算	1. 模板制作、安装、拆除、堆放、运输及清理模内杂物、刷隔离剂等 2. 混凝土制作、运输、浇筑、振捣、养护 3. 构件运输、安装 4. 砂浆制作、运输 5. 接头灌缝、养护
010510002	异形梁				
010510003	过梁				
010510004	拱形梁				
010510005	鱼腹式吊车梁				
010510006	其他梁				

表 4.31　预制混凝土屋架（编号：010511）

项目编码	项目名称	项目特征	计量单位	工程量计算规则	工作内容
010511001	折线型	1. 图代号 2. 单件体积 3. 安装高度 4. 混凝土强度等级 5. 砂浆（细石混凝土）强度等级、配合比	1. m³ 2. 榀	1. 以立方米计量，按设计图示尺寸以体积计算 2. 以榀计量，按设计图示尺寸以数量计算	1. 模板制作、安装、拆除、堆放、运输及清理模内杂物、刷隔离剂等 2. 混凝土制作、运输、浇筑、振捣、养护 3. 构件运输、安装 4. 砂浆制作、运输 5. 接头灌缝、养护
010511002	组合
010511003	薄腹
010511004	门式刚架
010511005	天窗架

表 4.32　预制混凝土板（编号：010512）

项目编码	项目名称	项目特征	计量单位	工程量计算规则	工作内容
010512001	平板	1. 图代号 2. 单件体积 3. 安装高度 4. 混凝土强度等级 5. 砂浆（细石混凝土）强度等级、配合比	1. m³ 2. 块	1. 以立方米计量，按设计图示尺寸以体积计算。不扣除单个尺寸 ≤ 300 mm × 300 mm 的孔洞所占体积，扣除空心板空洞体积 2. 以块计量，按设计图示尺寸以数量计算	1. 模板制作、安装、拆除、堆放、运输及清理模内杂物、刷隔离剂等 2. 混凝土制作、运输、浇筑、振捣、养护 3. 构件运输、安装 4. 砂浆制作、运输 5. 接头灌缝、养护
010512002	空心板
010512003	槽形板
010512004	网架板
010512005	折线板
010512006	带肋板
010512007	大型板
010512008	沟盖板、井盖板、井圈	1. 单件体积 2. 安装高度 3. 混凝土强度等级 4. 砂浆强度等级、配合比	1. m³ 2. 块（套）	1. 以立方米计量，按设计图示尺寸以体积计算 2. 以块计量，按设计图示尺寸以数量计算

表 4.33　预制混凝土楼梯（编号：010513）

项目编码	项目名称	项目特征	计量单位	工程量计算规则	工作内容
010513001	楼梯	1. 楼梯类型 2. 单件体积 3. 混凝土强度等级 4. 砂浆（细石混凝土）强度等级	1. m³ 2. 段	1. 以立方米计量，按设计图示尺寸以体积计算。扣除空心踏步板空洞体积 2. 以段计量，按设计图示数量计算	1. 模板制作、安装、拆除、堆放、运输及清理模内杂物、刷隔离剂等 2. 混凝土制作、运输、浇筑、振捣、养护 3. 构件运输、安装 4. 砂浆制作、运输 5. 接头灌缝、养护

表 4.34　其他预制构件(编号:010514)

项目编码	项目名称	项目特征	计量单位	工程量计算规则	工作内容
010514001	垃圾道、通风道、烟道	1. 单件体积 2. 混凝土强度等级 3. 砂浆强度等级	1. m³ 2. m² 3. 根(块、套)	1. 以立方米计量,按设计图示尺寸以体积计算。不扣除单个面积≤300 mm×300 mm 的孔洞所占体积,扣除烟道、垃圾道、通风道的孔洞所占体积 2. 以平方米计量,按设计图示尺寸以面积计算。不扣除单个面积≤300 mm×300 mm 的孔洞所占面积 3. 以根计量,按设计图示尺寸以数量计算	1. 模板制作、安装、拆除、堆放、运输及清理模内杂物、刷隔离剂等 2. 混凝土制作、运输、浇筑、振捣、养护 3. 构件运输、安装 4. 砂浆制作、运输 5. 接头灌缝、养护
010514002	其他构件	1. 单件体积 2. 构件的类型 3. 混凝土强度等级 4. 砂浆强度等级			

4.7.3　工程量计算规则

1. 现浇混凝土工程

《规范》将混凝土工程分为现浇混凝土基础、现浇混凝土柱、现浇混凝土梁、现浇混凝土墙、现浇混凝土板、现浇混凝土楼梯、现浇混凝土其他构件、后浇带 8 个方面的内容。而 2018 版《湖北省房屋建筑与装饰工程消耗量定额及全费用基价表》则根据不同的施工方法,将其分为现浇混凝土、预制混凝土、装配式混凝土,再分别细化为基础、柱、梁、板等。

1)基础

按设计图示尺寸以体积计算。不扣除构件内钢筋、预埋铁件和伸入承台基础的桩头所占体积。包括带形基础、独立基础、杯形基础、满堂基础等。

需特别注意的是满堂基础分无梁式(也称有板式)满堂基础和有梁式(也称梁板式或片筏式)满堂基础,一般无梁式满堂基础的工程量应拆分为无梁式满堂基础、墙、板三部分进行计算。此外,框架式设备基础也按此方法处理。

【例 4.6】　如图 4.20 所示钢筋砼柱下杯形基础,柱断面 400 mm×700 mm,求基础砼工程量。

【解】　其体积为两个长方体体积,一个棱台体积减一个倒棱台体积(杯口净空体积)构成。

(1) 下部长方体体积: $V_1 = 3.2 \times 2.0 \times 0.4 = 2.56$ m³

(2) 下部棱台体积: $V_2 = H/3[S_1 + S_2 + (S_1 S_2)^{1/2}]$

$S_1 = 3.2 \times 2.0 = 6.4$ m²

$S_2 = (0.4 \times 2 + 0.075 \times 2 + 0.7)(0.4 \times 2 + 0.075 \times 2 + 0.4) = 2.228$ m²

$V_2 = 0.2/3[6.4 + 2.228 + (6.4 \times 2.228)^{1/2}] = 0.827$ m³

(3) 上部矩形体积: $V_3 = S_2 \times 0.5 = 1.114$ m³

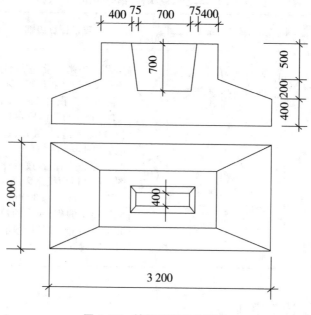

图 4.20 某杯形基础示意图

（4）杯口净空部分体积：$V_4 = 0.7/3[0.7 \times 0.4 + 0.85 \times 0.55 + (0.28 \times 0.4675)^{1/2}] = 0.259 \text{ m}^3$

（5）杯形基础工程量：$V = V_1 + V_2 + V_3 - V_4 = 2.56 + 0.827 + 1.114 - 0.259 = 4.242 \text{ m}^3$

2）柱

按设计图示尺寸以体积计算。不扣除构件内钢筋、预埋铁件所占体积。型钢混凝土柱扣除构件内型钢所占体积。

柱高的计算（见图 4.21）：

（1）有梁板的柱高，应自柱基上表面（或楼板上表面）至上一层楼板上表面之间的高度计算。

（2）无梁板的柱高，应自柱基上表面（或楼板上表面）至柱帽下表面之间的高度计算。

（3）框架柱的柱高，应自柱基上表面至柱顶高度计算。

（4）构造柱按全高计算，嵌接墙体部分（马牙槎）并入柱身体积。

（5）依附柱上的牛腿和升板的柱帽，并入柱身体积计算。

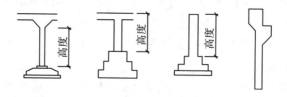

图 4.21 柱高示意图

3）梁

按设计图示尺寸以体积计算。不扣除构件内钢筋、预埋铁件所占体积,伸入墙内的梁头、梁垫并入梁体积内。

梁长的计算:

(1) 梁与柱连接时,梁长算至柱侧面。

(2) 主梁与次梁连接时,次梁长算至主梁侧面,见图4.22。

(3) 圈梁与过梁连接者,分别套用圈梁、过梁定额,其过梁长度按门、窗口外围宽度两端共加50 cm计算,见图4.23。

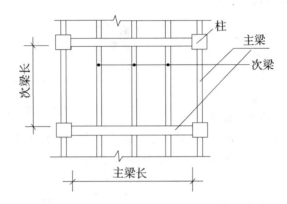

图4.22 主、次梁长度示意图

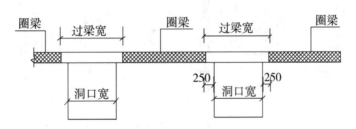

图4.23 圈梁、过梁长度示意图

4）墙

按设计图示尺寸以体积计算。扣除门窗洞口及单个面积 > 0.3 m^2 的孔洞所占体积,墙垛及突出墙面部分并入墙体体积内计算。

5）板

按设计图示尺寸以体积计算,不扣除构件内钢筋、预埋铁件及单个面积 ≤ 0.3 m^2 的柱、垛以及孔洞所占体积。压形钢板混凝土楼板扣除构件内压形钢板所占体积。有梁板(包括主、次梁与板)按梁、板体积之和计算,无梁板按板和柱帽体积之和计算,各类板伸入墙内的板头并入板体积内,薄壳板的肋、基梁并入薄壳体积内计算。现浇挑檐、天沟板、雨篷、阳台与板(包括屋面板、楼板)连接时,以外墙外边线为分界线;与圈梁(包括其他梁)连接时,以梁外边线为分界线。外边线以外为挑檐、天沟、雨篷或阳台。

【例4.7】 如图4.24所示某框架结构建筑物某层楼板结构图,层高3.00 m,其中板厚120 mm,梁、板顶标高为+6.00 m,柱的区域(+3.0~6.00 m)。求图中有梁板的混凝土工程量。

【解】 (1) $VKL1 = (5-0.5) \times 0.3 \times (0.7-0.12) \times 4 = 3.132$ m^3

(2) $VXB = (5+0.5) \times (5+0.5) \times 0.12 - 0.5 \times 0.5 \times 0.12 \times 4 = 3.51$ m^3

(3) 有梁板工程量 $= 3.132 + 3.51 = 6.64$ m^3

6) 楼梯

分为直形楼梯和弧形楼梯。直形楼梯以平方米计量,按设计图示尺寸以水平投影面积计算。不扣除宽度 $\leqslant 500$ mm 的楼梯井,伸入墙内部分不计算。弧形楼梯以立方米计量,按设计图示尺寸以体积计算。

整体楼梯(包括直形楼梯、弧形楼梯)

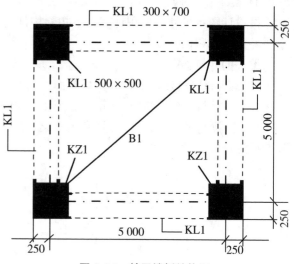

图 4.24 某层楼板结构图

水平投影面积包括休息平台、平台梁、斜梁和楼梯的连接梁。当整体楼梯与现浇楼板无梯梁连接时,以楼梯的最后一个踏步边缘加 300 mm 为界,见图 4.25。

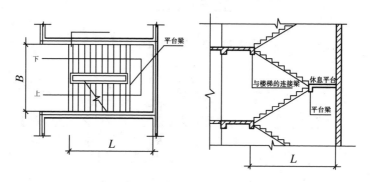

图 4.25 整体楼梯示意图

7) 其他构件

散水、坡道、室外地坪以平方米计量,按设计图示尺寸以水平投影面积计算,不扣除单个 $\leqslant 0.3$ m^2 的孔洞所占面积。电缆沟、地沟以米计量,按设计图示以中心线长度计算。台阶,以平方米计量,按设计图示尺寸水平投影面积计算;以立方米计量,按设计图示尺寸以体积计算。扶手、压顶,以米计量,按设计图示的中心线延长米计算;以立方米计量,按设计图示尺寸以体积计算。化粪池、检查井以及其他构件,按设计图示尺寸以体积计算;以座计量,按设计图示数量计算。

8) 后浇带

按设计图示尺寸以体积计算。

2. 预制混凝土工程

预制混凝土工程主要包括预制柱、梁、屋架、板、楼梯及其他预制构件等项目。预制构件的施工工艺包括构件制造、生产、构件运输、构件安装、接头灌缝等过程。其中,在构件制造、生产过程中,按照其加工生产地点不同,又分为现场预制构件和加工厂预制构件两种。在编制造价时,要分别按照有关规定,列项计算构件的制作、运输、安装、灌缝等内容。

4.8 钢筋工程

4.8.1 基本知识

1. 常用混凝土构件的钢筋分类

(1) 受力钢筋(主筋)。受力筋用于梁、板、柱等各种钢筋混凝土构件中。分为直筋和弯起筋;还可分为正筋(拉应力)和负筋(压应力)两种。

(2) 箍筋。承受一部分斜拉应力(剪应力),并为固定受力筋、架立筋的位置所设的钢筋称为箍筋,一般用于梁和柱中。

(3) 架立钢筋。又叫架立筋,用以固定梁内钢筋的位置,把纵向的受力钢筋和箍筋绑扎成骨架。

(4) 分布钢筋。简称分布筋,用于各种板内。分布筋与板的受力钢筋垂直设置,其作用是将承受的荷载均匀地传递给受力筋,并固定受力筋的位置以及抵抗热胀冷缩所引起的温度变形。

(5) 其他钢筋。除以上常用的四种类型的钢筋外,还会因构造要求或者施工安装需要而配制钢筋,如腰筋、附加吊筋、拉结筋、马凳筋及吊环等。

2. 钢筋工程的一般规定

(1) 钢筋工程应区别现浇、预制构件钢筋,以及不同钢种和规格,按设计图示钢筋长度(钢筋中心线)乘以单位理论质量,以 t 计算。

(2) 设计图纸未注明钢筋接头和施工损耗定额的,已综合在定额项目内,不另计算。

(3) 钢筋、铁件用量按理论重量计算,按图算量套用定额。

(4) 计算钢筋工程量时,设计已规定钢筋搭接长度的,按规定搭接长度计算;设计未规定搭接长度的,已包括在钢筋的损耗率之内,不另计算搭接长度。钢筋电渣压力焊接、套筒挤压等接头,以个计算。

(5) 先张法预应力钢筋,按构件外形尺寸计算长度;后张法预应力钢筋按设计规定的预应力钢筋预留孔道长度,并区别不同的锚具类型计算。

(6) 现浇构件中固定位置的支撑钢筋、双层钢筋用的"铁马"、伸出构件的锚固钢筋、预制构件的吊钩等,并入钢筋工程量计算。

4.8.2 清单项目划分

见表 4.35。

表 4.35　钢筋工程(编号:010515)

项目编码	项目名称	项目特征	计量单位	工程量计算规则	工作内容
010515001	现浇构件钢筋			按设计图示钢筋(网)长度(面积)乘单位理论质量计算	1. 钢筋制作、运输 2. 钢筋安装 3. 焊接(绑扎)
010515002	预制构件钢筋				
010515003	钢筋网片	钢筋种类、规格			1. 钢筋网制作、运输 2. 钢筋网安装 3. 焊接(绑扎)
010515004	钢筋笼				1. 钢筋笼制作、运输 2. 钢筋笼安装 3. 焊接(绑扎)
010515005	先张法预应力钢筋	1. 钢筋种类、规格 2. 锚具种类		按设计图示钢筋长度乘单位理论质量计算	1. 钢筋制作、运输 2. 钢筋张拉
010515006	后张法预应力钢筋	1. 钢筋种类、规格 2. 钢丝种类、规格 3. 钢绞线种类、规格 4. 锚具种类 5. 砂浆强度等级	t	按设计图示钢筋(丝束、绞线)长度乘单位理论质量计算 1. 低合金钢筋两端均采用螺杆锚具时,钢筋长度按孔道长度减 0.35 m 计算,螺杆另行计算 2. 低合金钢筋一端采用镦头插片、另一端采用螺杆锚具时,钢筋长度按孔道长度计算,螺杆另行计算 3. 低合金钢筋一端采用镦头插片、另一端采用帮条锚具时,钢筋增加 0.15 m 计算;两端均采用帮条锚具时,钢筋长度按孔道长度增加 0.3 m 计算 4. 低合金钢筋采用后张混凝土自锚时,钢筋长度按孔道长度增加 0.35 m 计算 5. 低合金钢筋(钢绞线)采用 JM、XM、QM 型锚具,孔道长度 ≤ 20 m 时钢筋长度增加 1 m 计算,孔道长度 > 20 m 时钢筋长度增加 1.8 m 计算 6. 碳素钢丝采用锥形锚具,孔道长度 ≤ 20 m 时,钢丝束长度按孔道长度增加 1 m 计算;孔道长度 > 20 m 时,钢丝束长度按孔道长度增加 1.8 m 计算 7. 碳素钢丝采用镦头锚具时,钢丝束长度按孔道长度增加 0.35 m 计算	1. 钢筋、钢丝、钢绞线制作、运输 2. 钢筋、钢丝、钢绞线安装 3. 预埋管孔道铺设 4. 锚具安装 5. 砂浆制作、运输 6. 孔道压浆、养护
010515007	预应力钢丝				
010515008	预应力钢绞线				

项目编码	项目名称	项目特征	计量单位	工程量计算规则	工作内容
010515009	支撑钢筋（铁马）	1. 钢筋种类 2. 规格	t	按钢筋长度乘单位理论质量计算	钢筋制作、焊接、安装
010515010	声测管	1. 材质 2. 规格型号		按设计图示尺寸以质量计算	1. 检测管截断、封头 2. 套管制作、焊接 3. 定位、固定

注：① 现浇构件中伸出构件的锚固钢筋应并入钢筋工程量内。除设计（包括规范规定）标明的搭接外，其他施工搭接不计算工程量，在综合单价中综合考虑。

② 现浇构件中固定位置的支撑钢筋、双层钢筋用的"铁马"在编制工程量清单时，如设计未明确，其工程数量可为暂估量，结算时按现场签证数量计算。

4.8.3 工程量计算规则

按设计长度乘以单位理论质量，以 t 计算。

$$钢筋图示长度 = 构件长度 - 砼保护层厚度 + 末端弯钩增加长度 +$$
$$中间弯起增加长度 + 钢筋搭接长度 + 节点锚固长度 \tag{4.13}$$

$$钢筋每米重量(kg) = 0.006\,17 \times 钢筋直径(mm) 的平方 \tag{4.14}$$

按此公式计算可得表 4.36。

$$钢筋工程量(kg) = 钢筋图示长度(m) \times 钢筋单位理论质（重）量(kg/m) \tag{4.15}$$

最终分类汇总后以 t 计。

表 4.36　钢筋单位理论重量

直径 (mm)	φ6	φ8	φ10	φ12	φ14	φ16	φ18	φ20	φ22	φ25	φ28	φ30	φ32
每米重 (kg/m)	0.222	0.395	0.617	0.888	1.21	1.58	2.00	2.47	2.98	3.85	4.83	5.549	6.31

1. 混凝土保护层厚度

按国家标准《混凝土结构设计规范》(GB 50010—2010)(2015 年版)规定(以下同)，混凝土保护层厚度的取值首先应参照设计图纸，如图纸中未说明，按规范取最小值。见表 4.37。

表 4.37　混凝土保护层的最小厚度(mm)

环境类别	板、墙、壳	梁、柱、杆
一	15	20
二 a	20	25
二 b	25	35

环境类别	板、墙、壳	梁、柱、杆
三 a	30	40
三 b	40	50

注:① 表中混凝土保护层厚度指最外层钢筋外边缘至混凝土表面的距离,适用于设计使用年限为 50 年的混凝土结构。
② 构件中受力钢筋的保护层厚度不应小于钢筋的公称直径。
③ 设计使用年限为 100 年的混凝土结构,一类环境中,最外层钢筋的保护层厚度不应小于表中数值的 1.4 倍;二、三类环境中,应采取专门的有效措施。
④ 混凝土强度等级不大于 C25 时,表中保护层厚度数值应增加 5 mm。
⑤ 钢筋混凝土基础宜设置混凝土垫层,基础中钢筋混凝土保护层厚度应从垫层顶面算起,且不应小于 40 mm。

保护层的厚度因混凝土构件种类和所处环境类别不同而取不同数值,混凝土结构的环境类别如表 4.38 所示。

表 4.38　混凝土结构的环境类别

环境类别	条　件
一	室内干燥环境; 无侵蚀性静水浸没环境
二 a	室内潮湿环境; 非严寒和非寒冷地区的露天环境; 非严寒和非寒冷地区与无侵蚀性的水或土壤直接接触的环境; 严寒和寒冷地区的冰冻线以下与无侵蚀性的水或土壤直接接触的环境
二 b	干湿交替环境; 水位频繁变动环境; 严寒和寒冷地区的露天环境; 严寒和寒冷地区的冰冻线以上与无侵蚀性的水或土壤直接接触的环境
三 a	严寒和寒冷地区冬季水位变动区环境; 受除冰盐影响环境; 海风环境
三 b	盐渍土环境; 受除冰盐作用环境; 海岸环境
四	海水环境
五	受人为或自然的侵蚀性物质影响的环境

2. 钢筋的末端弯钩增加长度

钢筋的末端弯钩有 180°、90°和 135°弯钩三种,其弯钩增加长度的计算值为:半圆弯钩(180°)为 $6.25d$,直弯钩(90°)为 $3.5d$,斜弯钩(135°)为 $4.9d$,见图 4.26。若斜弯钩用于抗震要求的箍筋中,平直部分为 $10d$ 时,其弯钩增加长度的计算值为 $11.9d$,见图 4.27。

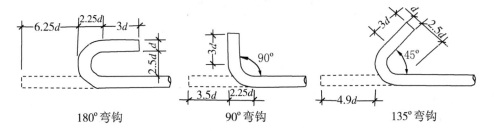

图 4.26 钢筋弯钩计算长度示意图

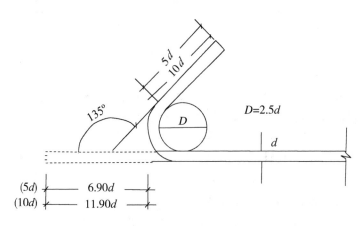

图 4.27 箍筋弯钩长度计算示意图

3. 钢筋的中间弯起增加长度

中间弯起钢筋的弯起角度一般有 30°、45° 和 60° 三种,如图 4.28 所示。其弯曲部分的增加长度是指钢筋弯曲部分斜边长度与水平长度的差值,即 $S-L$。

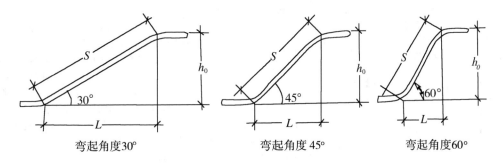

图 4.28 弯起钢筋增加长度计算示意图

对于弯起钢筋,常用构件图示尺寸减去两端保护层后,再加上弯曲部分的增加长度,就可以快速简便地算出弯起钢筋的下料长度,具体取值见表 4.39。

表 4.39 弯起钢筋弯起部分增加长度表

弯起角度	30°	45°	60°
斜长 S	$2h_0$	$1.414h_0$	$1.155h_0$
水平长 L	$1.732h_0$	h_0	$0.577h_0$
增加长度 $S-L$	$0.268h_0$	$0.414h_0$	$0.578h_0$
说明	板用	梁高 $h < 800$ mm 时	梁高 $h \geqslant 800$ mm 时
备注	表中的 h_0 为板厚或梁高减去板或梁两端保护层后的高度		

4. 钢筋的搭接长度

特别说明：

（1）钢筋的搭接形式有手工绑扎、焊接连接和机械连接三种，焊接连接分电弧焊、闪光对焊和电渣压力焊，机械连接分为锥螺纹连接和直螺纹连接。

（2）电渣压力焊和机械连接均按个计算。

（3）计算钢筋工程量时，设计已规定钢筋搭接长度的，按规定搭接长度计算；设计未规定搭接长度的，已包括在钢筋的损耗率之内，不另计算搭接长度。

（4）图纸中已注明的搭接长度的计算公式是：

$$搭接长度 = 搭接头个数 \times 钢筋的一个搭接长度 \tag{4.16}$$

绑扎搭接接头使用有一定的条件限制，即搭接处接头可靠，必须有足够的搭接长度。其最小搭接长度应符合表 4.40 的规定。

表 4.40 纵向受拉钢筋绑扎搭接长度

纵向受拉钢筋绑扎搭接长度 l_l、l_{lE}			注：
抗震		非抗震	1. 当直径不同的钢筋搭接时，l_l、l_{lE} 按直径较小的钢筋计算。
$l_{lE} = \zeta_l l_{aE}$		$l_l = \zeta_l l_a$	2. 任何情况下不应小于 300 mm。
纵向受拉钢筋搭接长度修正系数 ζ_l			3. 式中 ζ_l 为纵向受拉钢筋搭接长度修正系数。当纵向钢筋搭接接头百分率为表的中间值时，可按内插取值。
纵向钢筋搭接接头面积百分率（%）	≤ 25	50	100	4. l_a、l_{aE} 分别为受拉钢筋锚固长度和抗震锚固长度。
ζ_l	1.2	1.4	1.6	

5. 钢筋的锚固长度

见表 4.41、表 4.42、表 4.43。

表 4.41 受拉钢筋基本锚固长度 l_{ab}、l_{abE}

钢筋种类	抗震等级	混凝土强度等级								
		C20	C25	C30	C35	C40	C45	C50	C55	≥C60
HPB300	一、二级(l_{abE})	45d	39d	35d	32d	29d	28d	26d	25d	24d
	三级(l_{abE})	41d	36d	32d	29d	26d	25d	24d	23d	22d
	四级(l_{abE}) 非抗震(l_{ab})	39d	34d	30d	28d	25d	24d	23d	22d	21d
HRB335 HRBF335	一、二级(l_{abE})	44d	38d	33d	31d	29d	26d	25d	24d	24d
	三级(l_{abE})	40d	35d	31d	28d	26d	24d	23d	22d	22d
	四级(l_{abE}) 非抗震 (l_{ab})	38d	33d	29d	27d	25d	23d	22d	21d	21d
HRB400 HRBF400 RRB400	一、二级(l_{abE})	—	46d	40d	37d	33d	32d	31d	30d	29d
	三级(l_{abE})	—	42d	37d	34d	30d	28d	28d	27d	26d
	四级(l_{abE}) 非抗震 (l_{ab})	—	40d	35d	32d	29d	28d	27d	26d	25d
HRB500 HRBF500	一、二级(l_{abE})	—	55d	49d	45d	41d	39d	37d	36d	35d
	三级(l_{abE})	—	50d	45d	41d	38d	36d	34d	33d	32d
	四级(l_{abE}) 非抗震 (l_{ab})	—	48d	43d	39d	36d	34d	32d	31d	30d

表 4.42 受拉钢筋锚固长度 l_a、抗震锚固长度 l_{aE}

非抗震	抗震	注:
$l_a = \zeta_a l_{ab}$	$l_{aE} = \zeta_{aE} l_a$	1. l_a 不应小于 200。 2. 锚固长度修正系数 ζ_a 按表 4.43 取用,当多于一项时,可按连乘计算,但不应小于 0.6。 3. ζ_{aE} 为抗震锚固长度修正系数,对一、二级抗震等级取 1.15,对三级抗震等级取 1.05,对四级抗震等级取 1.00。

表 4.43 受拉钢筋锚固长度修正系数 ζ_a

锚固条件		ζ_a	
带肋钢筋的公称直径大于 25		1.10	
环氧树脂涂层带肋钢筋		1.25	
施工过程中易受扰动的钢筋		1.10	
锚固区保护层厚度	3d	0.8	注:中间时按内插值。d 为锚固钢筋直径。
	5d	0.7	

注:① HPB300 级钢筋末端应做 180°弯钩,弯后平直段长度不应小于 3d,但作受压钢筋时可不做弯钩。

② 当锚固钢筋的保护层厚度不大于 5d 时,锚固钢筋长度范围内应设置横向构造钢筋,其直径不应小于 d/4(d 为锚固钢筋的最大直径);对梁、柱等构件间距不应大于 5d,对板、墙等构件间距不应大于 10d,且均不应大于 100(d 为锚固钢筋的最小直径)。

【例 4.8】 KL1 平法施工见图 4.29,钢筋计算条件见表 4.44,试计算梁内钢筋工程量。

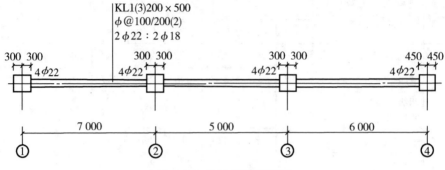

图 4.29　KL1 平法施工图

表 4.44　钢筋计算条件

计算条件	值
混凝土强度等级	C30
抗震等级	一级
纵筋连接方式	对焊
钢筋定尺长度	9 000 mm

【解】 (1)计算参数

① 柱保护层厚度 $c = 30$ mm;

② 梁保护层 $= 25$ mm;

③ $l_{aE} = 33d$;

④ 双肢箍长度计算公式: $(b - 2c) \times 2 + (h - 2c) \times 2 + (1.9d + 10d) \times 2$;

⑤ 箍筋起步距离 $= 50$ mm。

(2)钢筋计算过程

① 上部通长筋 2φ22

a. 判断两端支座锚固方式:

左端支座 $600 < l_{aE}$,因此左端支座内弯锚;右端支座 $900 > l_{aE}$,因此右端支座内直锚。

b. 上部通长筋长度 $=$ 净长 $+$ (支座宽 $-$ 保护层 $+ 15d$) $+ \max(l_{aE}, 0.5h + 5d) = 7\,000 + 5\,000 + 6\,000 - 300 - 450 + (600 - 30 + 15 \times 22) + \max(33 \times 22, 0.5 \times 600 + 5 \times 22) = 18\,876$ mm

接头个数 $= 18\,876/9\,000 - 1 = 2$ 个

② 支座 1 负筋 2φ22

a. 左端支座锚固同上部通长筋;跨内延伸长度 $l_n/3$

b. 支座负筋长度 $= 600 - 30 + 15d + (7\,000 - 600)/3$

$\qquad\qquad\qquad = 600 - 30 + 15 \times 22 + (7\,000 - 600)/3 = 3\,034$ mm

③ 支座 2 负筋 2φ22

长度 $=$ 两端延伸长度 $+$ 支座宽度 $= 2 \times (7\,000 - 600)/3 + 600 = 4\,867$ mm

④ 支座 3 负筋 2φ22

长度 $=$ 两端延伸长度 $+$ 支座宽度 $= 2 \times (6\,000 - 750)/3 + 600 = 4\,100$ mm

⑤ 支座 4 负筋 2ϕ22

支座负筋长度 = 右端支座锚固同上部通长筋 + 跨内延伸长度 $l_n/3$

$$= \max(33 \times 22, 0.5 \times 600 + 5 \times 22) + (6\,000 - 750)/3 - 2\,476 \text{ mm}$$

⑥ 下部通长筋 2ϕ18

a. 判断两端支座锚固方式：

左端支座 $600 < l_{aE}$，因此左端支座内弯铺；右端支座 $900 > l_{aE}$，因此右端支座内直锚。

b. 下部通长筋长度 $= 7\,000 + 5\,000 + 6\,000 - 300 - 450 + (600 - 30 + 15d) + \max(33d, 300 + 5d) = 7\,000 + 5\,000 + 6\,000 - 300 - 450 + (600 - 30 + 15 \times 18) + \max(33 \times 18, 300 + 5 \times 18) = 18\,684 \text{ mm}$

接头个数 $= 18\,684/9\,000 - 1 = 2$ 个

⑦ 箍筋长度

箍筋长度 $= (b - 2c) \times 2 + (h - 2c) \times 2 + (1.9d + 10d) \times 2$
$$= (200 - 2 \times 25) \times 2 + (500 - 2 \times 25) \times 2 + 2 \times 11.9 \times 8 = 1\,390.4 \text{ mm}$$

⑧ 每跨箍筋根数

a. 箍筋加密区长度 $= 2 \times 500 = 1\,000 \text{ mm}$

b. 第一跨 $= 21 + 21 = 42$ 根

加密区根数 $= 2 \times [(1\,000 - 50)/100 + 1] = 21$ 根

非加密区根数 $= (7\,000 - 600 - 2\,000)/200 - 1 = 21$ 根

c. 第二跨 $= 21 + 11 = 32$ 根

加密区根数 $= 2 \times [(1\,000 - 50)/100 + 1] = 21$ 根

非加密区根数 $= (5\,000 - 600 - 2\,000)/200 - 1 = 11$ 根

d. 第三跨 $= 21 + 16 = 37$ 根

加密区根数 $= 2 \times [(1\,000 - 50)/100 + 1] = 21$ 根

非加密区根数 $= (6\,000 - 750 - 2\,000)/200 - 1 = 16$ 根

e. 根数 $= 42 + 32 + 37 = 111$ 根

4.9 金属结构工程

4.9.1 基本知识

1. 金属结构项目及名称

1）钢柱

（1）实腹钢管柱、混凝土钢管柱

实腹钢管柱即用钢板卷焊而成钢管或用无缝钢管制成的钢柱。钢管内浇混凝土则为混凝土钢管柱。

（2）实腹箱型柱、混凝土箱型柱

实腹箱型柱即用钢板焊成封闭箱形的柱子。在箱内空间浇筑混凝土则为混凝土箱型柱。

（3）焊接 H 型钢柱、热轧 H 型钢柱、混凝土焊接（热轧）H 型钢柱

焊接 H 型钢柱即用厚钢板（δ25、δ20）焊接而成的 H 型钢柱，热轧 H 型钢柱即直接用热轧 H400×300×10×16，H500×300×11×15 或 H900×300×16×28 型钢制成的钢柱。焊接（热轧）H 型钢外浇混凝土，即混凝土焊接（热轧）H 型钢柱。H 型钢规格表示方法：H 高（翼板外表面间距离）×翼板宽×腹板厚×翼板厚。

（4）十字型钢柱、混凝土十字型钢柱

十字型钢柱即用厚钢板（δ25）焊成十字型的钢柱。十字型钢柱外浇混凝土即混凝土十字型钢柱。

2）钢梁

钢梁由焊接 H 型钢或热轧 H 型钢制成，也可由钢板焊成封闭箱形。在 H 型钢外或箱形钢板内浇筑混凝土即型钢混凝土梁。钢吊车梁由厚钢板（δ25）焊成。

3）钢屋架

（1）工字型变截面实腹焊接屋架：钢板焊接工字型截面、实腹式变截面的腹板制作而成的屋架。单榀重 5 t 以内、10 t 以内、10 t 以外。

（2）轻钢屋架：单榀屋架重 1 t 以内，一般为钢筋和小角钢焊成，跨度较小。

（3）组合型钢屋架：用钢板和角钢焊接而成，有三角形、梯形、拱形等形式。按单榀重量划分为 3 t、5 t、8 t 以内和 8 t 以外。

4）钢桁架

用焊接 H 型钢、角钢、钢板、钢管焊成的各类桁架、托架。

5）钢网架

用无缝钢管、钢球、高强螺栓制成的网状式桁架。

6）其他钢构件

包括钢支撑、钢檩条、钢墙架。

柱间钢支撑：在两立柱之间设置的交叉斜杆，以增强柱子的整体刚度。分为上柱支撑和下柱支撑。柱间支撑安装项目划分为单式柱间支撑和复式柱间支撑。上、下柱截面相同的柱为单式柱，其支撑为单式柱间支撑；上、下柱截面不相同时（上柱小，下柱大），即为复式柱间支撑。

屋架钢支撑：在两榀屋架之间设置的交叉斜杆或直杆，以增强屋架的整体刚度。按支撑部位分为上弦平面支撑、下弦平面支撑、垂直于屋架平面支撑（简称垂直支撑或剪刀撑）。屋架钢支撑安装项目划分为：一字型，指上弦或下弦水平连系杆；十字型，指上弦平面或下弦平面内的交叉斜杆支撑；垂直支撑，两榀屋架之间交叉斜撑，也称剪刀撑。

钢屋架、钢桁架、钢网架拼装：指在工厂分段制作（称为榀段），运到现场后，在拼装台上校正、焊接或螺栓固定拼成整榀钢架。整体一次性制成的钢架不适用拼装项目。

2. 工作内容

1）制作工作内容

放样、划线、截料、平直、钻孔、拼装、焊接、成品矫正、除锈、刷防锈漆一遍、成品编号堆放。

2）拼装、安装工作内容

校正、焊接或螺栓固定、构件加固、翻身、吊装就位。

3）运输工作内容

装车绑扎、运输、卸车堆放。

4.9.2 清单项目划分

1. 钢网架

工程量清单项目设置、项目特征描述、计量单位及工程量计算规则应按表 4.45 的规定执行。

表 4.45 钢网架（编码：010601）

项目编码	项目名称	项目特征	计量单位	工程量计算规则	工作内容
010601001	钢网架	1. 钢材品种、规格 2. 网架节点形式、连接方式 3. 网架跨度、安装高度 4. 探伤要求 5. 防火要求	t	按设计图示尺寸以质量计算。不扣除孔眼的质量，焊条、铆钉等不另增加质量	1. 拼装 2. 安装 3. 探伤 4. 补刷油漆

2. 钢屋架、钢托架、钢桁架、钢桥架

工程量清单项目设置、项目特征描述、计量单位及工程量计算规则应按表 4.46 的规定执行。

表 4.46 钢屋架、钢托架、钢桁架、钢桥架（编码：010602）

项目编码	项目名称	项目特征	计量单位	工程量计算规则	工作内容
010602001	钢屋架	1. 钢材品种、规格 2. 单榀质量 3. 屋架跨度、安装高度 4. 螺栓种类 5. 探伤要求 6. 防火要求	1. 榀 2. t	1. 以榀计量，按设计图示数量计算 2. 以吨计量，按设计图示尺寸以质量计算。不扣除孔眼的质量，焊条、铆钉、螺栓等不另增加质量	1. 拼装 2. 安装 3. 探伤 4. 补刷油漆
010602002	钢托架	1. 钢材品种、规格 2. 单榀质量 3. 安装高度 4. 螺栓种类 5. 探伤要求 6. 防火要求	t	按设计图示尺寸以质量计算。不扣除孔眼的质量，焊条、铆钉、螺栓等不另增加质量	
010602003	钢桁架				
010602004	钢桥架	1. 桥类型 2. 钢材品种、规格 3. 单榀质量 4. 安装高度 5. 螺栓种类 6. 探伤要求			

注：以榀计量，按标准图设计的应注明标准图代号，按非标准图设计的项目特征必须描述单榀屋架的质量。

3. 钢柱

工程量清单项目设置、项目特征描述、计量单位及工程量计算规则应按表 4.47 的规定执行。

表 4.47　钢柱（编码：010603）

项目编码	项目名称	项目特征	计量单位	工程量计算规则	工作内容
010603001	实腹钢柱	1. 柱类型 2. 钢材品种、规格 3. 单根柱质量 4. 螺栓种类 5. 探伤要求 6. 防火要求	t	按设计图示尺寸以质量计算。不扣除孔眼的质量，焊条、铆钉、螺栓等不另增加质量，依附在钢柱上的牛腿及悬臂梁等并入钢柱工程量内	1. 拼装 2. 安装 3. 探伤 4. 补刷油漆
010603002	空腹钢柱				
010603003	钢管柱	1. 钢材品种、规格 2. 单根柱质量 3. 螺栓种类 4. 探伤要求 5. 防火要求		按设计图示尺寸以质量计算。不扣除孔眼的质量，焊条、铆钉、螺栓等不另增加质量，钢管柱上的节点板、加强环、内衬管、牛腿等并入钢管柱工程量内	

注：① 实腹钢柱类型指十字、T、L、H 形等。
　　② 空腹钢柱类型指箱形、格构等。
　　③ 型钢混凝土柱浇筑钢筋混凝土，其混凝土和钢筋应按《规范》附录 E 混凝土及钢筋混凝土工程中相关项目编码列项。

4. 钢梁

工程量清单项目设置、项目特征描述、计量单位及工程量计算规则应按表 4.48 的规定执行。

表 4.48　钢梁（编码：010604）

项目编码	项目名称	项目特征	计量单位	工程量计算规则	工作内容
010604001	钢梁	1. 梁类型 2. 钢材品种、规格 3. 单根质量 4. 螺栓种类 5. 安装高度 6. 探伤要求 7. 防火要求	t	按设计图示尺寸以质量计算。不扣除孔眼的质量，焊条、铆钉、螺栓等不另增加质量，制动梁、制动板、制动桁架、车挡并入钢吊车梁工程量内	1. 拼装 2. 安装 3. 探伤 4. 补刷油漆
010604002	钢吊车梁	1. 钢材品种、规格 2. 单根质量 3. 螺栓种类 4. 安装高度 5. 探伤要求 6. 防火要求			

注：① 梁类型指 H、L、T 形、箱形、格构式等。
　　② 型钢混凝土梁浇筑钢筋混凝土，其混凝土和钢筋应按《规范》附录 E 混凝土及钢筋混凝土工程中相关项目编码列项。

5. 钢板楼板、墙板

工程量清单项目设置、项目特征描述、计量单位及工程量计算规则应按表 4.49 的规定执行。

表 4.49 钢板楼板、墙板(编码:010605)

项目编码	项目名称	项目特征	计量单位	工程量计算规则	工作内容
010605001	钢板楼板	1. 钢材品种、规格 2. 钢板厚度 3. 螺栓种类 4. 防火要求	m²	按设计图示尺寸以铺设水平投影面积计算。不扣除单个面积 ≤ 0.3 m² 柱、垛及孔洞所占面积	1. 拼装 2. 安装 3. 探伤 4. 补刷油漆
010605002	钢板墙板	1. 钢材品种、规格 2. 钢板厚度、复合板厚度 3. 螺栓种类 4. 复合板夹芯材料种类、层数、型号、规格 5. 防火要求		按设计图示尺寸以铺挂展开面积计算。不扣除单个面积 ≤ 0.3 m² 的梁、孔洞所占面积,包角、包边、窗台泛水等不另加面积	

注:① 钢板楼板上浇筑钢筋混凝土,其混凝土和钢筋应按《规范》附录 E 混凝土及钢筋混凝土工程中相关项目编码列项。
② 压型钢楼板按本表中钢楼板项目编码列项。

6. 钢构件

工程量清单项目设置、项目特征描述、计量单位及工程量计算规则应按表 4.50 的规定执行。

表 4.50 钢构件(编码:010606)

项目编码	项目名称	项目特征	计量单位	工程量计算规则	工作内容
010606001	钢支撑、钢拉条	1. 钢材品种、规格 2. 构件类型 3. 安装高度 4. 螺栓种类 5. 探伤要求 6. 防火要求			
010606002	钢檩条	1. 钢材品种、规格 2. 构件类型 3. 单根质量 4. 安装高度 5. 螺栓种类 6. 探伤要求 7. 防火要求	t	按设计图示尺寸以质量计算。不扣除孔眼的质量,焊条、铆钉、螺栓等不另增加质量	1. 拼装 2. 安装 3. 探伤 4. 补刷油漆
010606003	钢天窗架	1. 钢材品种、规格 2. 单榀质量 3. 安装高度 4. 螺栓种类 5. 探伤要求 6. 防火要求			

续表 4.50

项目编码	项目名称	项目特征	计量单位	工程量计算规则	工作内容
010606004	钢挡风架	1. 钢材品种、规格 2. 单榀质量 3. 螺栓种类 4. 探伤要求 5. 防火要求	t		
010606005	钢墙架				
010606006	钢平台	1. 钢材品种、规格 2. 螺栓种类 3. 防火要求			
010606007	钢走道				
010606008	钢梯	1. 钢材品种、规格 2. 钢梯形式 3. 螺栓种类 4. 防火要求			
010606009	钢护栏	1. 钢材品种、规格 2. 防火要求			
010606010	钢漏斗	1. 钢材品种、规格 2. 漏斗、天沟形式 3. 安装高度 4. 探伤要求		按设计图示尺寸以质量计算,不扣除孔眼的质量,焊条、铆钉、螺栓等不另增加质量,依附漏斗或天沟的型钢并入漏斗或天沟工程量内	
010606011	钢板天沟				
010606012	钢支架	1. 钢材品种、规格 2. 安装高度 3. 防火要求		按设计图示尺寸以质量计算,不扣除孔眼的质量,焊条、铆钉、螺栓等不另增加质量	
010606013	零星钢构件	1. 构件名称 2. 钢材品种、规格			

注:① 钢墙架项目包括墙架柱、墙架梁和连接杆件。

② 钢支撑、钢拉条类型指单式、复式;钢檩条类型指型钢式、格构式;钢漏斗形式指方形、圆形;天沟形式指矩形沟或半圆形沟。

③ 加工铁件等小型构件,应按本表中零星钢构件项目编码列项。

7. 金属制品

工程量清单项目设置、项目特征描述、计量单位及工程量计算规则应按表 4.51 的规定执行。

表 4.51　金属制品(编码:010607)

项目编码	项目名称	项目特征	计量单位	工程量计算规则	工作内容
010607001	成品空调金属百叶护栏	1. 材料品种、规格 2. 边框材质	m²	按设计图示尺寸以框外围展开面积计算	1. 安装 2. 校正 3. 预埋铁件及安螺栓
010607002	成品栅栏	1. 材料品种、规格 2. 边框及立柱型钢品种、规格			1. 安装 2. 校正 3. 预埋铁件 4. 安螺栓及金属立柱

项目编码	项目名称	项目特征	计量单位	工程量计算规则	工作内容
010607003	成品雨篷	1. 材料品种、规格 2. 雨篷宽度 3. 晾衣杆品种、规格	1. m 2. m²	1. 以米计量,按设计图示接触边以米计算 2. 以平方米计量,按设计图示尺寸以展开面积计算	1. 安装 2. 校正 3. 预埋铁件及安螺栓
010607004	金属网栏	1. 材料品种、规格 2. 边框及立柱型钢品种、规格	m²	按设计图示尺寸以框外围展开面积计算	1. 安装 2. 校正 3. 安螺栓及金属立柱
010607005	砌块墙钢丝网加固	1. 材料品种、规格 2. 加固方式		按设计图示尺寸以面积计算	1. 铺贴 2. 铆固
010607006	后浇带金属网				

8. 相关问题及说明

金属构件的切边,不规则及多边形钢板发生的损耗在综合单价中考虑。

防火要求指耐火极限。

4.9.3　工程量计算规则

1. 金属构件成品安装

(1)金属构件成品安装按设计图示尺寸以质量计算。不扣除孔眼的质量,焊条、铆钉、螺栓等不另增加质量。

(2)依附在钢柱上的牛腿及悬臂梁等并入钢柱工程量内。钢管柱上的节点板、加强环、内衬管、牛腿等并入钢管柱工程量内。

(3)制动梁、制动板、制动桁架、车挡并入钢吊车梁工程量内。

(4)墙架的安装工程量包括墙架柱、墙架梁及连系拉杆重量。

(5)依附钢煤斗的型钢并入煤斗工程量内。

2. 金属构件拼装台搭拆

金属构件拼装台搭拆工程量的计算同金属构件成品安装工程量。

【例 4.9】　某钢柱结构图如图 4.30 所示。其油漆做法为:①调和漆两度;②刮腻子;③防锈漆一度。试列出其清单项目,并计算 10 根钢柱工程量。

【解】　从钢管柱的工程内容中可以看出:钢管柱的报价中包含制作、运输、安装、探伤、刷油漆的费用,则:

金属构件工程量 = 构件中各钢材重量之和

从图中可以看出,钢管柱工程量需计算钢板和钢管的重量。

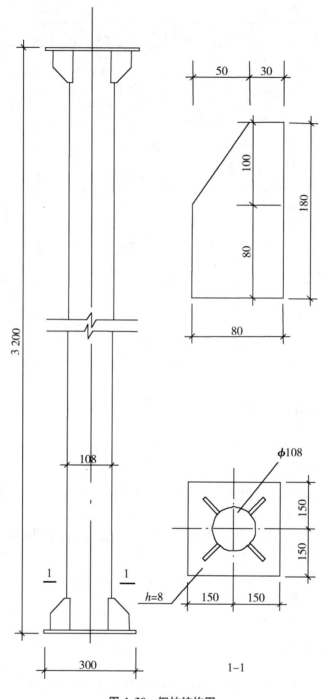

图 4.30　钢柱结构图

　　　钢板重量 ＝ 钢板面积 × 钢板每平方米重量
　　　钢管重量 ＝ 钢管长度 × 钢管每米长重量

式中,钢板每平方米重量及钢管每米长重量可从有关表中查出,也可以按下式计算:

　　　钢板每平方米重量 ＝ 7.85 × 钢板厚度

（1）方形钢板（$\delta = 8$）

每平方米重量 $= 7.85 \times 8 = 62.8 \text{ kg/m}^2$

钢板面积 $= 0.3 \times 0.3 = 0.09 \text{ m}^2$

重量小计 $= 62.8 \times 0.09 \times 2(2 \text{块}) = 11.3 \text{ kg}$

（2）不规则钢板（$\delta = 6$）

每平方米重量 $= 7.85 \times 6 = 47.1 \text{ kg/m}^2$

钢板面积 $= 0.18 \times 0.08 = 0.014 \text{ m}^2$

重量小计 $= 47.1 \times 0.014 \times 8(8 \text{块}) = 5.28 \text{ kg}$

（3）钢管重量

$3.184(长度) \times 10.26(每米重量) = 32.67 \text{ kg}$

则 10 根钢柱的重量：$(11.3 + 5.28 + 32.67) \times 10 = 492.50 \text{ kg}$

4.10　木结构工程

4.10.1　基本知识

木结构包括木屋架、屋面木基层、木楼梯、木柱、木梁等分项。

1）木屋架

定额项目包括木屋架和钢木屋架。

木屋架包括圆木屋架、方木屋架；钢木屋架包括圆木钢木屋架、方木钢木屋架。

工作内容包括：①木材分解、屋架制作、拼装、安装；②防腐。

2）屋面木基层

定额项目包括檩木、屋面板制作、檩木上钉椽子与挂瓦条、封檐板等。

工作内容包括：①制作安装檩木、檩托木（或垫木），伸入墙内部分及垫木刷防腐油；②屋面板制作；③檩木上钉屋面板；④檩木上钉椽板。

3）木楼梯、木柱、木梁

定额项目包括木楼梯水平投影面积、圆（方）木柱、圆（方）木梁等。

工作内容包括：①制作，即放样、选料、刨光、起线、凿眼、挖底、锯榫；②安装，即安装、吊线、校正、临时支撑、介入墙内部分刷油。

4）其他

定额项目包括门窗贴脸、盖口条、暖气罩（明式）、木搁板、木格踏板等。

4.10.2　清单项目划分

1. 木屋架

工程量清单项目设置、项目特征描述、计量单位及工程量计算规则应按表4.52的规定执行。

表 4.52　木屋架（编码：010701）

项目编码	项目名称	项目特征	计量单位	工程量计算规则	工作内容
010701001	木屋架	1. 跨度 2. 材料品种、规格 3. 刨光要求 4. 拉杆及夹板种类 5. 防护材料种类	1. 榀 2. m³	1. 以榀计量，按设计图示数量计算 2. 以立方米计量，按设计图示的规格尺寸以体积计算	1. 制作 2. 运输 3. 安装 4. 刷防护材料
010701002	钢木屋架	1. 跨度 2. 木材品种、规格 3. 刨光要求 4. 钢材品种、规格 5. 防护材料种类	榀	以榀计量，按设计图示数量计算	

注：① 屋架的跨度应以上、下弦中心线两交点之间的距离计算。
② 带气楼的屋架和马尾、折角以及正交部分的半屋架，按相关屋架项目编码列项。
③ 以榀计量，按标准图设计的应注明标准图代号，按非标准图设计的项目特征必须按本表要求予以描述。

2. 木构件

工程量清单项目设置、项目特征描述、计量单位及工程量计算规则应按表 4.53 的规定执行。

表 4.53　木构件（编码：010702）

项目编码	项目名称	项目特征	计量单位	工程量计算规则	工作内容
010702001	木柱	1. 构件规格尺寸 2. 木材种类 3. 刨光要求 4. 防护材料种类	m³	按设计图示尺寸以体积计算	1. 制作 2. 运输 3. 安装 4. 刷防护材料
010702002	木梁		m³		
010702003	木檩		1. m³ 2. m	1. 以立方米计量，按设计图示尺寸以体积计算 2. 以米计量，按设计图示尺寸以长度计算	
010702004	木楼梯	1. 楼梯形式 2. 木材种类 3. 刨光要求 4. 防护材料种类	m²	按设计图示尺寸以水平投影面积计算。不扣除宽度 ≤ 300 mm 的楼梯井，伸入墙内部分不计算	
010702005	其他木构件	1. 构件名称 2. 构件规格尺寸 3. 木材种类 4. 刨光要求 5. 防护材料种类	1. m³ 2. m	1. 以立方米计量，按设计图示尺寸以体积计算 2. 以米计量，按设计图示尺寸以长度计算	

3. 屋面木基层

工程量清单项目设置、项目特征描述、计量单位及工程量计算规则应按表 4.54 的规定执行。

表 4.54 屋面木基层(编码:010703)

项目编码	项目名称	项目特征	计量单位	工程量计算规则	工作内容
010703001	屋面木基层	1. 椽子断面尺寸及椽距 2. 望板材料种类、厚度 3. 防护材料种类	m²	按设计图示尺寸以斜面积计算。不扣除房上烟囱、风帽底座、风道、小气窗、斜沟等所占面积。小气窗的出檐部分不增加面积	1. 椽子制作、安装 2. 望板制作、安装 3. 顺水条和挂瓦条制作、安装 4. 刷防护材料

4.10.3 工程量计算规则

1. 木屋架的制作安装工作量

(1) 木屋架制作安装均按设计断面竣工木料(毛料)以体积计算,其后备长度及配制损耗均不另外计算。

(2) 方木屋架一面刨光时增加 3 mm,两面刨光增加 5 mm,圆木屋架按屋架刨光时木材体积每立方米增加 0.05 m³ 计算。附属于屋架的夹板、垫木、钢杆、铁件、螺栓等已并入相应的屋架制作项目中,不另计算;与屋架连接的挑檐木、支撑等,其工程量并入屋架竣工木料体积内计算。

(3) 屋架的制作安装应区别不同跨度,其跨度应以屋架上下弦杆中心线交点之间的长度为准。带气楼的屋架并入所依附屋架的体积内计算。

(4) 屋架的马尾、折角和正交部分半屋架,应并入相连的屋架体积内计算。

(5) 钢木屋架按竣工木料以体积计算。

2. 圆木屋架连接的挑檐木、支撑等

如为方木时,其方木部分应乘以系数 1.70 折合成圆木并入屋架竣工木料内。单独的方木挑檐(适用山墙承重方案),按矩形檩木计算。

3. 屋面木基层的制作安装工作量

(1) 檩木按毛料尺寸以体积计算,简支檩长度按设计规定计算。如设计无规定者,按屋架或山墙中距增加 200 mm;如两端出山墙,檩条长度算至博风板;连续檩条的长度按设计长度计算,其接头长度按全部连续檩木总体积的 5% 计算。檩条托木已计入相应的檩木制作安装项目中,不另计算。

(2) 屋面木基层按屋面的斜面积计算,天窗挑檐重叠部分按设计规定计算,屋面烟囱及斜沟部分所占面积不扣除。

4. 封檐板

封檐板按设计图示檐口外围长度计算,博风板按斜长度计算,每个大刀头增加长度 500 mm。

4.11 门窗工程

4.11.1 基本知识

1. 门

木门的门框均用木料制作,按其门芯板材料一般可分为镶板门(门芯板用数块木板拼合而成)、胶合板门(门芯板用整块三合板)、半截玻璃门、全玻门以及拼板门等。

(1) 镶板门:门芯板通常用数块木板拼合而成,并嵌入门梃的凹槽内。门板的拼合可以用胶粘合或相邻板做成企口拼合。较厚的木板在拼合时,相邻板间应嵌入竹签拉接。

(2) 胶合板门:门芯板为整块的三合板,在门扇的双面用胶贴平,门板置于门梃双面裁口内。

(3) 纤维板门:门芯板为整块的纤维板,在门扇的双面用胶贴平,纤维板置于门梃双面裁口内。

(4) 半截玻璃门:一般于门扇上部约 1/3 高度范围内嵌入玻璃,下部 2/3 范围内以木质板或纤维板作门芯板双面贴平。上部嵌玻璃主要是为了弥补室内光线不足。

(5) 全玻门:门芯全部为 5~6 mm 厚的玻璃做成。全玻门的门框比一般门的门框宽厚,并且用硬杂木制作。常用于办公楼、宾馆、公共建筑的大门。

2. 窗

1) 按窗的结构、层数划分

(1) 单层窗:窗框上只安设一层玻璃窗扇。

(2) 双层窗:窗框上安设两层玻璃窗扇,分外窗和内窗。

(3) 一玻一纱窗:窗框上安设两层窗扇,一般情况下外扇为玻璃扇,内扇为纱扇。

2) 按开启方式划分

(1) 平开窗:窗扇沿水平方向开启,可内开,也可外开。

(2) 固定窗:窗扇不能开启,只能用来采光,常用于门上的采光、楼梯间采光等。

(3) 转窗:窗扇沿转轴翻转。窗扇沿转轴上下翻转的转窗称为水平转窗;窗扇沿转轴左右旋转的转窗称为垂直转窗。

3) 按窗的构造形式划分

按窗的构造形式可划分为一般玻璃窗、纱窗、组合窗、百叶窗等。

4.11.2 清单项目划分

1. 木门

工程量清单项目设置、项目特征描述、计量单位及工程量计算规则应按表 4.55 的规定执行。

表 4.55　木门(编码:010801)

项目编码	项目名称	项目特征	计量单位	工程量计算规则	工作内容
010801001	木质门	1. 门代号及洞口尺寸 2. 镶嵌玻璃品种、厚度	1. 樘 2. m²	1. 以樘计量,按设计图示数量计算 2. 以平方米计量,按设计图示洞口尺寸以面积计算	1. 门安装 2. 玻璃安装 3. 五金安装
010801002	木质门带套				
010801003	木质连窗门				
010801004	木质防火门				
010801005	木门框	1. 门代号及洞口尺寸 2. 框截面尺寸 3. 防护材料种类	1. 樘 2. m	1. 以樘计量,按设计图示数量计算 2. 以米计量,按设计图示框的中心线以延长米计算	1. 木门框制作、安装 2. 运输 3. 刷防护材料
010801006	门锁安装	1. 锁品种 2. 锁规格	个(套)	按设计图示数量计算	安装

　　注:① 木质门应区分镶板木门、企口木板门、实木装饰门、胶合板门、夹板装饰门、木纱门、全玻门(带木质扇框)、木质半玻门(带木质扇框)等项目,分别编码列项。
　　② 木门五金应包括:折页、插销、木碰珠、弓背拉手、木螺丝、弹簧折页(自动门)、管子拉手(自由门、地弹门)、地弹簧(地弹门)、角铁、门轧头(地弹门、自由门)等。
　　③ 木质门带套计量按洞口尺寸以面积计算,不包括门套的面积,但门套应计算在综合单价中。
　　④ 以樘计量,项目特征必须描述洞口尺寸;以平方米计量,项目特征可不描述洞口尺寸。
　　⑤ 单独制作安装木门框按木门框项目编码列项。

2. 金属门

　　工程量清单项目设置、项目特征描述、计量单位及工程量计算规则应按表 4.56 的规定执行。

表 4.56　金属门(编码:010802)

项目编码	项目名称	项目特征	计量单位	工程量计算规则	工作内容
010802001	金属(塑钢)门	1. 门代号及洞口尺寸 2. 门框或扇外围尺寸 3. 门框、扇材质 4. 玻璃品种、厚度	1. 樘 2. m²	1. 以樘计量,按设计图示数量计算 2. 以平方米计量,按设计图示洞口尺寸以面积计算	1. 门安装 2. 五金安装 3. 玻璃安装
010802002	彩板门	1. 门代号及洞口尺寸 2. 门框或扇外围尺寸			
010802003	钢质防火门	1. 门代号及洞口尺寸 2. 门框或扇外围尺寸 3. 门框、扇材质			1. 门安装 2. 五金安装
010802004	防盗门				

　　注:① 金属门应区分金属平开门、金属推拉门、金属地弹门、全玻门(带金属扇框)、金属半玻门(带扇框)等项目,分别编码列项。
　　② 铝合金门五金包括:地弹簧、门锁、拉手、门插、门铰、螺丝等。
　　③ 金属门五金包括 L 型执手插锁(双舌)、执手锁(单舌)、门轧头、地锁、防盗门机、门眼(猫眼)、门碰珠、电子锁(磁卡锁)、闭门器、装饰拉手等。
　　④ 以樘计量,项目特征必须描述洞口尺寸,没有洞口尺寸必须描述门框或扇外围尺寸;以平方米计量,项目特征可不描述洞口尺寸及框、扇的外围尺寸。
　　⑤ 以平方米计量,无设计图示洞口尺寸,按门框、扇外围以面积计算。

3. 金属卷帘(闸)门

工程量清单项目设置、项目特征描述、计量单位及工程量计算规则应按表 4.57 的规定执行。

表 4.57 金属卷帘(闸)门(编码：010803)

项目编码	项目名称	项目特征	计量单位	工程量计算规则	工作内容
010803001	金属卷帘(闸)门	1. 门代号及洞口尺寸 2. 门材质 3. 启动装置品种、规格	1. 樘 2. m²	1. 以樘计量,按设计图示数量计算 2. 以平方米计量,按设计图示洞口尺寸以面积计算	1. 门运输、安装 2. 启动装置、活动小门、五金安装
010803002	防火卷帘(闸)门				

注:以樘计量,项目特征必须描述洞口尺寸;以平方米计量,项目特征可不描述洞口尺寸。

4. 厂库房大门、特种门

工程量清单项目设置、项目特征描述、计量单位及工程量计算规则应按表 4.58 的规定执行。

表 4.58 厂库房大门、特种门(编码：010804)

项目编码	项目名称	项目特征	计量单位	工程量计算规则	工作内容
010804001	木板大门	1. 门代号及洞口尺寸 2. 门框或扇外围尺寸 3. 门框、扇材质 4. 五金种类、规格 5. 防护材料种类	1. 樘 2. m²	1. 以樘计量,按设计图示数量计算 2. 以平方米计量,按设计图示洞口尺寸以面积计算	1. 门(骨架)制作、运输 2. 门、五金配件安装 3. 刷防护材料
010804002	钢木大门				
010804003	全钢板大门				
010804004	防护铁丝门			1. 以樘计量,按设计图示数量计算 2. 以平方米计量,按设计图示门框或扇以面积计算	
010804005	金属格栅门	1. 门代号及洞口尺寸 2. 门框或扇外围尺寸 3. 门框、扇材质 4. 启动装置的品种、规格		1. 以樘计量,按设计图示数量计算 2. 以平方米计量,按设计图示洞口尺寸以面积计算	1. 门安装 2. 启动装置、五金配件安装
010804006	钢质花饰大门	1. 门代号及洞口尺寸 2. 门框或扇外围尺寸 3. 门框、扇材质		1. 以樘计量,按设计图示数量计算 2. 以平方米计量,按设计图示门框或扇以面积计算	1. 门安装 2. 五金配件安装
010804007	特种门			1. 以樘计量,按设计图示数量计算 2. 以平方米计量,按设计图示洞口尺寸以面积计算	

注:① 特种门应区分冷藏门、冷冻间门、保温门、变电室门、隔音门、防射电门、人防门、金库门等项目,分别编码列项。

② 以樘计量,项目特征必须描述洞口尺寸,没有洞口尺寸必须描述门框或扇外围尺寸;以平方米计量,项目特征可不描述洞口尺寸及框、扇的外围尺寸。

③ 以平方米计量,无设计图示洞口尺寸,按门框、扇外围以面积计算。

5. 其他门

工程量清单项目设置、项目特征描述、计量单位及工程量计算规则应按表 4.59 的规定执行。

表 4.59　其他门(编码:010805)

项目编码	项目名称	项目特征	计量单位	工程量计算规则	工作内容
010805001	电子感应门	1. 门代号及洞口尺寸 2. 门框或扇外围尺寸 3. 门框、扇材质 4. 玻璃品种、厚度 5. 启动装置的品种、规格 6. 电子配件品种、规格	1. 樘 2. m²	1. 以樘计量,按设计图示数量计算 2. 以平方米计量,按设计图示洞口尺寸以面积计算	1. 门安装 2. 启动装置、五金、电子配件安装
010805002	旋转门				
010805003	电子对讲门	1. 门代号及洞口尺寸 2. 门框或扇外围尺寸 3. 门材质 4. 玻璃品种、厚度 5. 启动装置的品种、规格 6. 电子配件品种、规格			
010805004	电动伸缩门				
010805005	全玻自由门	1. 门代号及洞口尺寸 2. 门框或扇外围尺寸 3. 框材质 4. 玻璃品种、厚度			1. 门安装 2. 五金安装
010805006	镜面不锈钢饰面门	1. 门代号及洞口尺寸 2. 门框或扇外围尺寸 3. 框、扇材质 4. 玻璃品种、厚度			
010805007	复合材料门				

注:① 以樘计量,项目特征必须描述洞口尺寸,没有洞口尺寸必须描述门框或扇外围尺寸;以平方米计量,项目特征可不描述洞口尺寸及框、扇的外围尺寸。

② 以平方米计量,无设计图示洞口尺寸,按门框、扇外围以面积计算。

6. 木窗

工程量清单项目设置、项目特征描述、计量单位及工程量计算规则应按表 4.60 的规定执行。

表 4.60　木窗(编码:010806)

项目编码	项目名称	项目特征	计量单位	工程量计算规则	工作内容
010806001	木质窗	1. 窗代号及洞口尺寸 2. 玻璃品种、厚度	1. 樘 2. m²	1. 以樘计量,按设计图示数量计算 2. 以平方米计量,按设计图示洞口尺寸以面积计算	1. 窗安装 2. 五金、玻璃安装
010806002	木飘(凸)窗				
010806003	木橱窗	1. 窗代号 2. 框截面及外围展开面积 3. 玻璃品种、厚度 4. 防护材料种类		1. 以樘计量,按设计图示数量计算 2. 以平方米计量,按设计图示尺寸以框外围展开面积计算	1. 窗制作、运输、安装 2. 五金、玻璃安装 3. 刷防护材料
010806004	木纱窗	1. 窗代号及框的外围尺寸 2. 窗纱材料品种、规格		1. 以樘计量,按设计图示数量计算 2. 以平方米计量,按框的外围尺寸以面积计算	1. 窗安装 2. 五金安装

注:① 木质窗应区分木百叶窗、木组合窗、木天窗、木固定窗、木装饰空花窗等项目,分别编码列项。

② 以樘计量,项目特征必须描述洞口尺寸,没有洞口尺寸必须描述窗框外围尺寸;以平方米计量,项目特征可不描述洞口尺寸及框的外围尺寸。

③ 以平方米计量,无设计图示洞口尺寸,按窗框外围以面积计算。

④ 木橱窗、木飘(凸)窗以樘计量,项目特征必须描述框截面及外围展开面积。

⑤ 木窗五金包括:折页、插销、风钩、木螺丝、滑轮滑轨(推拉窗)等。

7. 金属窗

工程量清单项目设置、项目特征描述、计量单位及工程量计算规则应按表 4.61 的规定执行。

表 4.61　金属窗(编码:010807)

项目编码	项目名称	项目特征	计量单位	工程量计算规则	工作内容
010807001	金属(塑钢、断桥)窗	1. 窗代号及洞口尺寸 2. 框、扇材质 3. 玻璃品种、厚度	1. 樘 2. m²	1. 以樘计量,按设计图示数量计算 2. 以平方米计量,按设计图示洞口尺寸以面积计算	1. 窗安装 2. 五金、玻璃安装
010807002	金属防火窗				
010807003	金属百叶窗				
010807004	金属纱窗	1. 窗代号及框的外围尺寸 2. 框材质 3. 窗纱材料品种、规格		1. 以樘计量,按设计图示数量计算 2. 以平方米计量,按框的外围尺寸以面积计算	1. 窗安装 2. 五金安装
010807005	金属格栅窗	1. 窗代号及洞口尺寸 2. 框外围尺寸 3. 框、扇材质		1. 以樘计量,按设计图示数量计算 2. 以平方米计量,按设计图示洞口尺寸以面积计算	

项目编码	项目名称	项目特征	计量单位	工程量计算规则	工作内容
010807006	金属(塑钢、断桥)橱窗	1. 窗代号 2. 框外围展开面积 3. 框、扇材质 4. 玻璃品种、厚度 5. 防护材料种类	1. 樘 2. m²	1. 以樘计量,按设计图示数量计算 2. 以平方米计量,按设计图示尺寸以框外围展开面积计算	1. 窗制作、运输、安装 2. 五金、玻璃安装 3. 刷防护材料
010807007	金属(塑钢、断桥)飘(凸)窗	1. 窗代号 2. 框外围展开面积 3. 框、扇材质 4. 玻璃品种、厚度			1. 窗安装 2. 五金、玻璃安装
010807008	彩板窗	1. 窗代号及洞口尺寸 2. 框外围尺寸 3. 框、扇材质 4. 玻璃品种、厚度		1. 以樘计量,按设计图示数量计算 2. 以平方米计量,按设计图示洞口尺寸或框外围以面积计算	
010807009	复合材料窗				

注:① 金属窗应区分金属组合窗、防盗窗等项目,分别编码列项。

② 以樘计量,项目特征必须描述洞口尺寸;没有洞口尺寸必须描述窗框外围尺寸;以平方米计量,项目特征可不描述洞口尺寸及框的外围尺寸。

③ 以平方米计量,无设计图示洞口尺寸,按窗框外围以面积计算。

④ 金属橱窗、飘(凸)窗以樘计量,项目特征必须描述框外围展开面积。

⑤ 金属窗五金包括:折页、螺丝、执手、卡锁、铰拉、风撑、滑轮、滑轨、拉把、拉手、角码、牛角制等。

8. 门窗套

工程量清单项目设置、项目特征描述、计量单位及工程量计算规则应按表 4.62 的规定执行。

表 4.62　门窗套(编码:010808)

项目编码	项目名称	项目特征	计量单位	工程量计算规则	工作内容
010808001	木门窗套	1. 窗代号及洞口尺寸 2. 门窗套展开宽度 3. 基层材料种类 4. 面层材料品种、规格 5. 线条品种、规格 6. 防护材料种类	1. 樘 2. m² 3. m	1. 以樘计量,按设计图示数量计算 2. 以平方米计量,按设计图示尺寸以展开面积计算 3. 以米计量,按设计图示中心以延长米计算	1. 清理基层 2. 立筋制作、安装 3. 基层板安装 4. 面层铺贴 5. 线条安装 6. 刷防护材料
010808002	木筒子板	1. 筒子板宽度 2. 基层材料种类 3. 面层材料品种、规格 4. 线条品种、规格 5. 防护材料种类			
010808003	饰面夹板筒子板				

续表 4.62

项目编码	项目名称	项目特征	计量单位	工程量计算规则	工作内容
010808004	金属门窗套	1. 窗代号及洞口尺寸 2. 门窗套展开宽度 3. 基层材料种类 4. 面层材料品种、规格 5. 防护材料种类	1. 樘 2. m² 3. m	1. 以樘计量,按设计图示数量计算 2. 以平方米计量,按设计图示尺寸以展开面积计算 3. 以米计量,按设计图示中心以延长米计算	1. 清理基层 2. 立筋制作、安装 3. 基层板安装 4. 面层铺贴 5. 刷防护材料
010808005	石材门窗套	1. 窗代号及洞口尺寸 2. 门窗套展开宽度 3. 粘结层厚度、砂浆配合比 4. 面层材料品种、规格 5. 线条品种、规格			1. 清理基层 2. 立筋制作、安装 3. 基层抹灰 4. 面层铺贴 5. 线条安装
010808006	门窗木贴脸	1. 门窗代号及洞口尺寸 2. 贴脸板宽度 3. 防护材料种类	1. 樘 2. m	1. 以樘计量,按设计图示数量计算 2. 以米计量,按设计图示尺寸以延长米计算	安装
010808007	成品木门窗套	1. 门窗代号及洞口尺寸 2. 门窗套展开宽度 3. 门窗套材料品种、规格	1. 樘 2. m² 3. m	1. 以樘计量,按设计图示数量计算 2. 以平方米计量,按设计图示尺寸以展开面积计算 3. 以米计量,按设计图示中心以延长米计算	1. 清理基层 2. 立筋制作、安装 3. 板安装

注:① 以樘计量,项目特征必须描述洞口尺寸、门窗套展开宽度。

② 以平方米计量,项目特征可不描述洞口尺寸、门窗套展开宽度。

③ 以米计量,项目特征必须描述门窗套展开宽度、筒子板及贴脸宽度。

④ 木门窗套适用于单独门窗套的制作、安装。

9. 窗台板

工程量清单项目设置、项目特征描述、计量单位及工程量计算规则应按表 4.63 的规定执行。

表 4.63　窗台板(编码:010809)

项目编码	项目名称	项目特征	计量单位	工程量计算规则	工作内容
010809001	木窗台板	1. 基层材料种类 2. 窗台面板材质、规格、颜色 3. 防护材料种类	m²	按设计图示尺寸以展开面积计算	1. 基层清理 2. 基层制作、安装 3. 窗台板制作、安装 4. 刷防护材料
010809002	铝塑窗台板				
010809003	金属窗台板				
010809004	石材窗台板	1. 粘结层厚度、砂浆配合比 2. 窗台板材质、规格、颜色			1. 基层清理 2. 抹找平层 3. 窗台板制作、安装

10. 窗帘、窗帘盒、轨

工程量清单项目设置、项目特征描述、计量单位及工程量计算规则应按表 4.64 的规定执行。

表 4.64 窗帘、窗帘盒、轨(编码:010810)

项目编码	项目名称	项目特征	计量单位	工程量计算规则	工作内容
010810001	窗帘	1. 窗帘材质 2. 窗帘高度、宽度 3. 窗帘层数 4. 带幔要求	1. m 2. m²	1. 以米计量,按设计图示尺寸以成活后长度计算 2. 以平方米计量,按图示尺寸以成活后展开面积计算	1. 制作、运输 2. 安装
010810002	木窗帘盒	1. 窗帘盒材质、规格 2. 防护材料种类	m	按设计图示尺寸以长度计算	1. 制作、运输、安装 2. 刷防护材料
010810003	饰面夹板、塑料窗帘盒				
010810004	铝合金窗帘盒				
010810005	窗帘轨	1. 窗帘轨材质、规格 2. 轨的数量 3. 防护材料种类			

注:① 窗帘若是双层,项目特征必须描述每层材质。
② 窗帘以米计量,项目特征必须描述窗帘高度和宽。

4.11.3 工程量计算规则

1. 普通木门、普通木窗框扇制作、安装

均按门窗洞口面积计算。

普通窗上部带有半圆窗的工程量应分别按半圆窗和普通窗计算,并以普通窗和半圆窗之间的横框上裁口线为其分界线。

纱扇制作安装按扇外围面积计算。

2. 铝合金门窗制作、安装

铝合金、不锈钢门窗(成品)安装,彩板组角钢门窗安装,塑料门窗安装,塑钢门窗安装,橱窗制作安装,均按设计门窗洞口面积计算。

3. 卷帘(闸)门安装

卷帘(闸)门按设计图示卷帘门宽度乘以卷帘门高度(包括卷帘箱高度)以面积计算,电动装置安装按设计图示套数计算。

4. 防盗门窗安装

按框外围以平方米计算。

5. 金属防盗网

按阳台、窗洞口面积计算,含量超过 20% 者可调整。

6. 实木门框、硬木刻花玻璃门

实木门框以延长米计算。硬木刻花玻璃门按门扇面积以平方米计算。

7. 装饰木门扇

按门扇面积计算。

8. 豪华型木门安装

按设计门洞面积计算(指成品门,含门框、门扇)。

9. 不锈钢板包门框、彩板组角钢门窗附框、无框玻璃门

不锈钢板包门框按框外表面面积以平方米计算。彩板组角钢门窗附框安装按延长米计算。无框玻璃门安装按设计门洞口以平方米计算。

10. 电子感应门及旋转门

按樘计算。

11. 不锈钢电动伸缩门

按樘计算。含量不同时,可调整伸缩门和钢轨允许换算。

12. 门窗套及包门框、包门扇

门窗套及包门框按展开面积以平方米计算。包门扇按门扇垂直投影面积计算。

13. 窗台板、筒子板、门窗贴脸、窗帘盒、窗帘轨

窗台板、筒子板按实铺面积计算。门窗贴脸按延长米计算。窗帘盒、窗帘轨按延长米计算。

14. 门窗洞口上部装饰

按展开面积计算,凹凸 100 mm 内已综合在内。

15. 豪华拉手安装

按副计算。

16. 门、窗、洞口安装玻璃

按洞口面积计算（适用对原有门窗、洞口只安装玻璃）。

17. 铝合金踢脚板安装

按实铺面积计算。

18. 闭门器、门锁安装

闭门器按副计算。门锁安装按把计算。

4.12 屋面及防水工程

4.12.1 基本知识

1. 屋面木基层

1）定义

屋面木基层是指坡屋面防水层（瓦）的基层，用以固定和承受防水材料。它由一系列木构件组成，故称木基层。包括屋面板、椽板、油毡、挂瓦条、顺水条。见图 4.31。

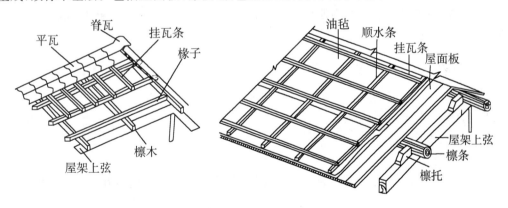

图 4.31　屋面木基层示意图

坡度：表示屋面倾斜程度的大小，可用角度、比值（高 B/半跨 A）等表示。坡度大于 10% 为坡屋面，其他为平屋面。

延尺系数 C：等于三角形屋架的上弦长与半跨之比，也等于斜坡面的面积与其水平投影面积之比。

隅延尺系数 D：四坡屋顶的斜脊长与半跨之比（端开间长＝半跨）。见图 4.32 与表 4.65 所示。

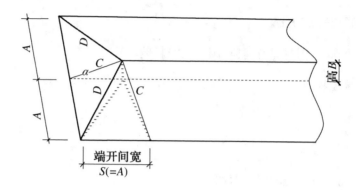

图 4.32　坡屋面示意图

表 4.65　屋面常用坡度系数表

坡度 B/A	B/2A	坡度角 α	延尺系数 C/A	隔延尺系数 D/A
1	1/2	45°	1.414 2	1.732 1
0.666	1/3	33°40′	1.201 5	1.563 5
0.60 六分水	1/3.333	30°58′	1.166 2	1.536 2
0.50 五分水	1/4	26°34′	1.118 0	1.500 0
0.40 四分水	1/5	21°48′	1.077 0	1.469 7
0.30 三分水	1/6.666	16°42′	1.044 0	1.445 7

2)工作内容

檩木制作、安装、防腐;屋面板制作、安装;钉椽板(或稀铺屋面板,指铺板面积占 2/3)、铺油毡、钉顺水条、挂瓦条。

2. 屋面防水、排水

1)瓦屋面

(1)工作内容

调制砂浆、铺瓦。

(2)项目划分

按瓦种类分,有粘土瓦、石棉瓦、玻璃钢瓦、琉璃瓦、PVC 彩色波瓦、西班牙瓦、金属压型瓦。

2)卷材屋面(平屋面)

(1)工作内容

清理基层、刷基层处理剂(冷底子油)、嵌缝、贴附加层、铺贴卷材、卷材收头。

(2)名词解释

冷底子油:冷底子油按石油沥青:汽油 = 30:70 配制,在清理干净的基面上涂刷 1~2 遍,以加强基层与卷材的粘结力。

卷材:即可卷曲的防水材料,包括沥青油毡及改性沥青防水卷材、高分子卷材(主要有橡胶类、塑料类、纤维类)。

铺贴:普通油毡一般采用冷沥青胶(冷玛蹄脂)逐层粘贴;改性沥青热熔卷材采用热熔法施工,其卷材背面涂有一层软化点较高的热熔胶,铺贴时只要一边用喷灯烘烤背面,一边滚动即可粘贴;改性沥青卷材和高分子卷材采用刷粘结剂铺贴。

卷材与基层的粘贴种类分为:满铺,即全部粘贴;空铺,仅在卷材四周粘贴;条铺,采取条状粘贴,每卷不少于 2 条,每条宽不小于 150 mm;点铺,采取梅花点状粘贴,每平方米不少于 5 点,每点面积为 100 mm×100 mm。

各种铺贴时,卷材每边搭接宽约为 100 mm;满铺(加强型)卷材接缝除按要求搭接外,在接缝处加贴 120 mm 宽卷材,起加强作用。

(3)项目划分

油毡屋面:分为石油沥青卷材、焦油沥青卷材、改性沥青卷材(分为满铺、空铺、条铺、点铺、热熔、加强型)。

高分子卷材屋面:包括橡胶类(如三元乙丙橡胶卷材)、塑料类(如聚氯乙烯卷材)、纤维类(如聚乙烯丙纶双面复合卷材)。

3)涂膜屋面

(1)涂膜组成

防水涂料结成的薄膜,在涂膜中间夹铺纤维布(无纺布、玻纤布)以加强涂膜的整体抗裂性,又叫胎布。每两层胎布之间的涂膜叫做一个涂层,涂膜由涂层和胎布叠合组成。涂膜无胎布时,即为一个涂层组成。

(2)涂层厚度

每个涂层经涂刷数遍而成,涂刷遍数越多则涂层越厚。

薄质涂料刷 1～2 遍的涂层厚约 0.3～0.5 mm。

聚氨酯防水涂料属厚质涂料,一个涂层涂刷两遍时,涂层厚度约为 2 mm。

(3)工作内容

清理基层、刷冷底子油、油膏嵌缝、贴附加层、铺贴玻纤布、刷聚氨酯涂膜、调铺防水砂浆。

4)屋面排水

工作内容:铁皮檐沟、天沟、泛水的制作、安装,铸铁落水管的切管、安装,玻璃钢排水管、PV 排水管的安装(含水斗、弯头、雨水口)。

5)墙、地面防水、防潮

(1)工作内容

清理基层、配刷冷底子油、贴附加层、铺贴卷材、接缝收头;涂刷玛蹄脂。

(2)项目划分

按部位划分为平面、立面;按材料划分为卷材防水、涂膜防水。

6)变形缝

(1)填缝

工作内容:制作填缝材料(沥青麻丝、石灰麻刀、油浸木丝板、玛蹄脂、沥青砂浆等)、填塞缝内。

(2)盖缝

工作内容:埋木砖、钉盖板。

项目划分:分为木板和铁皮盖板,按平面、立面分项。

4.12.2　清单项目划分

1. 瓦、型材及其他屋面

工程量清单项目设置、项目特征描述、计量单位及工程量计算规则应按表 4.66 的规定执行。

表 4.66　瓦、型材及其他屋面（编码：010901）

项目编码	项目名称	项目特征	计量单位	工程量计算规则	工作内容
010901001	瓦屋面	1. 瓦品种、规格 2. 粘结层砂浆的配合比	m²	按设计图示尺寸以斜面积计算 不扣除房上烟囱、风帽底座、风道、小气窗、斜沟等所占面积。小气窗的出檐部分不增加面积	1. 砂浆制作、运输、摊铺、养护 2. 安瓦、作瓦脊
010901002	型材屋面	1. 型材品种、规格 2. 金属檩条材料品种、规格 3. 接缝、嵌缝材料种类			1. 檩条制作、运输、安装 2. 屋面型材安装 3. 接缝、嵌缝
010901003	阳光板屋面	1. 阳光板品种、规格 2. 骨架材料品种、规格 3. 接缝、嵌缝材料种类 4. 油漆品种、刷漆遍数		按设计图示尺寸以斜面积计算 不扣除屋面面积≤0.3 m² 孔洞所占面积	1. 骨架制作、运输、安装、刷防护材料、油漆 2. 阳光板安装 3. 接缝、嵌缝
010901004	玻璃钢屋面	1. 玻璃钢品种、规格 2. 骨架材料品种、规格 3. 玻璃钢固定方式 4. 接缝、嵌缝材料种类 5. 油漆品种、刷漆遍数			1. 骨架制作、运输、安装、刷防护材料、油漆 2. 玻璃钢制作、安装 3. 接缝、嵌缝
010901005	膜结构屋面	1. 膜布品种、规格 2. 支柱（网架）钢材品种、规格 3. 钢丝绳品种、规格 4. 锚固基座做法 5. 油漆品种、刷漆遍数		按设计图示尺寸以需要覆盖的水平投影面积计算	1. 膜布热压胶接 2. 支柱（网架）制作、安装 3. 膜布安装 4. 穿钢丝绳、锚头锚固 5. 锚固基座、挖土回填 6. 刷防护材料、油漆

注：① 瓦屋面若是在木基层上铺瓦，项目特征不必描述粘结层砂浆的配合比，瓦屋面铺防水层，按《规范》表 J.2 屋面防水及其他中相关项目编码列项。

② 型材屋面、阳光板屋面、玻璃钢屋面的柱、梁、屋架，按《规范》附录 F 金属结构工程、附录 G 木结构工程中相关项目编码列项。

2. 屋面防水及其他

工程量清单项目设置、项目特征描述、计量单位及工程量计算规则应按表 4.67 的规定执行。

表 4.67　屋面防水及其他(编码:010902)

项目编码	项目名称	项目特征	计量单位	工程量计算规则	工作内容
010902001	屋面卷材防水	1. 卷材品种、规格、厚度 2. 防水层数 3. 防水层做法	m²	按设计图示尺寸以面积计算 1. 斜屋顶(不包括平屋顶找坡)按斜面积计算,平屋顶按水平投影面积计算	1. 基层处理 2. 刷底油 3. 铺油毡卷材、接缝
010902002	屋面涂膜防水	1. 防水膜品种 2. 涂膜厚度、遍数 3. 增强材料种类		2. 不扣除房上烟囱、风帽底座、风道、屋面小气窗和斜沟所占面积 3. 屋面的女儿墙、伸缩缝和天窗等处的弯起部分,并入屋面工程量内	1. 基层处理 2. 刷基层处理剂 3. 铺布、喷涂防水层
010902003	屋面刚性层	1. 刚性层厚度 2. 混凝土种类 3. 混凝土强度等级 4. 嵌缝材料种类 5. 钢筋规格、型号		按设计图示尺寸以面积计算。不扣除房上烟囱、风帽底座、风道等所占面积	1. 基层处理 2. 混凝土制作、运输、铺筑、养护 3. 钢筋制安
010902004	屋面排水管	1. 排水管品种、规格 2. 雨水斗、山墙出水口品种、规格 3. 接缝、嵌缝材料种类 4. 油漆品种、刷漆遍数	m	按设计图示尺寸以长度计算。如设计未标注尺寸,以檐口至设计室外散水上表面垂直距离计算	1. 排水管及配件安装、固定 2. 雨水斗、山墙出水口、雨水算子安装 3. 接缝、嵌缝 4. 刷漆
010902005	屋面排(透)气管	1. 排(透)气管品种、规格 2. 接缝、嵌缝材料种类 3. 油漆品种、刷漆遍数		按设计图示尺寸以长度计算	1. 排(透)气管及配件安装、固定 2. 铁件制作、安装 3. 接缝、嵌缝 4. 刷漆
010902006	屋面(廊、阳台)泄(吐)水管	1. 吐水管品种、规格 2. 接缝、嵌缝材料种类 3. 吐水管长度 4. 油漆品种、刷漆遍数	根(个)	按设计图示数量计算	1. 水管及配件安装、固定 2. 接缝、嵌缝 3. 刷漆
010902007	屋面天沟、檐沟	1. 材料品种、规格 2. 接缝、嵌缝材料种类	m²	按设计图示尺寸以展开面积计算	1. 天沟材料铺设 2. 天沟配件安装 3. 接缝、嵌缝 4. 刷防护材料
010902008	屋面变形缝	1. 嵌缝材料种类 2. 止水带材料种类 3. 盖缝材料 4. 防护材料种类	m	按设计图示以长度计算	1. 清缝 2. 填塞防水材料 3. 止水带安装 4. 盖缝制作、安装 5. 刷防护材料

3. 墙面防水、防潮

工程量清单项目设置、项目特征描述、计量单位及工程量计算规则应按表 4.68 的规定执行。

表 4.68　墙面防水、防潮（编码：010903）

项目编码	项目名称	项目特征	计量单位	工程量计算规则	工作内容
010903001	墙面卷材防水	1. 卷材品种、规格、厚度 2. 防水层数 3. 防水层做法	m²	按设计图示尺寸以面积计算	1. 基层处理 2. 刷粘结剂 3. 铺防水卷材 4. 接缝、嵌缝
010903002	墙面涂膜防水	1. 防水膜品种 2. 涂膜厚度、遍数 3. 增强材料种类			1. 基层处理 2. 刷基层处理剂 3. 铺布、喷涂防水层
010903003	墙面砂浆防水（防潮）	1. 防水层做法 2. 砂浆厚度、配合比 3. 钢丝网规格			1. 基层处理 2. 挂钢丝网片 3. 设置分格缝 4. 砂浆制作、运输、摊铺、养护
010903004	墙面变形缝	1. 嵌缝材料种类 2. 止水带材料种类 3. 盖缝材料 4. 防护材料种类	m	按设计图示以长度计算	1. 清缝 2. 填塞防水材料 3. 止水带安装 4. 盖缝制作、安装 5. 刷防护材料

注：① 墙面防水搭接及附加层用量不另行计算，在综合单价中考虑。
② 墙面变形缝，若做双面，工程量乘系数 2。
③ 墙面找平层按《规范》附录 M 墙、柱面装饰与隔断、幕墙工程"立面砂浆找平层"项目编码列项。

4. 楼(地)面防水、防潮

工程量清单项目设置、项目特征描述、计量单位及工程量计算规则应按表 4.69 的规定执行。

表 4.69　楼(地)面防水、防潮（编码：010904）

项目编码	项目名称	项目特征	计量单位	工程量计算规则	工作内容
010904001	楼(地)面卷材防水	1. 卷材品种、规格、厚度 2. 防水层数 3. 防水层做法 4. 反边高度	m²	按设计图示尺寸以面积计算 1. 楼(地)面防水：按主墙间净空面积计算，扣除凸出地面的构筑物、设备基础等所占面积，不扣除间壁墙及单个面积 ≤ 0.3 m² 柱、垛、烟囱和孔洞所占面积 2. 楼(地)面防水反边高度 ≤ 300 mm 算作地面防水，反边高度 > 300 mm 按墙面防水计算	1. 基层处理 2. 刷粘结剂 3. 铺防水卷材 4. 接缝、嵌缝
010904002	楼(地)面涂膜防水	1. 防水膜品种 2. 涂膜厚度、遍数 3. 增强材料种类 4. 反边高度			1. 基层处理 2. 刷基层处理剂 3. 铺布、喷涂防水层
010904003	楼(地)面砂浆防水(防潮)	1. 防水层做法 2. 砂浆厚度、配合比 3. 反边高度			1. 基层处理 2. 砂浆制作、运输、摊铺、养护

续表 4.69

项目编码	项目名称	项目特征	计量单位	工程量计算规则	工作内容
010904004	楼(地)面变形缝	1. 嵌缝材料种类 2. 止水带材料种类 3. 盖缝材料 4. 防护材料种类	m	按设计图示以长度计算	1. 清缝 2. 填塞防水材料 3. 止水带安装 4. 盖缝制作、安装 5. 刷防护材料

4.12.3 工程量计算规则

1. 坡屋面工程量计算

1)檩木

按毛料尺寸以体积计算(托木不另计)。

(1)简支檩:按设计长度计算。设计无规定时,按开间(简支檩跨度)加 200 mm 计算。

(2)连续檩:按设计长度×1.05(增加搭接长度5%)计算。

2)坡屋面

瓦屋面、金属压型板(包括挑檐部分)均按设计图示尺寸以斜面积计算,即按水平投影面积乘以屋面坡度系数以平方米计算。不扣除房上烟囱、风帽底座、屋面小气窗和斜沟等所占面积。屋面小气窗的出檐与屋面重叠部分亦不增加,但天窗出檐部分重叠的面积并入相应屋面工程量内。

坡屋面工程量计算公式如下:

坡屋面工程量＝屋面水平投影面积×延尺系数

　　　　　　＝屋前后檐宽×屋两山檐间之长×延尺系数　　　　(4.17)

其中,延尺系数按下式计算:

$$C = EM/A = 1/\cos\alpha = \sec\alpha \tag{4.18}$$

四坡水单根斜屋脊长度为:

$$L = A \times D \tag{4.19}$$

式中,L 为四坡水单根屋脊长度(m);A 为半个跨度宽(m);D 为隅延尺系数,按下式计算:

$$D = EN/A = (A^2 + S^2 + B^2)^{\frac{1}{2}}/A = (A^2 + S^2 + A^2\tan 2\alpha)^{\frac{1}{2}}/A \tag{4.20}$$

【例4.10】 某水泥大瓦屋面如图4.33所示,屋面板上铺水泥大瓦,试计算屋面工程量。

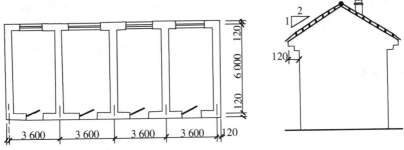

图4.33 某水泥大瓦屋面示意图

【解】 瓦屋面工程量 $= (6.00 + 0.24 + 0.12 \times 2) \times (3.6 \times 4 + 0.24) \times 1.118 = 106.06 \text{ m}^2$

2. 平屋面工程量计算

1）屋面找坡层、保温层

屋面找坡层、保温层按设计图示水平投影面积乘以平均厚度，以立方米（m³）计算。平均厚度的计算见图 4.34 所示。

单坡屋面平均厚度计算公式为：

$$d = d_1 + d_2 \tag{4.21}$$

由图 4.34(a)可知 $d_2 = \tan \alpha \times (L/2)$，令 $\tan \alpha = i$，则 $d_2 = i \times (L/2)$，代入上式有：

$$d = d_1 + \frac{i \times L}{2} \tag{4.22}$$

式中，i 为坡度系数；α 为屋面倾斜角。

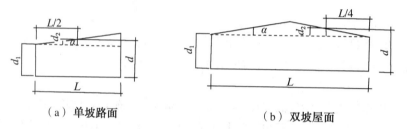

（a）单坡路面　　　　　　　　（b）双坡屋面

图 4.34　屋面找坡层平均厚度示意图

同理，对于双坡屋面平均厚度，由于 $d = d_1 + d_2$，而 $d_2 = \tan \alpha \times (L/4) = i \times (L/4)$，则有：

$$d = d_1 + \frac{i \times L}{4} \tag{4.23}$$

2）找平层

屋面找平层按水平投影面积以平方米为单位计算，套用楼地面工程中的相应定额。天沟、檐沟按设计图示尺寸展开面积以平方米为单位计算，套用天沟、檐沟的相应定额。

3）卷材屋面

卷材屋面也称柔性屋面，按实铺面积以平方米计算，不扣除房上烟囱、风帽底座、风道、斜沟、变形缝等所占面积，但屋面山墙、女儿墙、天窗、变形缝、天沟等弯起部分，以及天窗出檐与屋面重叠部分应按设计图示尺寸（如图纸无规定时，女儿墙的弯起部分可按 250 mm、天窗弯起部分可按 500 mm）计算，并入屋面工程量内。

4）刚性防水屋面

刚性防水屋面是指在平屋顶屋面的结构层上，采用防水砂浆或细石混凝土加防裂钢丝网浇捣而成的屋面，其工程量按实铺水平投影面积计算。泛水和刚性屋面变形缝等弯起部分或加厚部分已包括在定额内。挑出墙外的出檐和屋面天沟，另按相应定额项目计算。

3. 卷材、涂膜防水屋面

1）防水工程量

防水工程量按下式计算：

$$防水工程量 = 水平投影面积 \times C \tag{4.24}$$

工程量中,不扣除烟囱、斜沟、风帽底座、出屋面风道、小气窗;不增加附加层、接缝、收头、找平层的嵌缝、冷底子油;要增加女儿墙上弯起高 250 mm,天窗弯起 500 mm。

2) 嵌缝、盖缝

嵌缝、盖缝工程量按延长米计算。

4. 墙、地面防水防潮工程

1) 平面工程量

工程量按主墙间净面积加墙身下部 500 mm 以内高展开面积计算。其中,墙身下部防水层高大于 500 mm 者,全部按立面计算。应扣除凸出地面构筑物及设备基础所占面积;不扣除柱、垛、间壁墙、烟囱及 0.3 m² 以内孔洞面积。

2) 立面工程量

立面工程量按下式计算:

$$立面工程量 = 墙身长 \times 防水层高(或宽) \tag{4.25}$$

3) 变形缝

变形缝工程量按延长米计算。

5. 屋面排水工程

铁皮排水工程量按下式计算:

$$铁皮排水 = 图示个数或长度 \times 展开面积 \tag{4.26}$$

铸铁、玻璃钢水落管以延长米计算,雨水口、水斗、弯头、短管以个计算。

【例 4.11】　根据图 4.35 和图 4.36 所示的尺寸及工程做法,计算屋面工程防水层、找平层、排气孔的工程量及直接工程费。其中轴线与屋面女儿墙内边线的距离为 500 mm,屋面排水孔的间距为 6 000 mm。

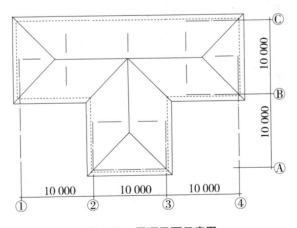

图 4.35　屋顶平面示意图

【解】　屋顶建筑面积:$S = 30.5 \times 10.5 + 10.5 \times 10 = 425.25 \ m^2$

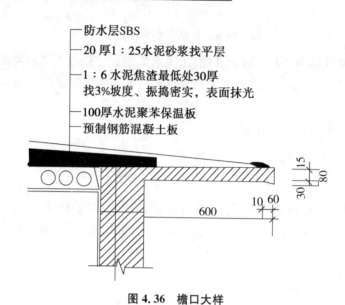

图 4.36 檐口大样

（1）SBS 防水层：$S = 425.25 + [(30.5 \times 2 + 10.5 \times 2 + 10 \times 2) + 4 \times 0.6] \times 0.6 = 487.89 \text{ m}^2$

（2）找平层同 SBS 防水层：487.89 m²

（3）排气孔：$(30 + 10) \div 6 \times 2 = 14$ 个

表 4.70 屋面工程直接工程费

定额编号	工程名称	单位	数量	预算价值	
				单价(元)	合计(元)
t-837	SBS 防水层	m²	487.89	28.35	13 832
t-867	排气孔	个	14	15.13	212
z-2	20 厚水泥砂浆找平层	m²	487.89	6.08	2 966
	合计				17 010

【例 4.12】 根据图 4.37 所示尺寸，计算屋面卷材工程量。女儿墙卷材弯起高度为 250 mm。

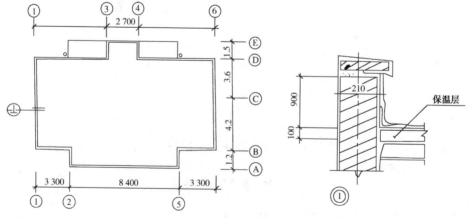

图 4.37 屋顶平面示意图

【解】 屋面卷材面积＝水平投影面积＋弯起部分面积

（1）水平投影面积

$S_1 = (3.3 \times 2 + 8.4 - 0.24) \times (4.2 + 3.6 - 0.24) + (8.4 - 0.24) \times 1.2 + (2.7 - 0.24)$
$\times 1.5 = 125.07 \text{ m}^2$

（2）弯起部分面积

$S_2 = [(14.76 + 7.56) \times 2 + 1.2 \times 2 + 1.5 \times 2] \times 0.25 = 12.51 \text{ m}^2$

（3）屋面卷材工程量

$S = S_1 + S_2 = 125.07 + 12.51 = 137.58 \text{ m}^2$

4.13 保温、隔热、防腐工程

4.13.1 基本知识

1. 耐酸防腐工程

1）适用范围

化工车间、实验室的墙地面、池槽等面层。

2）工作内容

清理基层、调运防腐材料、摊铺砌筑。

3）项目划分

（1）整体面层

防腐混凝土面层：沥青混凝土、硫磺混凝土等。

防腐砂浆面层：沥青砂浆、环氧砂浆等。

软聚氯乙烯塑料面层。

（2）块料面层

块料：磁砖、磁板、陶板、铸石板、花岗岩、沥青浸渍标准砖。

粘结剂：树脂类胶泥、水玻璃胶泥、硫磺胶泥、耐酸沥青胶泥。

（3）隔离层

在基层和防腐面层之间起隔离作用，保护基层。耐酸沥青胶泥 8 mm。冷底子油一道，热沥青两道。

（4）防腐涂料（适用于混凝土面、抹灰面、金属面）

沥青漆、树脂漆、聚乙烯漆、聚氨酯漆、PVC 涂料。

2. 隔热保温工程

1）适用范围

中低温、恒温车间和库房的楼地面、墙柱面、天棚等。

2) 工作内容

清扫基层,调运、铺贴、装填、保温材料。

3) 项目划分

(1) 保温隔热屋面

泡沫混凝土块、珍珠岩块、水泥蛭石块、沥青玻璃棉(矿渣棉)毡。

现浇珍珠岩(蛭石)、乳化沥青珍珠岩、泡沫混凝土、加气混凝土、陶粒混凝土。

喷涂改性聚氨酯硬泡体。

架空隔热层。

(2) 保温隔热天棚

板底顶棚:铺贴塑料板、沥青软木、聚苯板。

悬吊顶棚:龙骨上铺放玻璃棉板、袋装矿棉、泡沫板。

(3) 保温隔热墙、柱面

沥青贴软木(泡沫板)、加气混凝土块、沥青珍珠岩墙板、沥青玻璃棉(矿渣棉、稻壳板)。

喷涂改性聚氨酯硬泡体(防水、保温)、聚苯颗粒外墙外保温系统(现行做法)。

(4) 隔热楼地面

沥青贴软木、沥青贴泡沫板、沥青贴加气混凝土块。

4.13.2 清单项目划分

1. 保温、隔热

工程量清单项目设置、项目特征描述、计量单位及工程量计算规则应按表 4.71 的规定执行。

表 4.71 保温、隔热(编码:011001)

项目编码	项目名称	项目特征	计量单位	工程量计算规则	工作内容
011001001	保温隔热屋面	1. 保温隔热材料品种、规格、厚度 2. 隔气层材料品种、厚度 3. 粘结材料种类、做法 4. 防护材料种类、做法	m²	按设计图示尺寸以面积计算。扣除面积 > 0.3 m² 孔洞及占位面积	1. 基层清理 2. 刷粘结材料 3. 铺粘保温层 4. 铺、刷(喷)防护材料
011001002	保温隔热天棚	1. 保温隔热面层材料品种、规格、性能 2. 保温隔热材料品种、规格及厚度 3. 粘结材料种类及做法 4. 防护材料种类及做法		按设计图示尺寸以面积计算。扣除面积 > 0.3 m² 上柱、垛、孔洞所占面积,与天棚相连的梁按展开面积,计算并入天棚工作量内	

项目编码	项目名称	项目特征	计量单位	工程量计算规则	工作内容
011001003	保温隔热墙面	1. 保温隔热部位 2. 保温隔热方式 3. 踢脚线、勒脚线保温做法 4. 龙骨材料品种、规格		按设计图示尺寸以面积计算。扣除门窗洞口以及面积 > 0.3 m² 梁、孔洞所占面积;门窗洞口侧壁以及与墙相连的柱,并入保温墙体工程量内	1. 基层清理 2. 刷界面剂 3. 安装龙骨 4. 填贴保温材料 5. 保温板安装 6. 粘贴面层 7. 铺设增强格网,抹抗裂、防水砂浆面层 8. 嵌缝 9. 铺、刷(喷)防护材料
011001004	保温柱、梁	5. 保温隔热面层材料品种、规格、性能 6. 保温隔热材料品种、规格及厚度 7. 增强网及抗裂防水砂浆种类 8. 粘结材料种类及做法 9. 防护材料种类及做法		按设计图示尺寸以面积计算 1. 柱按设计图示柱断面保温层中心线展开长度乘保温层高度以面积计算。扣除面积 > 0.3 m² 梁所占面积 2. 梁按设计图示梁断面保温层中心线展开长度乘保温层长度以面积计算	
011001005	保温隔热楼地面	1. 保温隔热部位 2. 保温隔热材料品种、规格、厚度 3. 隔气层材料品种、厚度 4. 粘结材料种类、做法 5. 防护材料种类、做法	m²	按设计图示尺寸以面积计算。扣除面积 > 0.3 m² 柱、垛、孔洞所占面积。门洞、空圈、暖气包槽、壁龛的开口部分不增加面积	1. 基层清理 2. 刷粘结材料 3. 铺粘保温层 4. 铺、刷(喷)防护材料
011001006	其他保温隔热	1. 保温隔热部位 2. 保温隔热方式 3. 隔气层材料品种、厚度 4. 保温隔热面层材料品种、规格、性能 5. 保温隔热材料品种、规格及厚度 6. 粘结材料种类及做法 7. 增强网及抗裂防水砂浆种类 8. 防护材料种类及做法		按设计图示尺寸以展开面积计算。扣除面积 > 0.3 m² 孔洞及占位面积	1. 基层清理 2. 刷界面剂 3. 安装龙骨 4. 填贴保温材料 5. 保温板安装 6. 粘贴面层 7. 铺设增强格网、抹抗裂防水砂浆面层 8. 嵌缝 9. 铺、刷(喷)防护材料

2. 防腐面层

工程量清单项目设置、项目特征描述、计量单位及工程量计算规则应按表 4.72 的规定执行。

表 4.72　防腐面层(编码:011002)

项目编码	项目名称	项目特征	计量单位	工程量计算规则	工作内容
011002001	防腐混凝土面层	1. 防腐部位 2. 面层厚度 3. 混凝土种类 4. 胶泥种类、配合比			1. 基层清理 2. 基层刷稀胶泥 3. 混凝土制作、运输、摊铺、养护
011002002	防腐砂浆面层	1. 防腐部位 2. 面层厚度 3. 砂浆、胶泥种类、配合比		按设计图示尺寸以面积计算 1. 平面防腐:扣除凸出地面的构筑物、设备基础等以及面积 >0.3 m² 孔洞、柱、垛所占面积,门洞、空圈、暖气包槽、壁龛的开口部分不增加面积 2. 立面防腐:扣除门、窗、洞口以及面积 >0.3 m² 孔洞、梁所占面积,门、窗、洞口侧壁、垛突出部分按展开面积并入墙面积内	1. 基层清理 2. 基层刷稀胶泥 3. 砂浆制作、运输、摊铺、养护
011002003	防腐胶泥面层	1. 防腐部位 2. 面层厚度 3. 胶泥种类、配合比			1. 基层清理 2. 胶泥调制、摊铺
011002004	玻璃钢防腐面层	1. 防腐部位 2. 玻璃钢种类 3. 贴布材料的种类、层数 4. 面层材料品种	m²		1. 基层清理 2. 刷底漆、刮腻子 3. 胶浆配制、涂刷 4. 粘布、涂刷面层
011002005	聚氯乙烯板面层	1. 防腐部位 2. 面层材料品种、厚度 3. 粘结材料种类			1. 基层清理 2. 配料、涂胶 3. 聚氯乙烯板铺设
011002006	块料防腐面层	1. 防腐部位 2. 块料品种、规格 3. 粘结材料种类 4. 勾缝材料种类			1. 基层清理 2. 铺贴块料 3. 胶泥调制、勾缝
011002007	池、槽块料防腐面层	1. 防腐池、槽名称和代号 2. 块料品种、规格 3. 粘结材料种类 4. 勾缝材料种类		按设计图示尺寸以展开面积计算	1. 基层清理 2. 铺贴块料 3. 胶泥调制、勾缝

注:防腐踢脚线,应按《规范》附录 K 中"踢脚线"项目编码列项。

3. 其他防腐

工程量清单项目设置、项目特征描述、计量单位及工程量计算规则应按表 4.73 的规定执行。

表 4.73　其他防腐(编码:011003)

项目编码	项目名称	项目特征	计量单位	工程量计算规则	工作内容
011003001	隔离层	1. 隔离层部位 2. 隔离层材料品种 3. 隔离层做法 4. 粘贴材料种类	m²	按设计图示尺寸以面积计算 1. 平面防腐:扣除凸出地面的构筑物、设备基础等以及面积＞0.3 m²孔洞、柱、垛所占面积,门洞、空圈、暖气包槽、壁龛的开口部分不增加面积 2. 立面防腐:扣除门、窗、洞口以及面积＞0.3 m²孔洞、梁所占面积,门、窗、洞口侧壁、垛突出部分按展开面积并入墙面积内	1. 基层清理、刷油 2. 煮沥青 3. 胶泥调制 4. 隔离层铺设
011003002	砌筑沥青浸渍砖	1. 砌筑部位 2. 浸渍砖规格 3. 胶泥种类 4. 浸渍砖砌法	m³	按设计图示尺寸以体积计算	1. 基层清理 2. 胶泥调制 3. 浸渍砖铺砌
011003003	防腐涂料	1. 涂刷部位 2. 基层材料类型 3. 刮腻子的种类、遍数 4. 涂料品种、刷涂遍数	m²	按设计图示尺寸以面积计算 1. 平面防腐:扣除凸出地面的构筑物、设备基础等以及面积＞0.3 m²孔洞、柱、垛所占面积,门洞、空圈、暖气包槽、壁龛的开口部分不增加面积 2. 立面防腐:扣除门、窗、洞口以及面积＞0.3 m²孔洞、梁所占面积,门、窗、洞口侧壁、垛突出部分按展开面积并入墙面积内	1. 基层清理 2. 刮腻子 3. 刷涂料

注:浸渍砖砌法指平砌、立砌。

4.13.3　工程量计算

1. 耐酸防腐工程

按实铺面积计算。

应扣除凸出地面的构筑物、设备基础;应增加墙垛侧面、洞口侧面,铺贴双层块料时按单层面积×2;不另计算防腐卷材接缝、附加层、收头等。

2. 保温隔热工程

实体保温层按实铺体积计算。

(1)保温层厚度按净厚,不含胶结层厚度。

(2)屋面、地面按净面积,但柱、垛面积不扣除。

(3)墙体保温层:外墙按保温层中心线长、内墙按保温层净长计算,应扣除门窗洞口、穿墙管道。

(4)池槽保温层:池壁按墙面、池底按地面计算。

(5)洞口侧壁保温层:并入墙面保温层计算。

(6)柱帽保温层:并入天棚保温层计算。

树脂珍珠岩板、屋面架空层(含钢筋、模板、砖)和吊顶上铺放保温材料,按实铺面积计算。

【例4.13】 保温平屋面尺寸如图4.38所示。做法如下:空心板上1:3水泥砂浆找平20厚,沥青隔汽层一度,1:8现浇水泥珍珠岩最薄处60厚,1:3水泥砂浆找平20厚,PVC橡胶卷材防水。试计算工程量。

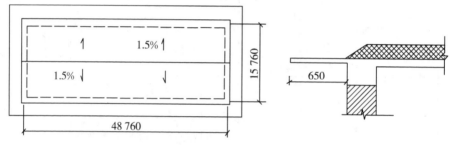

图4.38 保温平屋面

【解】 (1)高分子卷材防水工程量 = (48.76+0.24+0.65×2)×(15.76+0.24+0.65×2) = 870.19 m²

(2)屋面保温层平均厚度 = 16÷2×0.015÷2+0.06 = 0.12 m

保温层工程量 = (48.76+0.24)×(15.76+0.24)×0.12 = 94.08 m³

(3)沥青隔汽层工程量 = (48.76+0.24)×(15.76+0.24) = 784.00 m²

【例4.14】 保温平屋面尺寸如图4.39所示。做法如下:空心板上1:3水泥砂浆找平20厚,沥青隔汽层一度,1:8现浇水泥珍珠岩最薄处60厚,1:3水泥砂浆找平20厚,PVC橡胶卷材防水。试计算工程量,确定定额项目。

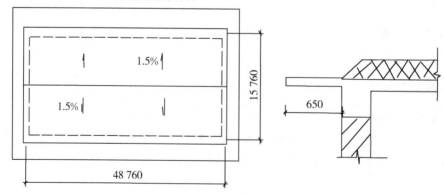

图4.39 保温平屋面

【解】 （1）高分子卷材防水工程量 ＝（48.76＋0.24＋0.65×2）×（15.76＋0.24＋0.65 ×2）＝870.19 m²

PVC 橡胶卷材防水（平面）

定额基价 ＝ 524.18 元/10 m²

（2）屋面保温层平均厚 ＝ 16÷2×0.015÷2＋0.06 ＝ 0.12 m

保温层工程量 ＝（48.76＋0.24）×（15.76＋0.24）×0.12 ＝ 94.08 m³

1∶8 现浇水泥珍珠岩

定额基价 ＝ 1 495.56＋10.40×（129.95－127.45）＝ 1 521.56 元/10 m³

（3）沥青隔汽层工程量 ＝（48.76＋0.24）×（15.76＋0.24）＝ 784.00 m²

石油沥青一遍（含冷底子油）平面

定额基价 ＝ 42.88 元/10 m²

砂浆找平层按相应定额计算。

4.14 楼地面工程

4.14.1 基础知识

楼地面工程指使用各种面层材料对楼地面进行装饰的工程。面层包括整体面层、块料面层等，见图 4.40。

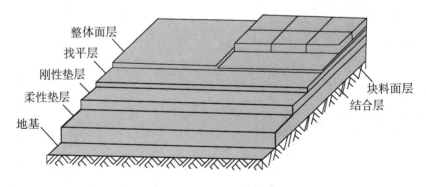

图 4.40 楼地面的构造

1. 整体面层

楼地面整体面层工程包括找平层和水泥砂浆、水磨石面层。

1）找平层

找平层一般设在混凝土硬基层或填充材料上。其中，填充材料是指泡沫混凝土块、加气混凝土块、石灰炉渣、珍珠岩等。找平层常用材料是水泥砂浆或细石混凝土。

2）水泥砂浆面层

在基层上抹厚为 20～25 mm、配合比为 1∶2 的水泥砂浆抹面压光。

3）水磨石面层

在基层上抹厚 18 mm、1∶3 水泥砂浆找平层,刷素水泥浆结合层一遍。

镶玻璃条或铜条,条高 10 mm,用稠膏状水泥浆粘牢成格,然后在格内抹 1∶2 水泥石子浆,拍平、压实。

2. 块料面层

从施工工艺上可分为湿作业、干作业两大类。

1）湿作业类

有大理石、花岗岩、汉白玉、彩釉砖、抛光砖、预制水磨石块、水泥花砖、缸砖、陶瓷锦砖、凸凹假麻石块等,其做法是:先在基层上抹素水泥浆结合层一遍,再抹厚 25～30 mm、1∶4 干硬性水泥砂浆,面上撒素水泥块料铺实拍平,水泥浆擦缝。

2）干作业类

主要有塑胶地板、木地板、防静电活动地板、栏杆、扶手等。

木地板面层有架空式和实铺式。

防静电活动地板(装配式地板)是由各种规格、型号和材质的防静电面板块、桁条(横梁)支架等组合拼装而成,如图 4.41 所示。

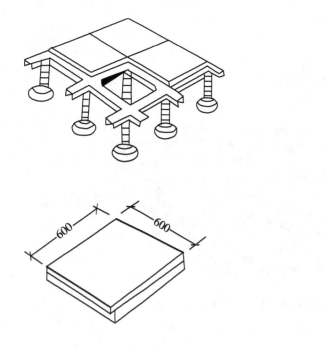
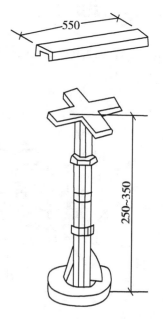

图 4.41　防静电活动地板构造

防静电面板主要有铝合金复合石棉塑料贴板、铸铝合金面板、塑料地板、平压刨花板面板等。

4.14.2 清单项目划分

1. 整体面层及找平层

工程量清单项目的设置、项目特征描述的内容、计量单位、工程量计算规则应按表 4.74 执行。

表 4.74 整体面层及找平层（编码：011101）

项目编码	项目名称	项目特征	计量单位	工程量计算规则	工作内容
011101001	水泥砂浆楼地面	1. 找平层厚度、砂浆配合比 2. 素水泥浆遍数 3. 面层厚度、砂浆配合比 4. 面层做法要求	m²	按设计图示尺寸以面积计算。扣除凸出地面构筑物、设备基础、室内管道、地沟等所占面积，不扣除间壁墙及 ≤0.3 m² 柱、垛、附墙烟囱及孔洞所占面积。门洞、空圈、暖气包槽、壁龛的开口部分不增加面积	1. 基层清理 2. 抹找平层 3. 抹面层 4. 材料运输
011101002	现浇水磨石楼地面	1. 找平层厚度、砂浆配合比 2. 面层厚度、水泥石子浆配合比 3. 嵌条材料种类、规格 4. 石子种类、规格、颜色 5. 颜料种类、颜色 6. 图案要求 7. 磨光、酸洗、打蜡要求			1. 基层清理 2. 抹找平层 3. 面层铺设 4. 嵌缝条安装 5. 磨光、酸洗打蜡 6. 材料运输
011101003	细石混凝土楼地面	1. 找平层厚度、砂浆配合比 2. 面层厚度、混凝土强度等级			1. 基层清理 2. 抹找平层 3. 面层铺设 4. 材料运输
011101004	菱苦土楼地面	1. 找平层厚度、砂浆配合比 2. 面层厚度 3. 打蜡要求			1. 基层清理 2. 抹找平层 3. 面层铺设 4. 打蜡 5. 材料运输
011101005	自流平楼地面	1. 找平层砂浆配合比、厚度 2. 界面剂材料种类 3. 中层漆材料种类、厚度 4. 面漆材料种类、厚度 5. 面层材料种类			1. 基层处理 2. 抹找平层 3. 涂界面剂 4. 涂刷中层漆 5. 打磨、吸尘 6. 镘自流平面漆(浆) 7. 拌合自流平浆料 8. 铺面层
011101006	平面砂浆找平层	找平层厚度、砂浆配合比		按设计图示尺寸以面积计算	1. 基层处理 2. 抹找平层 3. 材料运输

注:① 水泥砂浆面层处理是拉毛还是提浆压光应在面层做法要求中描述。

② 平面砂浆找平层只适用于仅做找平层的平面抹灰。

③ 间壁墙指墙厚≤120 mm 的墙。

2. 块料面层

工程量清单项目的设置、项目特征描述的内容、计量单位、工程量计算规则应按表 4.75 执行。

表 4.75　块料面层（编码：011102）

项目编码	项目名称	项目特征	计量单位	工程量计算规则	工作内容
011102001	石材楼地面	1. 找平层厚度、砂浆配合比 2. 结合层厚度、砂浆配合比 3. 面层材料品种、规格、颜色 4. 嵌缝材料种类 5. 防护层材料种类 6. 酸洗、打蜡要求	m²	按设计图示尺寸以面积计算。门洞、空圈、暖气包槽、壁龛的开口部分并入相应的工程量内	1. 基层清理 2. 抹找平层 3. 面层铺设、磨边 4. 嵌缝 5. 刷防护材料 6. 酸洗、打蜡 7. 材料运输
011102002	碎石材楼地面				
011102003	块料楼地面				

注:① 在描述碎石材项目的面层材料特征时可不用描述规格、颜色。

② 石材、块料与粘结材料的结合面刷防渗材料的种类在防护层材料种类中描述。

③ 本表工作内容中的磨边指施工现场磨边,后面章节工作内容中涉及的磨边含义同。

3. 橡塑面层

工程量清单项目的设置、项目特征描述的内容、计量单位、工程量计算规则应按表 4.76 执行。

表 4.76　橡塑面层（编码：011103）

项目编码	项目名称	项目特征	计量单位	工程量计算规则	工作内容
011103001	橡胶板楼地面	1. 粘结层厚度、材料种类 2. 面层材料品种、规格、颜色 3. 压线条种类	m²	按设计图示尺寸以面积计算。门洞、空圈、暖气包槽、壁龛的开口部分并入相应的工程量内	1. 基层清理 2. 面层铺贴 3. 压缝条装钉 4. 材料运输
011103002	橡胶板卷材楼地面				
011103003	塑料板楼地面				
011103004	塑料板卷材楼地面				

4. 其他材料面层

工程量清单项目的设置、项目特征描述的内容、计量单位、工程量计算规则应按表 4.77 执行。

表 4.77 其他材料面层(编码:011104)

项目编码	项目名称	项目特征	计量单位	工程量计算规则	工作内容
011104001	地毯楼地面	1. 面层材料品种、规格、颜色 2. 防护材料种类 3. 粘结材料种类 4. 压线条种类	m²	按设计图示尺寸以面积计算。门洞、空圈、暖气包槽、壁龛的开口部分并入相应的工程量内	1. 基层清理 2. 铺贴面层 3. 刷防护材料 4. 装钉压条 5. 材料运输
011104002	竹、木（复合）地板	1. 龙骨材料种类、规格、铺设间距 2. 基层材料种类、规格 3. 面层材料品种、规格、颜色 4. 防护材料种类			1. 基层清理 2. 龙骨铺设 3. 基层铺设 4. 面层铺贴 5. 刷防护材料 6. 材料运输
011104003	金属复合地板				
011104004	防静电活动地板	1. 支架高度、材料种类 2. 面层材料品种、规格、颜色 3. 防护材料种类			1. 基层清理 2. 固定支架安装 3. 活动面层安装 4. 刷防护材料 5. 材料运输

5. 踢脚线

工程量清单项目的设置、项目特征描述的内容、计量单位、工程量计算规则应按表 4.78 执行。

表 4.78 踢脚线(编码:011105)

项目编码	项目名称	项目特征	计量单位	工程量计算规则	工作内容
011105001	水泥砂浆踢脚线	1. 踢脚线高度 2. 底层厚度、砂浆配合比 3. 面层厚度、砂浆配合比	1. m² 2. m	1. 以平方米计量,按设计图示长度乘高度以面积计算 2. 以米计量,按延长米计算	1. 基层清理 2. 底层和面层抹灰 3. 材料运输
011105002	石材踢脚线	1. 踢脚线高度 2. 粘贴层厚度、材料种类 3. 面层材料品种、规格、颜色 4. 防护材料种类			1. 基层清理 2. 底层抹灰 3. 面层铺贴、磨边 4. 擦缝 5. 磨光、酸洗、打蜡 6. 刷防护材料 7. 材料运输
011105003	块料踢脚线				

项目编码	项目名称	项目特征	计量单位	工程量计算规则	工作内容
011105004	塑料板踢脚线	1. 踢脚线高度 2. 粘结层厚度、材料种类 3. 面层材料种类、规格、颜色	1. m² 2. m	1. 以平方米计量,按设计图示长度乘高度以面积计算 2. 以米计量,按延长米计算	1. 基层清理 2. 基层铺贴 3. 面层铺贴 4. 材料运输
011105005	木质踢脚线	1. 踢脚线高度 2. 基层材料种类、规格 3. 面层材料品种、规格、颜色			
011105006	金属踢脚线				
011105007	防静电踢脚线				

注:石材、块料与粘结材料的结合面刷防渗材料的种类在防护材料种类中描述。

6. 楼梯面层

工程量清单项目的设置、项目特征描述的内容、计量单位、工程量计算规则应按表 4.79 执行。

表 4.79　楼梯面层(编码:011106)

项目编码	项目名称	项目特征	计量单位	工程量计算规则	工作内容
011106001	石材楼梯面层	1. 找平层厚度、砂浆配合比 2. 粘结层厚度、材料种类 3. 面层材料品种、规格、颜色 4. 防滑条材料种类、规格 5. 勾缝材料种类 6. 防护材料种类 7. 酸洗、打蜡要求	m²	按设计图示尺寸以楼梯(包括踏步、休息平台及≤500 mm 的楼梯井)水平投影面积计算。楼梯与楼地面相连时,算至梯口梁内侧边沿;无梯口梁者,算至最上一层踏步边沿加 300 mm	1. 基层清理 2. 抹找平层 3. 面层铺贴、磨边 4. 贴嵌防滑条 5. 勾缝 6. 刷防护材料 7. 酸洗、打蜡 8. 材料运输
011106002	块料楼梯面层				
011106003	拼碎块料面层				
011106004	水泥砂浆楼梯面层	1. 找平层厚度、砂浆配合比 2. 面层厚度、砂浆配合比 3. 防滑条材料种类、规格			1. 基层清理 2. 抹找平层 3. 抹面层 4. 抹防滑条 5. 材料运输

项目编码	项目名称	项目特征	计量单位	工程量计算规则	工作内容
011106005	现浇水磨石楼梯面层	1. 找平层厚度、砂浆配合比 2. 面层厚度、水泥石子浆配合比 3. 防滑条材料种类、规格 4. 石子种类、规格、颜色 5. 颜料种类、颜色 6. 磨光、酸洗打蜡要求	m²	按设计图示尺寸以楼梯（包括踏步、休息平台及≤500 mm的楼梯井）水平投影面积计算。楼梯与楼地面相连时,算至梯口梁内侧边沿;无梯口梁者,算至最上一层踏步边沿加300 mm	1. 基层清理 2. 抹找平层 3. 抹面层 4. 贴嵌防滑条 5. 磨光、酸洗、打蜡 6. 材料运输
011106006	地毯楼梯面层	1. 基层种类 2. 面层材料品种、规格、颜色 3. 防护材料种类 4. 粘结材料种类 5. 固定配件材料种类、规格			1. 基层清理 2. 铺贴面层 3. 固定配件安装 4. 刷防护材料 5. 材料运输
011106007	木板楼梯面层	1. 基层材料种类、规格 2. 面层材料品种、规格、颜色 3. 粘结材料种类 4. 防护材料种类			1. 基层清理 2. 基层铺贴 3. 面层铺贴 4. 刷防护材料 5. 材料运输
011106008	橡胶板楼梯面层	1. 粘结层厚度、材料种类 2. 面层材料品种、规格、颜色 3. 压线条种类			1. 基层清理 2. 面层铺贴 3. 压缝条装钉 4. 材料运输
011106009	塑料板楼梯面层				

注:① 在描述碎石材项目的面层材料特征时可不用描述规格、颜色。
② 石材、块料与粘结材料的结合面刷防渗材料的种类在防护材料种类中描述。

7. 台阶装饰

工程量清单项目的设置、项目特征描述的内容、计量单位、工程量计算规则应按表 4.80 执行。

表 4.80　台阶装饰(编码:011107)

项目编码	项目名称	项目特征	计量单位	工程量计算规则	工作内容
011107001	石材台阶面	1. 找平层厚度、砂浆配合比 2. 粘结材料种类 3. 面层材料品种、规格、颜色 4. 勾缝材料种类 5. 防滑条材料种类、规格 6. 防护材料种类	m²	按设计图示尺寸以台阶(包括最上层踏步边沿加300 mm)水平投影面积计算	1. 基层清理 2. 抹找平层 3. 面层铺贴 4. 贴嵌防滑条 5. 勾缝 6. 刷防护材料 7. 材料运输
011107002	块料台阶面				
011107003	拼碎块料台阶面				
011107004	水泥砂浆台阶面	1. 找平层厚度、砂浆配合比 2. 面层厚度、砂浆配合比 3. 防滑条材料种类			1. 基层清理 2. 抹找平层 3. 抹面层 4. 抹防滑条 5. 材料运输
011107005	现浇水磨石台阶面	1. 找平层厚度、砂浆配合比 2. 面层厚度、水泥石子浆配比 3. 防滑条材料种类、规格 4. 石子种类、规格、颜色 5. 颜料种类、颜色 6. 磨光、酸洗、打蜡要求			1. 清理基层 2. 抹找平层 3. 抹面层 4. 贴嵌防滑条 5. 打磨、酸洗、打蜡 6. 材料运输
011107006	剁假石台阶面	1. 找平层厚度、砂浆配合比 2. 面层厚度、砂浆配合比 3. 剁假石要求			1. 清理基层 2. 抹找平层 3. 抹面层 4. 剁假石 5. 材料运输

注:① 在描述碎石材项目的面层材料特征时可不用描述规格、颜色。
② 石材、块料与粘结材料的结合面刷防渗材料的种类在防护材料种类中描述。

8. 零星装饰项目

工程量清单项目的设置、项目特征描述的内容、计量单位、工程量计算规则应按表 4.81 执行。

表 4.81　零星装饰项目(编码:011108)

项目编码	项目名称	项目特征	计量单位	工程量计算规则	工作内容
011108001	石材零星项目	1. 工程部位 2. 找平层厚度、砂浆配合比 3. 贴结合层厚度、材料种类 4. 面层材料品种、规格、颜色 5. 勾缝材料种类 6. 防护材料种类 7. 酸洗、打蜡要求	m²	按设计图示尺寸以面积计算	1. 清理基层 2. 抹找平层 3. 面层铺贴、磨边 4. 勾缝 5. 刷防护材料 6. 酸洗、打蜡 7. 材料运输
011108002	拼碎石材零星项目				
011108003	块料零星项目				
011108004	水泥砂浆零星项目	1. 工程部位 2. 找平层厚度、砂浆配合比 3. 面层厚度、砂浆厚度			1. 清理基层 2. 抹找平层 3. 抹面层 4. 材料运输

注:① 楼梯、台阶牵边和侧面镶贴块料面层,不大于 0.5 m² 的少量分散的楼地面镶贴块料面层,应按本表执行。
② 石材、块料与粘结材料的结合面刷防渗材料的种类在防护材料种类中描述。

4.14.3　工程量计算规则

1. 地面垫层

按室内主墙间净空面积乘以设计厚度以立方米计算。
应扣除凸出地面的构筑物、设备基础、室内管道、地沟等所占体积。
不扣除柱、垛、间壁墙、附墙烟囱及面积在 0.3 m² 以内孔洞所占体积。

2. 整体面层、找平层

均按主墙间净面积以平方米计算。
应扣除凸出地面构筑物、设备基础、室内管道、地沟等所占面积。
不扣除柱、垛、附墙烟囱及面积在 0.3 m² 以上的孔洞所占面积。
不增加门洞、空圈、暖气包槽、壁龛的开口部分所占面积。

3. 块料面层

按饰面净面积以平方米计算。
不扣除 0.1 m² 内孔洞所占面积。

4. 楼梯面层(包括踏步、平台以及小于 500 mm 宽的楼梯井)

按水平投影面积计算。
有楼梯间的按楼梯间净面积计算。楼梯与走廊楼面连接的,以梯口梁外缘为界(含梯口梁)。

5. 台阶面层

按水平投影面积计算。最上一层踏步边沿加 300 mm。室外架空现浇台阶按室外楼梯计算。

6. 其他

1) 踢脚板

(1) 非块料踢脚板:按长度乘以高度以面积计算,洞口、空圈长度不予扣除,洞口、空圈、垛、附墙烟囱等侧壁长度亦不增加。

(2) 块料踢脚板:应按实长乘以高以平方米计算(洞口应扣除,侧壁应增加)。成品木踢脚线按延长米计算,楼梯踢脚线乘系数 1.15。

2) 点缀

按个计,计算地面工程量时点缀面积不扣除。

3) 零星项目

按实铺面积计算。

4) 栏杆、扶手、拦板

包括弯头长度按中心线延长米计算。

5) 楼梯栏杆弯头

一个拐弯计算两个弯头,顶层加一个弯头。

6) 防滑条

按楼梯踏步两端距离减 300 mm 以延长米计算。

【例 4.15】 某建筑平面如图 4.42 所示,试计算水泥砂浆楼地面的工程量。

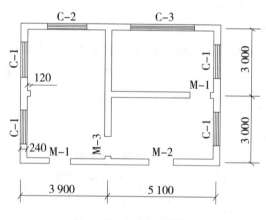

图 4.42　某建筑平面图

【解】 工程量 $= (3.9 - 0.24) \times (3 + 3 - 0.24) + (5.1 - 0.24) \times (3 - 0.24) \times 2 = 47.91 \text{ m}^2$

【例 4.16】 如图 4.42 所示,试计算木地板地面的工程量。

【解】 木地板地面的工程量 = 地面工程量 + 门洞口开口部分工程量 $= 47.91 + (1 \times 2 + 1.2 + 0.9) \times 0.24 = 48.89 \text{ m}^2$

4.15 墙柱面装饰与隔断、幕墙工程

4.15.1 基本知识

1. 墙柱面工程

1) 湿装饰墙柱面工程

湿装饰墙柱面工程包括一般抹灰、装饰抹灰、镶贴块料面层等。

（1）一般抹灰

一般抹灰工程指适用于石灰砂浆、水泥混合砂浆、水泥砂浆、聚合物水泥砂浆、麻刀灰、纸筋灰等材料的抹灰工程。

一般抹灰由底层、中层、面层组成。

一般抹灰按建筑物使用标准分为普通抹灰、中级抹灰、高级抹灰三个等级，见表4.82。

表 4.82 一般抹灰等级和抹灰遍数

抹灰等级名称	普通抹灰	中级抹灰	高级抹灰
抹灰遍数	一底、一面	一底、一中、一面	一底、一中、二面

（2）装饰抹灰

装饰抹灰除具有一般抹灰的功能外，还由于使用材料不同和施工方法不同而产生各种形式的装饰效果。装饰抹灰常用的种类有水刷石、斩假石等。

① 水刷石：15 mm 厚 1∶3 水泥砂浆或水泥石灰砂浆打底，刷素水泥浆一遍，抹 10 mm 厚 1∶1.5 水泥石子浆，水刷表面。

② 斩假石（又称剁斧石）：抹 15 mm 厚 1∶3 水泥砂浆，刷素水泥浆一遍，抹 10 mm 厚 1∶1.5 水泥石子浆，用斧斩毛。

（3）镶贴块料面层

墙柱面镶贴块料面层种类与楼地面相似。

小规格块料（一般边长 400 mm 以下）采用粘贴法施工。

大规格的板材（大理石、花岗岩等）采用挂贴法（灌浆固定法）或干挂法（扣件固定法）施工。

2) 干装饰墙柱面工程

干装饰墙柱面工程包括木装饰、木隔断及其他隔断。

（1）龙骨材料

① 木龙骨：木龙骨以方木为支承骨架，由上槛、下槛、主柱和斜撑组成。按构成分为单层和双层两种。

② 隔墙轻钢龙骨：隔墙轻钢龙骨是采用镀锌铁皮或黑铁皮带钢或薄壁冷轧退火卷带为原料，经冷弯或冲压而成的轻隔墙骨架支承材料。按其截面形状分为 U 型和 C 型。

③ 铝合金龙骨：铝合金龙骨是在纯铝中加入锰、镁等合金元素制成的，具有质轻、耐蚀、耐

磨、韧度大等特点。

（2）面层材料

① 镜面玻璃：也叫涂层玻璃或镀膜玻璃。有单面涂层和双面涂层之分。

② 镭射玻璃：是以玻璃为基材的新一代建筑装饰材料，在光源的照耀下，产生物理衍射的七彩光。

③ 玻璃砖：以砌筑局部墙面为主，可以提供自然采光，而兼能隔热、隔声和装饰作用。

④ 铝合金装饰板：又称铝合金压型板，它质量轻（仅为钢的 1/3）、易加工、强度高、刚度好，经久耐用。此外，还可采用阳极氧化的方法或喷漆处理。

⑤ 彩色有机涂层钢板：也叫塑料复合板，分单面覆层和双面覆层两种。其具有绝缘、耐磨、耐酸碱、耐油及耐侵蚀等特点，加工性能好，可切断、弯曲、钻孔、铆接、卷边。

⑥ 不锈钢装饰板：常用种类有不锈钢板、彩色不锈钢板、镜面不锈钢板、浮雕不锈钢板。

⑦ 普通胶合板：板材幅面大、平整易于加工，收缩性小，不易开裂和翘曲，应用广泛。胶合板厚度 4 mm 以下为薄胶合板，3 mm、3.5 mm、4 mm 厚的最为常用。

⑧ 硬质纤维板：它是一种利用森林采伐剩余物如枝桠、树头或木材加工厂的边角废料、林业化工厂的废料等为原料（也可用禾本科植物秸秆），经干燥、热压等加工工序而制成的人造板。

⑨ 装饰石膏板：其质量轻、强度高、防火、防震、隔热、阻热、吸声、耐老化、变形小及可调节室内湿度，施工方便，加工性能好，可锯、可钉、可刨、可粘结。

2. 幕墙工程

1）点支承玻璃幕墙

简称点式玻璃幕墙。其采用在玻璃板上穿孔，用不锈钢"爪"抓住玻璃，并通过连结杆固定在承重结构杆件上，具有简洁通透的效果。承重结构有无缝钢管桁架，爪座直接焊于钢管上；或者是型钢构件，爪座焊在型钢上。

2）全玻璃幕墙

一般由玻璃面板和玻璃肋构成幕墙，分为座装式和悬挂式。

3）金属板幕墙

金属面板包括复合铝塑板、铝单板、穿孔金属板（铝板、镀锌钢板、不锈钢板）等。

4）框支式幕墙

幕墙的玻璃面板用中性硅酮结构胶粘贴在铝合金框料上，再用压块固定在基层龙骨上。又分为明框、全隐框和半隐框。

4.15.2 清单项目划分

1. 墙面抹灰

工程量清单项目的设置、项目特征描述的内容、计量单位、工程量计算规则应按表 4.83 执行。

表 4.83　墙面抹灰(编码:011201)

项目编码	项目名称	项目特征	计量单位	工程量计算规则	工作内容
011201001	墙面一般抹灰	1. 墙体类型 2. 底层厚度、砂浆配合比 3. 面层厚度、砂浆配合比 4. 装饰面材料种类 5. 分格缝宽度、材料种类	m²	按设计图示尺寸以面积计算。扣除墙裙、门窗洞口及单个 > 0.3 m² 的孔洞面积,不扣除踢脚线、挂镜线和墙与构件交接处的面积,门窗洞口和孔洞的侧壁及顶面不增加面积。附墙柱、梁、垛、烟囱侧壁并入相应的墙面面积内 1. 外墙抹灰面积按外墙垂直投影面积计算 2. 外墙裙抹灰面积按其长度乘以高度计算 3. 内墙抹灰面积按主墙间的净长乘以高度计算 (1) 无墙裙的,高度按室内楼地面至天棚底面计算 (2) 有墙裙的,高度按墙裙顶至天棚底面计算 (3) 有吊顶天棚抹灰,高度算至天棚底 4. 内墙裙抹灰面按内墙净长乘以高度计算	1. 基层清理 2. 砂浆制作、运输 3. 底层抹灰 4. 抹面层 5. 抹装饰面 6. 勾分格缝
011201002	墙面装饰抹灰				
011201003	墙面勾缝	1. 勾缝类型 2. 勾缝材料、种类			1. 基层清理 2. 砂浆制作、运输 3. 勾缝
011201004	立面砂浆找平层	1. 基层类型 2. 找平层砂浆厚度、配合比			1. 基层清理 2. 砂浆制作、运输 3. 抹灰找平

注:① 立面砂浆找平项目适用于仅做找平层的立面抹灰。
② 墙面抹石灰砂浆、水泥砂浆、混合砂浆、聚合物水泥砂浆、麻刀石灰浆、石膏灰浆等按本表中墙面一般抹灰列项;墙面水刷石、斩假石、干粘石、假面砖等按本表中墙面装饰抹灰列项。
③ 飘窗凸出外墙面增加的抹灰并入外墙工程量内。
④ 有吊顶天棚的内墙面抹灰,抹至吊顶以上部分在综合单价中考虑。

2. 柱(梁)面抹灰

工程量清单项目的设置、项目特征描述的内容、计量单位、工程量计算规则应按表 4.84 执行。

表 4.84　柱(梁)面抹灰(编码:011202)

项目编码	项目名称	项目特征	计量单位	工程量计算规则	工作内容
011202001	柱、梁面一般抹灰	1. 柱(梁)体类型 2. 底层厚度、砂浆配合比 3. 面层厚度、砂浆配合比 4. 装饰面材料种类 5. 分格缝宽度、材料种类	m²	1. 柱面抹灰:按设计图示柱断面周长乘高度以面积计算 2. 梁面抹灰:按设计图示梁断面周长乘长度以面积计算	1. 基层清理 2. 砂浆制作、运输 3. 底层抹灰 4. 抹面层 5. 勾分格缝
011202002	柱、梁面装饰抹灰				
011202003	柱、梁面砂浆找平	1. 柱(梁)体类型 2. 找平的砂浆厚度、配合比			1. 基层清理 2. 砂浆制作、运输 3. 抹灰找平
011202004	柱面勾缝	1. 勾缝类型 2. 勾缝材料种类		按设计图示柱断面周长乘高度以面积计算	1. 基层清理 2. 砂浆制作、运输 3. 勾缝

注:① 砂浆找平项目适用于仅做找平层的柱(梁)面抹灰。

② 柱(梁)面抹石灰砂浆、水泥砂浆、混合砂浆、聚合物水泥砂浆、麻刀石灰浆、石膏灰浆等按本表中柱(梁)面一般抹灰编码列项,柱(梁)面水刷石、斩假石、干粘石、假面砖等按本表中柱(梁)面装饰抹灰项目编码列项。

3. 零星抹灰

工程量清单项目的设置、项目特征描述的内容、计量单位、工程量计算规则应按表4.85执行。

表 4.85 零星抹灰(编码:011203)

项目编码	项目名称	项目特征	计量单位	工程量计算规则	工作内容
011203001	零星项目一般抹灰	1. 基层类型、部位 2. 底层厚度、砂浆配合比 3. 面层厚度、砂浆配合比 4. 装饰面材料种类 5. 分格缝宽度、材料种类	m²	按设计图示尺寸以面积计算	1. 基层清理 2. 砂浆制作、运输 3. 底层抹灰 4. 抹面层 5. 抹装饰面 6. 勾分格缝
011203002	零星项目装饰抹灰				
011203003	零星项目砂浆找平	1. 基层类型、部位 2. 找平的砂浆厚度、配合比			1. 基层清理 2. 砂浆制作、运输 3. 抹灰找平

注:① 零星项目抹石灰砂浆、水泥砂浆、混合砂浆、聚合物水泥砂浆、麻刀石灰浆、石膏灰浆等按本表中零星项目一般抹灰编码列项,水刷石、斩假石、干粘石、假面砖等按本表中零星项目装饰抹灰编码列项。

② 墙、柱(梁)面≤0.5 m²的少量分散的抹灰按本表中零星抹灰项目编码列项。

4. 墙面块料面层

工程量清单项目的设置、项目特征描述的内容、计量单位、工程量计算规则应按表4.86执行。

表 4.86 墙面块料面层(编码:011204)

项目编码	项目名称	项目特征	计量单位	工程量计算规则	工作内容
011204001	石材墙面	1. 墙体类型 2. 安装方式 3. 面层材料品种、规格、颜色 4. 缝宽、嵌缝材料种类 5. 防护材料种类 6. 磨光、酸洗、打蜡要求	m²	按镶贴表面积计算	1. 基层清理 2. 砂浆制作、运输 3. 粘结层铺贴 4. 面层安装 5. 嵌缝 6. 刷防护材料 7. 磨光、酸洗、打蜡
011204002	拼碎石材墙面				
011204003	块料墙面				
011204004	干挂石材钢骨架	1. 骨架种类、规格 2. 防锈漆品种遍数	t	按设计图示以质量计算	1. 骨架制作、运输、安装 2. 刷漆

注:① 在描述碎块项目的面层材料特征时可不用描述规格、颜色。

② 石材、块料与粘结材料的结合面刷防渗材料的种类在防护层材料种类中描述。

③ 安装方式可描述为砂浆或粘结剂粘贴、挂贴、干挂等,无论采用哪种安装方式,都要详细描述与组价相关的内容。

5. 柱(梁)面镶贴块料

工程量清单项目的设置、项目特征描述的内容、计量单位、工程量计算规则应按表4.87执行。

表4.87　柱(梁)面镶贴块料(编码:011205)

项目编码	项目名称	项目特征	计量单位	工程量计算规则	工作内容
011205001	石材柱面	1. 柱截面类型、尺寸 2. 安装方式 3. 面层材料品种、规格、颜色 4. 缝宽、嵌缝材料种类 5. 防护材料种类 6. 磨光、酸洗、打蜡要求	m²	按镶贴表面积计算	1. 基层清理 2. 砂浆制作、运输 3. 粘结层铺贴 4. 面层安装 5. 嵌缝 6. 刷防护材料 7. 磨光、酸洗、打蜡
011205002	块料柱面				
011205003	拼碎块柱面				
011205004	石材梁面	1. 安装方式 2. 面层材料品种、规格、颜色 3. 缝宽、嵌缝材料种类 4. 防护材料种类 5. 磨光、酸洗、打蜡要求			
011205005	块料梁面				

6. 镶贴零星块料

工程量清单项目的设置、项目特征描述的内容、计量单位、工程量计算规则应按表4.88执行。

表4.88　镶贴零星块料(编码:011206)

项目编码	项目名称	项目特征	计量单位	工程量计算规则	工作内容
011206001	石材零星项目	1. 基层类型、部位 2. 安装方式 3. 面层材料品种、规格、颜色 4. 缝宽、嵌缝材料种类 5. 防护材料种类 6. 磨光、酸洗、打蜡要求	m²	按镶贴表面积计算	1. 基层清理 2. 砂浆制作、运输 3. 面层安装 4. 嵌缝 5. 刷防护材料 6. 磨光、酸洗、打蜡
011206002	块料零星项目				
011206003	拼碎块零星项目				

7. 墙饰面

工程量清单项目的设置、项目特征描述的内容、计量单位、工程量计算规则应按表4.89执行。

表 4.89　墙饰面(编码:011207)

项目编码	项目名称	项目特征	计量单位	工程量计算规则	工作内容
011207001	墙面装饰板	1. 龙骨材料种类、规格、中距 2. 隔离层材料种类、规格 3. 基层材料种类、规格 4. 面层材料品种、规格、颜色 5. 压条材料种类、规格	m²	按设计图示墙净长乘净高以面积计算。扣除门窗洞口及单个 > 0.3 m² 的孔洞所占面积	1. 基层清理 2. 龙骨制作、运输、安装 3. 钉隔离层 4. 基层铺钉 5. 面层铺贴
011207002	墙面装饰浮雕	1. 基层类型 2. 浮雕材料种类 3. 浮雕样式		按设计图示尺寸以面积计算	1. 基层清理 2. 材料制作、运输 3. 安装成型

8. 柱(梁)饰面

工程量清单项目的设置、项目特征描述的内容、计量单位、工程量计算规则应按表 4.90 执行。

表 4.90　柱(梁)饰面(编码:011208)

项目编码	项目名称	项目特征	计量单位	工程量计算规则	工作内容
011208001	柱(梁)面装饰	1. 龙骨材料种类、规格、中距 2. 隔离层材料种类 3. 基层材料种类、规格 4. 面层材料品种、规格、颜色 5. 压条材料种类、规格	m²	按设计图示饰面外围尺寸以面积计算。柱帽、柱墩并入相应柱饰面工程量内	1. 清理基层 2. 龙骨制作、运输、安装 3. 钉隔离层 4. 基层铺钉 5. 面层铺贴
011208002	成品装饰柱	1. 柱截面、高度尺寸 2. 柱材质	1. 根 2. m	1. 以根计量,按设计数量计算 2. 以米计量,按设计长度计算	柱运输、固定、安装

9. 幕墙工程

工程量清单项目的设置、项目特征描述的内容、计量单位、工程量计算规则应按表 4.91 执行。

表 4.91　幕墙工程(编码:011209)

项目编码	项目名称	项目特征	计量单位	工程量计算规则	工作内容
011209001	带骨架幕墙	1. 骨架材料种类、规格、中距 2. 面层材料品种、规格、颜色 3. 面层固定方式 4. 隔离带、框边封闭材料品种、规格 5. 嵌缝、塞口材料种类	m²	按设计图示框外围尺寸以面积计算。与幕墙同种材质的窗所占面积不扣除	1. 骨架制作、运输、安装 2. 面层安装 3. 隔离带、框边封闭 4. 嵌缝、塞口 5. 清洗
011209002	全玻(无框玻璃)幕墙	1. 玻璃品种、规格、颜色 2. 粘结塞口材料种类 3. 固定方式		按设计图示尺寸以面积计算。带肋全玻幕墙按展开面积计算	1. 幕墙安装 2. 嵌缝、塞口 3. 清洗

4.15.3　工程量计算规则

1. 墙柱面计算规则

1)一般抹灰

(1)内墙抹灰

①内墙抹灰面积

应扣除门窗洞口和空圈所占的面积。不扣除踢脚板、挂镜线、0.3 m² 以内的孔洞和墙与构件交接处的面积。不增加洞口侧壁和顶面的面积。应增加墙垛和附墙烟囱侧壁面积。

内墙面抹灰长度以主墙间的设计图示净长尺寸计算。

内墙面抹灰高度:无墙裙的,室内地面或楼面至天棚底面;有墙裙的,墙裙顶至天棚底面;有吊顶天棚的,室内地面或楼面至吊顶天棚底面+100 mm 。

②内墙裙抹灰面积

按内墙净长乘以墙裙高度计算。其他规定同内墙面。

(2)外墙抹灰

①外墙抹灰面积

按外墙面的垂直投影面积以平方米计算。应扣除门窗洞口、外墙裙和大于 0.3 m² 孔洞所占面积。不增加洞口侧壁和顶面面积。应增加附墙垛、梁、柱的侧面面积。

②外墙裙(勒脚)抹灰面积

按其长度乘以高度计算。其他规定同外墙面。

③其他

窗台线、门窗套、挑檐、腰线、遮阳板、雨篷外边线、楼梯边梁、女儿墙压顶等,装饰线条展开宽度在 300 mm 以内者,以延长米计算。零星项目展开宽度在 300 mm 以上时,按设计图示尺寸以展开面积计算。

栏板、栏杆(包括立柱、扶手或压顶等)抹灰套用零星项目子目,按中心线的立面垂直投影面积乘以系数 2.20 以平方米计算;外侧与内侧抹灰砂浆不同时,各按系数 1.10 计算。

墙面勾缝按垂直投影面积计算,应扣除墙裙和墙面抹灰的面积。

2)装饰抹灰

(1)外墙各种装饰抹灰均按垂直投影面积计算,应扣除门窗洞口、0.3 m² 以上孔洞的面积。不增加洞口侧壁面积。应增加附墙柱侧面面积。

(2)挑檐、天沟、腰线、栏杆、栏板、门窗套、窗台线、压顶、雨篷周边、楼梯边梁等均按设计图示尺寸展开面积以零星项目计算(装饰抹灰中不存在装饰线条项目)。

(3)分格嵌缝按装饰抹灰面积计算。

3)块料面层

(1)墙面贴块料面层均按设计图示尺寸以实贴面积计算。

(2)高度低于 300 mm 以内时,按踢脚板计算。

(3)柱按饰面外围尺寸乘以高度计算。成品大理石、花岗岩柱墩柱帽按最大外围周长以米计算。其他未列项目的柱墩、柱帽均按设计以展开面积计算,并入相应柱面内,且另按装饰种类增加人工:抹灰 0.25 工日/个,块料 0.38 工日/个,饰面 0.5 工日/个。

4)隔断、隔墙、屏风

按净长乘净高计算,扣除门窗洞口及 0.3 m² 以上孔洞的面积。全玻隔断的不锈钢边框按展开面积单独列项计算。

【例 4.17】 如图 4.43 所示,内墙面为 1:2 水泥砂浆,外墙面为普通水泥白石子水刷石,门窗洞口尺寸分别为 M-1:900 mm × 2 000 mm;M-2:1 200 mm × 2 000 mm;M-3:1 000 mm × 2 000 mm;C-1:1 500 mm × 1 500 mm;C-2:1 800 mm × 1 500 mm;C-3:3 000 mm × 1 500 mm。试计算墙面抹灰工程量。

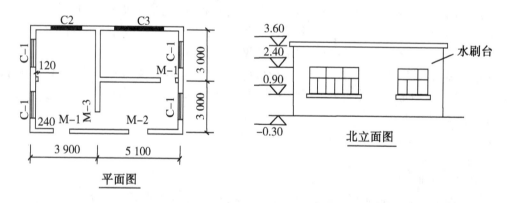

图 4.43 某建筑物平面、立面示意图

【解】 (1)外墙面抹灰工程量=外墙面抹灰面积-应扣门窗洞口面积

外墙面抹灰面积 = (3.9+5.1+0.24+3×2+0.24)×2×(3.6+0.3) = 120.74 m²

应扣门窗洞口面积 = 1.5×1.5×4+1.8×1.5+3×1.5+0.9×2+1.2×2 = 20.40 m²

外墙抹灰工程量 = 120.74-20.40 = 100.34 m²

(2)内墙面抹灰工程量 = 内墙面面积+柱侧面面积-门窗洞口面积

内墙面面积＋柱侧面面积＝[(3.9－0.24＋3×2－0.24)×2＋(5.1－0.24＋3－0.24)×2×2＋0.12×2]×3.6＝178.42 m²

应扣门窗洞口面积＝0.9×2×3＋1.2×2＋1×2×2＋1.5×1.5×4＋1.8×1.5＋3×1.5＝28.00 m²

内墙抹灰工程量＝178.42－28.00＝150.42 m²

2．幕墙工程计算规则

1）点式玻璃幕墙

按设计图示尺寸以四周框外围展开面积计算。点式玻璃幕墙玻璃肋结构中，玻璃肋面积不计入工程量，但玻璃肋含量可调整。其中钢桁架按钢结构计算。

2）全玻式幕墙

按设计图示尺寸以面积计算，含玻璃肋展开面积。

3）金属板幕墙

按设计图示尺寸，以外围展开面积计算。板材折边按展开面积计入工程量。

4）框支式玻璃幕墙

按设计图示尺寸，以框外围展开面积计算。同材质的悬窗并入幕墙内计算。

5）其他

幕墙防火隔断按设计图示尺寸，以展开面积计算。防火系统、避雷系统、成品金属压条以延长米计算。雨篷按设计图示尺寸，以外围展开面积计算。排水沟槽按水平投影面积并入雨篷工程量。

4.16 天棚工程

4.16.1 基本知识

天棚工程包括结构板底直接式抹灰面天棚和悬挂式吊顶天棚工程等。

1．天棚抹灰工程

天棚抹灰多为一般抹灰，材料及组成同墙柱面的一般抹灰。

2．天棚吊顶装饰

天棚吊顶由吊杆、天棚龙骨、天棚基层、天棚面层组成。

1）龙骨材料

（1）木龙骨：木龙骨以方木为支承骨架，由上槛、下槛、主柱和斜撑组成。按构成分为单层和双层两种。

（2）轻钢龙骨：同墙柱面。

（3）铝合金龙骨：按主龙骨断面分为 U 形、T 形等几种形式。

2）基层、面层材料

（1）普通胶合板、硬质纤维板、装饰石膏板等。

（2）石棉板、矿棉装饰吸声板。

（3）埃特板、铝塑板、钙塑板。

（4）铝合金扣板、条板。

（5）空腹PVC扣板。

3）吊顶天棚种类

（1）平面天棚：天棚面层在同一标高者为平面天棚，又称一级天棚。

（2）跌级天棚：天棚面层不在同一标高者为跌级天棚，即二级及以上天棚。

（3）艺术造型天棚：带有装饰花和不"规则"型的天棚称为艺术造型天棚，包括藻井形、阶梯形、锯齿形等。

4.16.2 清单项目划分

1. 天棚抹灰

工程量清单项目的设置、项目特征描述的内容、计量单位、工程量计算规则应按表4.92执行。

表 4.92 天棚抹灰（编码：011301）

项目编码	项目名称	项目特征	计量单位	工程量计算规则	工作内容
011301001	天棚抹灰	1. 基层类型 2. 抹灰厚度、材料种类 3. 砂浆配合比	m²	按设计图示尺寸以水平投影面积计算。不扣除间壁墙、垛、柱、附墙烟囱、检查口和管道所占的面积，带梁天棚的梁两侧抹灰面积并入天棚面积内，板式楼梯底面抹灰按斜面积计算，锯齿形楼梯底板抹灰按展开面积计算	1. 基层清理 2. 底层抹灰 3. 抹面层

2. 天棚吊顶

工程量清单项目的设置、项目特征描述的内容、计量单位、工程量计算规则应按表4.93执行。

表 4.93　天棚吊顶(编码:011302)

项目编码	项目名称	项目特征	计量单位	工程量计算规则	工作内容
011302001	吊顶天棚	1. 吊顶形式、吊杆规格、高度 2. 龙骨材料种类、规格、中距 3. 基层材料种类、规格 4. 面层材料品种、规格 5. 压条材料种类、规格 6. 嵌缝材料种类 7. 防护材料种类	m²	按设计图示尺寸以水平投影面积计算。天棚面中的灯槽及跌级、锯齿形、吊挂式、藻井式天棚面积不展开计算。不扣除间壁墙、检查口、附墙烟囱、柱垛和管道所占面积,扣除单个 > 0.3 m² 的孔洞、独立柱及与天棚相连的窗帘盒所占的面积	1. 基层清理、吊杆安装 2. 龙骨安装 3. 基层板铺贴 4. 面层铺贴 5. 嵌缝 6. 刷防护材料
011302002	格栅吊顶	1. 龙骨材料种类、规格、中距 2. 基层材料种类、规格 3. 面层材料品种、规格 4. 防护材料种类		按设计图示尺寸以水平投影面积计算	1. 基层清理 2. 安装龙骨 3. 基层板铺贴 4. 面层铺贴 5. 刷防护材料
011302003	吊筒吊顶	1. 吊筒形状、规格 2. 吊筒材料种类 3. 防护材料种类			1. 基层清理 2. 吊筒制作安装 3. 刷防护材料
011302004	藤条造型悬挂吊顶	1. 骨架材料种类、规格 2. 面层材料品种、规格			1. 基层清理 2. 龙骨安装 3. 铺贴面层
011302005	织物软雕吊顶				
011302006	装饰网架吊顶	网架材料品种、规格			1. 基层清理 2. 网架制作安装

3. 采光天棚

工程量清单项目的设置、项目特征描述的内容、计量单位、工程量计算规则应按表 4.94 执行。

表 4.94　采光天棚(编码:011303)

项目编码	项目名称	项目特征	计量单位	工程量计算规则	工作内容
011303001	采光天棚	1. 骨架类型 2. 固定类型、固定材料品种、规格 3. 面层材料品种、规格 4. 嵌缝、塞口材料种类	m²	按框外围展开面积计算	1. 清理基层 2. 面层制安 3. 嵌缝、塞口 4. 清洗

4．天棚其他装饰

工程量清单项目的设置、项目特征描述的内容、计量单位、工程量计算规则应按表 4.95 执行。

表 4.95　天棚其他装饰(编码:011304)

项目编码	项目名称	项目特征	计量单位	工程量计算规则	工作内容
011304001	灯带(槽)	1. 灯带型式、尺寸 2. 格栅片材料品种、规格 3. 安装固定方式	m²	按设计图示尺寸以框外围面积计算	安装、固定
011304002	送风口、回风口	1. 风口材料品种、规格 2. 安装固定方式 3. 防护材料种类	个	按设计图示数量计算	1. 安装、固定 2. 刷防护材料

4.16.3　工程量计算规则

1．天棚抹灰工程量

(1) 天棚抹灰面积,按主墙间的净面积计算。不扣除间壁墙、垛、柱、附墙烟囱、检查口和管道所占的面积。应增加带梁天棚梁两侧抹灰面积。

(2) 密肋梁和井字梁天棚抹灰面积按展开面积计算。

(3) 天棚抹灰装饰线(角线)区别三道线以内或五道线以内按延长米计算。

(4) 檐口天棚的抹灰面积并入相同的天棚抹灰工程量内计算。

(5) 天棚中的折线、灯槽线、圆弧形线、拱形线等艺术造型的抹灰按展开面积计算。

(6) 楼梯底面抹灰按楼梯水平投影面积(梯井宽超过 200 mm 以上者,应扣除超过部分的投影面积)乘以系数 1.30,套用相应的天棚抹灰定额计算。

(7) 阳台底面抹灰按水平投影面积以平方米计算,并入相应天棚抹灰面积内。阳台如带悬臂梁者,其工程量乘系数 1.30。

(8) 雨篷底面或顶面抹灰分别按水平投影面积以平方米计算,并入相应天棚抹灰面积内。雨篷顶面带反沿或反梁或底面带悬臂梁者,其工程量乘系数 1.20。

2．天棚龙骨工程量

按主墙间净空面积计算;不扣除间壁墙、检查口、附墙烟囱、垛和管道所占面积。

3．天棚基层工程量

按展开面积计算。

4. 天棚装饰面层工程量

按主墙间实铺面积以平方米计算。不扣除间壁墙、检查口、附墙烟囱、附墙垛和管道所占面积;应扣除独立柱、灯槽及与天棚相连的窗帘盒、0.3 m² 以上孔洞所占的面积。

5. 龙骨面层合并列项子目

计量规则同龙骨工程量。

6. 楼梯底面装饰工程量

板式按水平投影面积×1.15;梁板式按展开面积计算。

7. 其他

灯光槽、嵌缝按延长米计算;保温层按实铺面积计算;网架按水平投影面积计算。

8. 石膏装饰工程量

石膏装饰角线、平线工程量以延长米计算;石膏灯座花饰工程量以实际面积按个计算;石膏装饰配花、平面外形不规则的按外围矩形面积按个计算。

【例 4.18】 某居室现浇钢筋混凝土天棚抹灰工程,如图 4.44 所示,1∶1∶6 混合砂浆抹面。试计算天棚抹灰清单工程量。

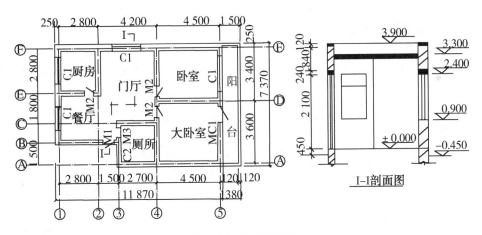

图 4.44　居室平面图

【解】 天棚抹灰工程量清单项目的计算:

天棚抹灰工程量 =（厨房）(2.80-0.24)×(2.80-0.24)+（餐厅）(2.80-0.24)×(0.90+1.80-0.24)+（门厅）(4.20-0.24)×(1.80+2.80-0.24)+(1.50-0.24)×(0.9-0.24)+（厕所）(2.70-0.24)×(1.50+0.90-0.24)+（卧室）(4.50-0.24)×(3.40-0.24)+（大卧室）(4.50-0.24)×(3.60-0.24)+（阳台）(1.38-0.12)×(3.60+3.40+0.25-0.12)+0.24×(1.8+0.9-0.24)+0.24×(1.5-0.24) = 69.954 m²

4.17 脚手架工程

4.17.1 基本知识

脚手架是建筑施工中不可缺少的临时设施,属于施工措施项目之一。它是为解决在建筑物高部位施工而专门搭设的,用作操作平台、施工作业和运输通道并能临时堆放施工用材料和机具。因此,脚手架在砌筑工程、混凝土工程、装修工程中有着广泛的应用。

1)按照与建筑物的位置关系分

(1)外脚手架:外脚手架沿建筑物外围从地面搭起,既可用于外墙砌筑,又可用于外装饰施工。

(2)里脚手架:里脚手架搭设于建筑物内部,每砌完一层墙后,即将其转移到上一层楼面,进行新的一层砌体砌筑。它可用于内外墙的砌筑和室内装饰施工。

(3)满堂脚手架:用于室内天棚装饰。

2)按搭设形式分

(1)单排脚手架:只有一排立杆,短横杆的一端搁置在墙体上的脚手架。

(2)双排脚手架:由内外两排立杆和纵、横水平杆构成的脚手架。

4.17.2 清单项目划分

脚手架工程工程量清单项目的设置、项目特征描述的内容、计量单位、工程量计算规则应按表4.96执行。

表4.96 脚手架工程(编码:011701)

项目编码	项目名称	项目特征	计量单位	工程量计算规则	工作内容
011701001	综合脚手架	1. 建筑结构形式 2. 檐口高度	m²	按建筑面积计算	1. 场内、场外材料搬运 2. 搭、拆脚手架、斜道、上料平台 3. 安全网的铺设 4. 选择附墙点与主体连接 5. 测试电动装置、安全锁等 6. 拆除脚手架后材料的堆放

表 4.96　脚手架工程(编码:011701)

项目编码	项目名称	项目特征	计量单位	工程量计算规则	工作内容
011701002	外脚手架	1. 搭设方式 2. 搭设高度 3. 脚手架材质	m²	按所服务对象的垂直投影面积计算	1. 场内、场外材料搬运 2. 搭、拆脚手架、斜道、上料平台 3. 安全网的铺设 4. 拆除脚手架后材料的堆放
011701003	里脚手架				
011701004	悬空脚手架	1. 搭设方式 2. 悬挑宽度 3. 脚手架材质		按搭设的水平投影面积计算	
011701005	挑脚手架		m	按搭设长度乘以搭设层数以延长米计算	
011701006	满堂脚手架	1. 搭设方式 2. 搭设高度 3. 脚手架材质		按搭设的水平投影面积计算	
011701007	整体提升架	1. 搭设方式及启动装置 2. 搭设高度	m²	按所服务对象的垂直投影面积计算	1. 场内、场外材料搬运 2. 选择附墙点与主体连接 3. 搭、拆脚手架、斜道、上料平台 4. 安全网的铺设 5. 测试电动装置、安全锁等 6. 拆除脚手架后材料的堆放
011701008	外装饰吊篮	1. 升降方式及启动装置 2. 搭设高度及吊篮型号			1. 场内、场外材料搬运 2. 吊篮的安装 3. 测试电动装置、安全锁、平衡控制器等 4. 吊篮的拆卸

4.17.3　工程量计算规则

1. 综合脚手架

1) 工作内容

外墙砌筑、外墙装饰及内墙砌筑用架,不包括檐高 20 m 以上外脚手架增加费。

2) 计算规则

按建筑物的建筑面积计算。

综合脚手架适用于能够按"建筑面积计算规则"计算建筑面积的建筑工程脚手架,不适用于房屋加层、构筑物及附属工程脚手架。

2. 单项脚手架

内、外墙砌筑工程脚手架已综合在综合脚手架内,不另行计算。如实际不能以建筑面积计算脚手架,但又必须搭设的脚手架,均执行单项脚手架定额。

1)外脚手架

外脚手架工程量按外墙外边线长度乘以砌筑高度计算。

挑檐高度为设计室外地坪至檐口屋面板顶面的距离。

女儿墙高度为设计室外地坪至女儿墙压顶面的距离。

一般规定:外墙脚手架工程量计算均不扣除门窗洞口、空圈洞口等所占的面积;同一建筑物高度不同时,应按不同高度分别计算。

【例 4.19】 如图 4.45 所示建筑物,主楼女儿墙顶面标高 18.5 m,大厅为单层,女儿墙顶面标高为 9.5 m,设计室外地坪为−0.500 m,试计算外脚手架的工程量(图示尺寸为中心线尺寸,墙厚均为 240 mm)。

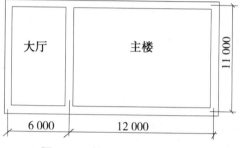

图 4.45 某建筑物平面示意图

【解】 大厅外脚手架工程量 =(6.12×2+11.24)×(9.5+0.5)= 234.80 m²

主楼外脚手架工程量 =(12.12×2+11.24)×(18.5 + 0.5)+ 11.24 ×(18.5 − 9.5)= 775.28 m²

合计 = 234.80+775.28 = 1 010.08 m²

2)里脚手架

按所服务对象垂直投影面积计算,通常情况下用净长乘以净高。

注意区分是砌筑用还是装饰墙面用里脚手架。内墙面装饰用里脚手架,均按内墙面垂直投影面积计算,不扣除门窗孔洞的面积,但已计算满堂脚手架的,不得再计算内墙里脚手架。搭设 3.6 m 以上钢管里脚手架,按 9 m 以内钢管里脚手架计算。

3)满堂脚手架

凡室内高度超过 3.6 m 的天棚抹灰、天棚钉板应计算满堂脚手架。

按室内地面净面积(净长×净宽)计算,不扣除柱、附墙垛所占面积。

满堂脚手架高度:单层以设计室外地面至天棚底为准,楼层以室内地面或楼面至天棚底(斜天棚或斜屋面板以平均高度计算)为准。

若室内高度超过 5.2 m 时还应计算增加层。增加层的计算公式为:

$$增加层 = \frac{室内净高 - 5.2}{1.2} \tag{4.27}$$

整数部分为增加层,小数部分乘 1.2,若其积小于等于 0.6 m 则不计算增加层,大于 0.6 m 则计算一个增加层。

综合与满堂脚手架的关系:单层建筑物和多层建筑物层高超过 3.6 m 的天棚抹灰、钉板要计算综合脚手架和满堂脚手架,二者为并列关系,都要计算;单层建筑物和多层建筑物层高不超过 3.6 m 的天棚抹灰、钉板,只计算综合脚手架,不计算满堂脚手架。

4.17.4 相关说明

按照《湖北省房屋建筑与装饰工程消耗量定额及全费用基价表》,另有以下相关说明。

1. 综合脚手架

1) 一般结构工程

(1) 单层建筑综合脚手架适用于檐高 20 m 以内的单层建筑工程。

(2) 凡单层建筑工程执行单层建筑综合脚手架项目;二层及二层以上的建筑工程执行多层建筑综合脚手架项目;地下室执行地下室综合脚手架项目。

(3) 综合脚手架包括外墙砌筑及外墙粉饰、3.6 m 以内的内墙砌筑及混凝土浇捣用脚手架以及内墙面和天棚粉饰脚手架。

2) 执行综合脚手架,有下列情况者,可另执行单项脚手架项目

(1) 满堂基础或者高度(垫层上皮至基础顶面)在 1.2 m 以外的混凝土或钢筋混凝土基础,按满堂脚手架基本层定额乘以系数 0.3;高度超过 3.6 m,每增加 1 m 按满堂脚手架增加层定额乘以系数 0.3。

(2) 独立柱、现浇混凝土单(连续)梁、施工高度超过 3.6 m 的框架柱、剪力墙执行双排外脚手架定额项目乘以系数 0.3。

(3) 砌筑高度在 3.6 m 以外的砖及砌块内墙,按相应双排脚手架定额乘以系数 0.3。

(4) 砌筑高度在 1.2 m 以外的屋顶烟囱的脚手架,按设计图示烟囱外围周长另加 3.6 m 乘以烟囱出屋顶高度以面积计算,执行里脚手架项目。

(5) 砌筑高度在 2 m 以外的管沟墙及砖基础(含砖胎模),按设计图示砌筑长度乘以高度以面积计算,执行里脚手架项目。

(6) 高度在 3.6 m 以外,墙面装饰不能利用原砌筑脚手架时,执行内墙面粉饰脚手架项目。层高超过 3.6 m 天棚,需抹灰、刷油、吊顶等装饰者,可计算满堂脚手架室内。凡计算了满堂脚手架,墙面装饰不再计算墙面粉饰脚手架,只按每 100 m² 墙面垂直投影面积增加改架一般技工 1.28 工日。

(7) 幕墙施工的吊篮费用,实际发生时,按批准的施工方案计算。

(8) 按照建筑面积计算规范的有关规定未计入建筑面积,但施工过程中需搭设脚手架的施工部位,以及不适宜使用综合脚手架的项目,均可按相应的单项脚手架项目执行。

本定额按建筑面积计算的综合脚手架,是按一个整体工程考虑的,当建筑工程(主体结构)与装饰装修工程不是一个单位施工时,建筑工程综合脚手架按定额子目的 80% 计算,装饰装修工程另按实际使用的单项脚手架或其他脚手架计算。

2. 单项脚手架

(1) 外脚手架消耗量中已综合斜道、上料平台、护卫栏杆等。

(2) 建筑物外墙脚手架,设计室外地坪至檐口的砌筑高度在 15 m 以下的按单排脚手架计算;砌筑高度在 15 m 以上或砌筑高度虽不足 15 m,但外墙门窗及装饰面积超过外墙表面积

60%以上时,执行双排脚手架项目。

（3）建筑物内墙脚手架,设计室内地坪至板底(或山墙高度的1/2处)的砌筑高度在3.6 m以内的,执行里脚手架项目。

（4）层高3.6 m以内内墙、柱面,天棚面装饰用架执行3.6 m以内墙、柱面及天棚面粉饰用架。

（5）围墙脚手架,室外地坪至围墙顶面的砌筑高度在3.6 m以内的,按里脚手架执行;砌筑高度在3.6 m以外的,执行单排外脚手架项目。

（6）石砌墙体,砌筑高度在1.2 m以外时,执行双排外脚手架项目。

（7）大型设备基础,凡距地坪高度在1.2 m以外的,执行双排外脚手架项目。

（8）挑脚手架适用于外檐挑檐宽度大于0.9 m等部位的局部装饰。

（9）悬空脚手架适用于有露明屋架的屋面板勾缝、油漆或喷浆等部位。

（10）整体提升架适用于高层建筑的外墙施工。

4.18 模板工程

4.18.1 基本知识

模板系统包括模板和支撑两大部分。模板在混凝土浇筑中使其结构构件所要求的形状尺寸和空间位置不变。支撑系统则是支撑模板,保持其不移位,以及承受模板、混凝土、钢筋及施工等荷载。在湖北省现行定额当中将模板按其材料不同分为组合钢模板、胶合板模板和木模板三种。

4.18.2 清单项目划分

混凝土模板及支架(撑)工程量清单项目设置、项目特征描述的内容、计量单位、工程量计算规则及工作内容,应按表4.97的规定执行。

表4.97 混凝土模板及支架(撑)(编码:011702)

项目编码	项目名称	项目特征	计量单位	工程量计算规则	工作内容
011702001	基础	基础类型	m²		1. 模板制作 2. 模板安装、拆除、整理堆放及场内外运输 3. 清理模板粘结物及模内杂物、刷隔离剂等
011702002	矩形柱				
011702003	构造柱				
011702004	异形柱	柱截面形状			
011702005	基础梁	梁截面形状			
011702006	矩形梁	支撑高度			
011702007	异形梁	1. 梁截面形状 2. 支撑高度			

项目编码	项目名称	项目特征	计量单位	工程量计算规则	工作内容
011702008	圈梁			按模板与现浇混凝土构件的接触面积计算 1. 现浇钢筋混凝土墙、板单孔面积 ≤ 0.3 m² 的孔洞不予扣除,洞侧壁模板亦不增加;单孔面积 > 0.3 m² 时应予扣除,洞侧壁模板面积并入墙、板工程量内计算 2. 现浇框架分别按梁、板、柱有关规定计算;附墙柱、暗梁、暗柱并入墙内工程量内计算 3. 柱、梁、墙、板相互连接的重叠部分,均不计算模板面积 4. 构造柱按图示外露部分计算模板面积	1. 模板制作 2. 模板安装、拆除、整理堆放及场内外运输 3. 清理模板粘结物及模内杂物、刷隔离剂等
011702009	过梁				
011702010	弧形、拱形梁	1. 梁截面形状 2. 支撑高度			
011702011	直形墙				
011702012	弧形墙				
011702013	短肢剪力墙、电梯井壁				
011702014	有梁板				
011702015	无梁板				
011702016	平板		m²		
011702017	拱板	支撑高度			
011702018	薄壳板				
011702019	空心板				
011702020	其他板				
011702021	栏板				
011702022	天沟、檐沟	构件类型		按模板与现浇混凝土构件的接触面积计算	
011702023	雨篷、悬挑板、阳台板	1. 构件类型 2. 板厚度		按图示外挑部分尺寸的水平投影面积计算,挑出墙外的悬臂梁及板边不另计算	
011702024	楼梯	类型		按楼梯(包括休息平台、平台梁、斜梁和楼层板的连接梁)的水平投影面积计算,不扣除宽度 ≤ 500 mm 的楼梯井所占面积,楼梯踏步、踏步板、平台梁等侧面模板不另计算,伸入墙内部分亦不增加	
011702025	其他现浇构件	构件类型		按模板与现浇混凝土构件的接触面积计算	
011702026	电缆沟、地沟	1. 沟类型 2. 沟截面		按模板与电缆沟、地沟接触的面积计算	
011702027	台阶	台阶踏步宽		按图示台阶水平投影面积计算,台阶端头两侧不另计算模板面积。架空式混凝土台阶,按现浇楼梯计算	

项目编码	项目名称	项目特征	计量单位	工程量计算规则	工作内容
011702028	扶手	扶手断面尺寸	m²	按模板与扶手的接触面积计算	1. 模板制作 2. 模板安装、拆除、整理堆放及场内外运输 3. 清理模板粘结物及模内杂物、刷隔离剂等
011702029	散水			按模板与散水的接触面积计算	
011702030	后浇带	后浇带部位		按模板与后浇带的接触面积计算	
011702031	化粪池	1. 化粪池部位 2. 化粪池规格		按模板与混凝土接触面积计算	
011702032	检查井	1. 检查井部位 2. 检查井规格			

4.18.3　工程量计算规则

1. 现浇混凝土模板

（1）现浇混凝土及钢筋混凝土模板工程量的计算,除另有规定者外,均应区别模板的不同材质,按混凝土与模板接触面的面积,以平方米计算。

说明:除了底面有垫层、构件,侧面有构件,上表面不需要支撑模板外,其余各个方向的面均应计算模板面积。

（2）设备基础螺栓套留孔,分别不同深度以个计算。

（3）现浇钢筋混凝土柱、梁(不包括圈梁、过梁)、板、墙、支架、栈桥的支模高度(即室外设计地坪或板面至上一层板底之间的高度)以 3.6 m 以内为准,高度超过 3.6 m 以上部分,另按超高部分的总接触面积乘以超高米数(含不足 1 m)计算支撑超高增加费工程量,套用相应构件每增加 1 m 子目。

（4）现浇钢筋混凝土墙、板上单孔面积在 0.3 m² 以内的孔洞,不予扣除,洞侧壁模板亦不增加,但突出墙、板面的混凝土模板应相应增加;单孔面积在 0.3 m² 以外时,应予扣除,洞侧壁模板并入墙、板模板工程量内计算。

（5）杯形基础的颈高大于 1.2 m 时(基础扩大顶面至杯口底面),按柱定额执行,其杯口部分和基础合并按杯形基础计算。

（6）柱与梁、柱与墙、梁与梁等连接的重叠部分以及伸入墙内的梁头、板头部分,均不计算模板面积。

（7）构造柱均按设计图示外露部分计算模板面积。留马牙槎的按最宽面计算模板宽度。构造柱与墙接触面不计算模板面积。

（8）现浇钢筋混凝土阳台、雨篷,按设计图示外挑部分尺寸的水平投影面积计算。挑出墙外的悬臂梁及板边模板不另计算。雨篷翻边突出板面高度在 200 mm 以内时,按翻边的外边线长度乘以突出板面高度,并入雨篷内计算;雨篷翻边突出板面高度在 600 mm 以内时,翻边按天沟计算;雨篷翻边突出板面高度在 1 200 mm 以内时,翻边按栏板计算;雨篷翻边突出板面高度超过 1 200 mm 时,翻边按墙计算。

(9) 楼梯包括楼梯间两端的休息平台,梯井斜梁、楼梯板和支承梁及斜梁的梯口梁或平台梁,以设计图示露明面尺寸的水平投影面积计算。不扣除宽度小于等于 500 mm 的楼梯井,楼梯的踏步、踏步板、平台梁等侧面模板不另计算;当梯井宽度大于 500 mm 时,应扣除梯井面积,以设计图示露明面尺寸的水平投影面积乘以系数 1.08 计算。圆弧形楼梯按设计图示露明面尺寸的水平投影面积计算,不扣除小于 500 mm 直径的梯井。

(10) 混凝土台阶,按设计图示台阶尺寸的水平投影面积计算,台阶端头两侧不另计算模板面积。架空式混凝土台阶,按现浇楼梯计算。

(11) 现浇混凝土明沟以接触面积按电缆沟子目计算;现浇混凝土散水按散水坡实际面积,以平方米计算。

(12) 混凝土扶手按延长米计算。

(13) 带形桩承台按带形基础定额执行。

(14) 小立柱、二次浇灌模板按零星构件,以实际接触面积计算。

(15) 以下构件按接触面积计算模板:①混凝土墙按直形墙、电梯井壁、短肢剪力墙、圆弧墙,划分不分厚度,均分别计算。②挡土墙、地下室墙是直形的,按直形墙计算;是圆弧形时按圆弧墙计算;既有直形又有圆弧形时应分别计算。③支架均以接触面积计算(包括支架各组成部分)。

2. 预制混凝土构件灌缝模板

因定额中预制混凝土构件采用成品形式,其成品构件的定额取定价包含了混凝土构件制作及运输、钢筋制作及运输、预制混凝土模板五项内容,因此模板工程量除灌缝外不再计算。

预制混凝土构件灌缝模板同构件灌缝模板。

【例 4.20】 如图 4.46,计算基础模板工程量。

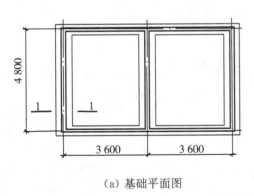
(a) 基础平面图

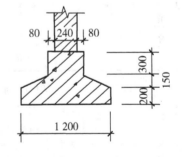
(b) 基础剖面图

图 4.46

【解】 外墙基:

基础底板 $S = (3.6 \times 2 + 0.5 \times 2) \times 2 \times 0.2 + (4.8 + 0.5 \times 2) \times 2 \times 0.2 + (3.6 - 0.5 \times 2) \times 4 \times 0.2 + (4.8 - 0.5 \times 2) \times 2 \times 0.2 = 9.2 \ \text{m}^2$

基础梁 $S = (3.6 \times 2 + 0.2 \times 2) \times 2 \times 0.3 + (4.8 + 0.2 \times 2) \times 2 \times 0.3 + (3.6 - 0.2 \times 2) \times 4 \times 0.3 + (4.8 - 0.2 \times 2) \times 2 \times 0.3 = 14.16 \ \text{m}^2$

内墙基:

基础底板 $S = (4.8 - 0.5 \times 2) \times 2 \times 0.2 = 1.52 \text{ m}^2$

基础梁 $S = (4.8 - 0.2 \times 2) \times 2 \times 0.3 = 2.64 \text{ m}^2$

基础模板工程 $= 9.2 + 14.16 + 1.52 + 2.64 = 27.52 \text{ m}^2$

4.19 垂直运输

4.19.1 基本知识

1. 工作范围

按建筑物性质分为建筑物垂直运输和构筑物垂直运输;按运输机械分为卷扬机、塔吊及施工电梯。

2. 工作内容

包括单位工程在合理工期内完成全部运输工程(原材料、构配件、设备、人员交通等)所需卷扬机、塔吊及施工电梯台班量。垂直运输工程量及运输机械的选用取决于三个因素,即建筑面积、层数、高度。

4.19.2 清单项目划分

垂直运输工程量清单项目设置、项目特征描述的内容、计量单位、工程量计算规则应按表 4.98 的规定执行。

表 4.98 垂直运输(011703)

项目编码	项目名称	项目特征	计量单位	工程量计算规则	工作内容
011703001	垂直运输	1. 建筑物建筑类型及结构形式 2. 地下室建筑面积 3. 建筑物檐口高度、层数	1. m² 2. 天	1. 按建筑面积计算 2. 按施工工期日历天数计算	1. 垂直运输机械的固定装置、基础制作、安装 2. 行走式垂直运输机械轨道的铺设、拆除、摊销

4.19.3 工程量计算规则

1. 一般规则

垂直运输,按建筑面积以 m² 计算,或按施工工期日历天数以天计算。

2. 相关说明

同一建筑物有不同檐高时,按建筑物的不同檐高做纵向分割,分别计算建筑面积,以不同檐高分别编码列项。建筑物的檐口高度是指设计室外地坪至檐口滴水的高度(平屋顶系指屋面板底高度),突出主体建筑物屋顶的电梯机房、楼梯出口间、水箱间、瞭望塔、排烟机房等不计入檐口高度。

垂直运输项目工作内容包括垂直运输机械的固定装置、基础制作、安装,行走式垂直运输机械轨道的铺设、拆除、摊销。垂直运输设备基础应计入综合单价,不单独编码列项计算工程量,但垂直运输机械的场外运输及安拆按大型机械设备进出场及安拆编码列项计算工程量。

4.20 超高施工增加

4.20.1 基本知识

建筑物的檐至设计室外标高之差超过 20 m 时,施工过程中的人工、机械的效率降低,水耗量增加,还需要增加加压水泵以及其他上下联系的工作,这些都会导致建筑物超高增加费用。

工程内容主要包括垂直运输机械降效、上人电梯费用、人工降效、自来水加压及附属设施、上下通信器材的摊销、白天施工照明和夜间高空安全信号增加费、临时卫生设施和其他。

4.20.2 清单项目划分

超高施工增加工程量清单项目设置、项目特征描述的内容、计量单位、工程量计算规则应按表 4.99 的规定执行。

表 4.99　超高施工增加(011704)

项目编码	项目名称	项目特征	计量单位	工程量计算规则	工作内容
011704001	超高施工增加	1. 建筑物建筑类型及结构形式 2. 建筑物檐口高度、层数 3. 单层建筑物檐口高度超过 20 m,多层建筑物超过 6 层部分的建筑面积	m²	按建筑物超高部分的建筑面积计算	1. 建筑物超高引起的人工工效降低以及由于人工工效降低引起的机械降效 2. 高层施工用水加压水泵的安装、拆除及工作台班 3. 通信联络设备的使用及摊销

注:① 单层建筑物檐口高度超过 20 m,多层建筑物超过 6 层时,可按超高部分的建筑面积计算超高施工增加。计算层数时,地下室不计入层数。

② 同一建筑物有不同檐高时,可按不同高度的建筑面积分别计算建筑面积,以不同檐高分别编码列项。

4.20.3 工程量计算规则

各项降效系数中包括的内容指建筑物首层室内地坪以上的全部工程项目;不包括垂直运输、各类构件单独水平运输、各项脚手架、预制混凝土及金属构件制作项目。

人工或机构降效均按规定内容内的全部人工费或机械费乘以相应子目系数计算。

建筑物有高低层时,应根据不同高度建筑面积占总建筑面积的比例分别计算不同高度的工程量。

建筑物施工用水泵台班,按高层室内地坪以上建筑面积计算。

【本章必备辅助学习资料】

1.《建设工程工程量清单计价规范》(GB 50500—2013)。

2.《房屋建筑与装饰工程工程量计算规范》(GB 50854—2013)。

3.《湖北省房屋建筑与装饰工程消耗量定额及全费用基价表》。

4.《湖北省建设工程公共专业消耗量定额及全费用基价表》。

研究前沿

工程量计算中信息技术的应用

工程量计算是编制工程计价的基础工作,具有工作量大、烦琐、费时、细致等特点,约占工程计价工作量的50%~70%,计算的精确度和速度也直接影响着工程计价文件的质量。20世纪90年代初,随着计算机技术的发展,出现了利用软件表格法算量的计量工具,代替了手工算量,之后逐渐发展到目前广泛使用的自动计算工程量软件。自动算量软件按照支持的图形维数的不同分为两类,即二维和三维算量软件。除算量软件外,在工程量计算中近年来又发展出BIM(Building Information Modeling,建筑信息模型)和云计算等更为先进的信息技术。

(1) BIM。BIM是以建筑工程项目的各项相关信息数据为基础建立的数字化建筑模型,具有可视化、协调性、模拟性、优化性和可出图形五大特点,给工程建设信息化带来重大变革。首先,BIM技术采用以数据为中心的协作方式,实现数据共享,大大提高了建筑行业工效。其次,BIM技术能够提升建筑品质,实现绿色、模拟的设计和建造。BIM技术对工程造价信息化建设将带来巨大影响,它不仅能够使工程造价管理与设计工作关系更加密切,交互的数据信息更加丰富,相互作用更加明显,而且可以实现施工过程中的可视化、可控化工程造价的动态管理。集三维设计、动态可视施工、动态造价管理五维技术于一体的BIM技术将改变工程量计算方法,将工程量计算规则、消耗量指标与BIM技术相结合,实现由设计信息到工程造价信息的自动转换,使得工程量计算更加快捷、准确和高效。该工程量计算方法不仅适用于工程计价和工程造价管理的计量要求,也适用于对建设工程碳计量或能效评价等方面的要求。

(2) 云计算。现代建设工程将更加注重分工的专业化、精细化和协作,一是由于建筑单体的体量大、复杂度高,其三维信息量巨大,在自动计算工程量时会消耗巨量的计算机资源,计算效率差;二是智能建筑、节能设施各类专业工程越来越复杂,其技术更新越来越快,可以通过协作来高速完成复杂工程的精细计量,如可以通过云技术将钢筋计量、装饰工程计量、电气工程计量、智能工程计量、幕墙工程计量等分别放入"云端",进行多方配合,协作完成,这样做不仅可以保证计量质量,提高计算速度,也能减少对本地资源的需求,显著提高计算效率,降低成本。

课 后 练 习

1. 根据图 4.47 所示,计算现浇混凝土工程量:(1)框架柱 KZ1;(2)框架梁 KL-1,KL-2,KL-3;(3)有梁板。

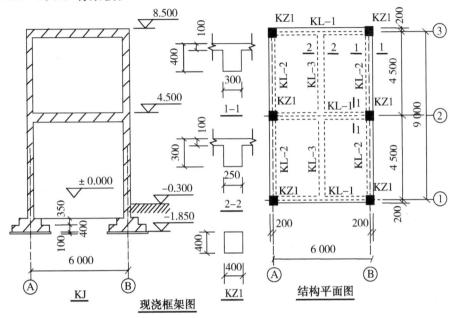

图 4.47

2. 如图 4.48 所示,某 4 层建筑物三面砖墙均为 240 mm 厚,一面为 1∶3 外倾的轻钢龙骨全玻璃幕墙,厚 200 mm,层高 3 m,求该建筑物的建筑面积。

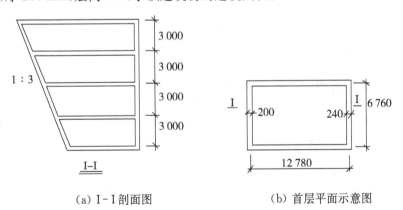

(a)I-I剖面图　　　　　　(b)首层平面示意图

图 4.48

5

工程量清单计价

【导　学】

　　在学习了前四章内容的基础上(了解工程造价费用组成,计算工程量,并正确套取定额),本章进入造价文件编制的最后一个流程。通过本章的学习,掌握工程量清单计价方法、计价程序和相关表格的填写,最终完成工程造价成果文件的编制。工程造价成果文件主要包括由招标人负责编制的招标工程量清单、招标控制价,由投标人负责编制的投标报价文件。

本章学习目标

1. 了解工程量清单计价模式的相关概念和作用。
2. 熟悉相关计量计价规范。
3. 掌握工程量清单的编制。
4. 掌握招标控制价、投标报价的编制。
5. 增强在遵纪守法前提下的公平竞争意识以及合理承担风险的职业担当精神。

5.1　工程量清单计价概述

5.1.1　工程量清单计价的相关概念

1. 工程量清单

　　工程量清单是表现拟建工程的分部分项工程项目、措施项目、其他项目名称和相应数量的明细清单。

　　工程量清单又可分为招标工程量清单和已标价工程量清单。由招标人根据国家标准、招标文件、设计文件以及施工现场实际情况编制的工程量清单称为招标工程量清单;作为投标文件组成部分的已标明价格并经承包人确认的工程量清单称为已标价工程量清单。招标工程量清单应由具有编制能力的招标人或受其委托的工程造价咨询人或招标代理人编制。采用工程量清单方式招标,招标工程量清单必须作为招标文件的组成部分,其准确性和完整性由招标人负责。招标工程量清单应以单位(项)工程为单位编制,由分部分项工程项目清单、措施项目清单、其他项目清单、规费项目清单、税金项目清单等组成。

工程量清单应反映拟建工程的全部工程内容和为实现这些工程内容而进行的一切工作。招标投标活动中,工程量清单是对招标人和投标人都具有约束力的重要文件,是招标投标活动的重要依据。对招标人而言,工程量清单是招标文件的重要组成部分,也是招标人对招标目的、要求和意愿的一种表达形式;对投标人而言,投标人应依据招标人发布的工程量清单逐项填报价格,工程量清单是投标人编制投标报价的主要依据。

工程量清单是工程量清单计价的基础,应作为招标控制价、投标报价、计算工程量、支付工程款、调整合同价款、办理竣工结算以及工程索赔等的依据。

2. 工程量清单计价

工程量清单计价是指建设工程招标投标中,招标人按照国家统一的《建设工程工程量清单计价规范》(GB 50500—2013)和各专业的计量规范,编制招标工程量清单,作为招标文件的一部分提供给投标人,由投标人依据自身企业的实际技术水平和管理水平计算工程量清单所需全部费用的计价方式。

工程量清单计价方法是随着我国建设领域市场化改革的不断深入,自 2003 年起在全国开始推广的一种计价方法。其实质在于突出自由市场形成工程交易价格的本质,在招标人提供统一工程量清单的基础上,各投标人进行自主竞价,由招标人择优选择形成最终的合同价格。在这种计价方法下,合同价格更加能够体现出市场交易的真实水平,且能够更加合理地对合同履行过程中可能出现的各种风险进行合理分配,提升承发包双方的履约效率。

5.1.2 工程量清单计价的适用范围

工程量清单计价适用于建设工程发承包及其实施阶段的计价活动。使用国有资金投资的建设工程发承包,必须采用工程量清单计价;非国有资金投资的建设工程,宜采用工程量清单计价;不采用工程量清单计价的建设工程,应执行清单计价规范中除工程量清单等专门性规定外的其他规定。

国有资金投资的项目包括全部使用国有资金(含国家融资资金)投资或国有资金投资为主的工程建设项目。

1)国有资金投资的工程建设项目

包括:

(1)使用各级财政预算资金的项目。

(2)使用纳入财政管理的各种政府性专项建设资金的项目。

(3)使用国有企事业单位自有资金,并且国有资产投资者实际拥有控制权的项目。

2)国家融资资金投资的工程建设项目

包括:

(1)使用国家发行债券所筹资金的项目。

(2)使用国家对外借款或者担保所筹资金的项目。

(3)使用国家政策性贷款的项目。

(4)国家授权投资主体融资的项目。

（5）国家特许的融资项目。

国有资金（含国家融资资金）为主的工程建设项目是指国有资金占投资总额 50% 以上，或虽不足 50% 但国有投资者实质上拥有控股权的工程建设项目。

5.1.3　工程量清单计价的作用

1）满足市场经济条件下平等、自由竞争的需要

20 世纪 90 年代我国提出了"控制量、指导价、竞争费"的改革措施，将工程预算定额中的人工、材料、机械消耗量和相应的价格分离，国家控制量以保证质量，价格逐步走向市场化，这一措施走出了传统工程预算定额改革的第一步。2003 年工程造价领域第一部国家标准《建设工程工程量清单计价规范》(GB 50500—2003)颁布实施，标志着工程计价方法走向市场化。

招投标过程就是施工企业自由竞争的过程。招标人提供工程量清单，投标人根据自身情况确定综合单价，利用单价与工程量逐项计算每个项目的合价，再分别填入工程量清单表内，计算出投标总价。单价成了决定性的因素，定高了不能中标，定低了又要承担过大的风险。单价的高低直接取决于企业管理水平和技术水平的高低，由投标人自主确定。投标人的这种自主报价，使得企业的优势体现到投标报价中，促成企业整体实力的竞争，可在一定程度上规范建筑市场秩序，有利于我国建设市场的快速发展，确保工程质量。

此外，采用工程量清单计价也有利于建设市场平等竞争。采用传统的定额计价模式，根据施工图来投标报价，由于设计图纸可能存在的缺陷，不同施工企业的人员理解不一，计算出的工程量也不同，报价就更相去甚远，也容易产生纠纷。采用工程量清单计价模式招标投标，由于招标工程量清单是招标文件的组成部分，招标单位必须编制出准确的工程量清单，并承担相应的风险，从而促进招标单位提高管理水平。由于工程量清单是公开的，将避免工程招标中的弄虚作假、暗箱操作等不规范行为。工程量清单计价为投标者提供了一个平等竞争的条件，相同的工程量，由企业根据自身的实力来填报不同的单价。

2）有利于提高工程计价效率，能真正实现快速报价

采用工程量清单计价方式，避免了传统计价方式下，招标人与投标人之间在工程量计算上的重复工作；各投标人以招标人提供的工程量清单为统一平台，结合自身的管理水平和施工方案进行报价，促进了各投标人企业定额的完善和工程造价信息的积累和整理，体现了现代工程建设中快速报价的要求。

3）有利于工程款的拨付和工程造价的最终结算

中标后，业主要与中标单位签订施工合同，中标价就是确定合同价的基础，投标清单上的单价就成了拨付工程款的依据。业主根据施工企业完成的工程量，可以很容易地确定进度款的拨付额。工程竣工后，根据设计变更、工程量增减等，业主也很容易确定工程的最终造价，可在某种程度上减少业主与施工单位之间的纠纷。现在某些地区已经采用全费用报价，更加有利于合同管理和价款结算。

4）有利于业主对投资的控制

采用施工图预算形式，业主对因设计变更、工程量的增减所引起的工程造价变化不敏感，往往等到竣工结算时才知道其对项目投资的影响有多大，但此时常常是为时已晚。而采用工程量清单报价的方式则可对投资变化一目了然，在要进行设计变更时，能马上知道它对工程造

价的影响,业主就能根据投资情况来决定是否变更或进行方案比较,以决定最恰当的处理方法。

5)实行工程量清单计价,有利于我国工程造价管理政府职能的转变

按照"政府部门真正履行起经济调节、市场监管、社会管理和公共服务职能"的要求,政府对工程造价的管理模式要相应改变,推行政府宏观调控、企业自主报价、市场竞争形成价格、社会全面监督的工程造价管理思路已势在必行。

6)实行工程量清单计价,是适应我国加入世界贸易组织、融入世界大市场的需要

工程量清单计价是目前国际上通行的做法,大多数发达国家和地区都采用这种方法。在我国,世界银行等一些国外金融机构、国外政府机构的贷款项目招标时,一般也要求采用工程量清单计价办法。随着我国加入WTO,在全球经济一体化趋势下,国际竞争日益激烈,我国建设市场将进一步对外开放。因此,推行世界上大多数国家常用的工程量清单计价办法,有利于提高国内建设各方主体参与国际竞争的能力。

5.2　计量计价规范简介

5.2.1　《房屋建筑与装饰工程工程量计算规范》简介

中华人民共和国住房和城乡建设部(简称"住建部")和国家质检总局于2012年12月25日联合发布了九个专业工程量计量规范,自2013年7月1日起施行,包括:《房屋建筑与装饰工程工程量计算规范》(GB 50854—2013)、《仿古建筑工程工程量计算规范》(GB 50855—2013)、《通用安装工程工程量计算规范》(GB 50856—2013)、《市政工程工程量计算规范》(GB 50857—2013)、《园林绿化工程工程量计算规范》(GB 50858—2013)、《矿山工程工程量计算规范》(GB 50859—2013)、《构筑物工程工程量计算规范》(GB 50860—2013)、《城市轨道交通工程工程量计算规范》(GB 50861—2013)、《爆破工程工程量计算规范》(GB 50862—2013)。

《房屋建筑与装饰工程工程量计算规范》(GB 50854—2013)的内容包括正文、附录、条文说明三个部分。其中,正文包括总则、术语、工程计量、工程量清单编制,共计29项条款;附录部分包括:附录A土石方工程,附录B地基处理与边坡支护工程,附录C桩基工程,附录D砌筑工程,附录E混凝土及钢筋混凝土工程,附录F金属结构工程,附录G木结构工程,附录H门窗工程,附录J屋面及防水工程,附录K保温、隔热、防腐工程,附录L楼地面装饰工程,附录M墙、柱面装饰与隔断、幕墙工程,附录N天棚工程,附录P油漆、涂料、裱糊工程,附录Q其他装饰工程,附录R拆除工程,附录S措施项目,共17个附录,共计557个项目。

5.2.2　《建设工程工程量清单计价规范》简介

2003年2月17日,中华人民共和国建设部和中华人民共和国国家质量监督检验检疫总局联合发布《建设工程工程量清单计价规范》(GB 50500—2003),从2003年7月1日起,在全国范围内开始实施工程量清单计价模式。这是我国推行工程建设市场化与国际惯例接轨的重

要步骤,是工程量计价由定额模式向工程量清单模式的过渡,是国家在工程量计价模式上的一次革命,是我国深化工程造价管理的重要措施。

2008年7月9日,经过多次论证与修改,住建部以第63号公告发布了《建设工程工程量清单计价规范》(GB 50500—2008),从2008年12月1日起实施。

2012年12月25日,住建部以第1567号公告发布了《建设工程工程量清单计价规范》(GB 50500—2013),从2013年7月1日起实施。《建设工程工程量清单计价规范》(GB 50500—2013)总结了《建设工程工程量清单计价规范》(GB 50500—2008)实施以来的经验,针对其执行中存在的问题进行了修订。《建设工程工程量清单计价规范》(GB 50500—2013)为工程价款精细化管理及工程项目管理带来一场新的革命。

《建设工程工程量清单计价规范》(GB 50500—2013)适用于建设工程发承包及实施阶段的计价活动,由正文与附录部分构成,二者具有同等效力。

第一部分为正文,包括总则、术语、一般规定、工程量清单编制、招标控制价、投标报价、合同价款约定、工程计算、合同价款调整、合同价款期中支付、竣工结算与支付、合同解除的价款结算与支付、合同价款争议的解决、工程造价鉴定、工程计价资料与档案、工程计价表格等。

第二部分为附录,包括:附录A 物价变化合同价款调整方法,附录B 工程计价文件封面,附录C 工程计价文件扉页,附录D 工程计价总说明,附录E 工程计价汇总表,附录F 分部分项工程和措施项目计价表,附录G 其他项目计价表,附录H 规费、税金项目计价表,附录J 工程计量申请(核准)表,附录K 合同价款支付申请(核准)表,附录L 主要材料、工程设备一览表。

本书以《房屋建筑与装饰工程工程量计算规范》(GB 50854—2013)(以下简称《规范》)和《建设工程工程量清单计价规范》(GB 50500—2013)(以下简称《计价规范》)为基础进行编写。

5.3 工程量清单的编制

5.3.1 工程量清单的内容

工程量清单是载明建设工程分部分项工程项目、措施项目、其他项目名称和相应数量以及规费、税金项目等内容的明细清单。采用工程量清单方式招标,招标工程量清单必须作为招标文件的组成部分,其准确性和完整性由招标人负责。已标价工程量清单是指由投标人标明价格,经算术性错误修正(如有)且承包人已确认的工程量清单,已标价工程量清单是投标文件的重要组成部分。

工程量清单最基本的功能是作为信息的载体,以使投标人对工程有全面而充分的了解,因此其内容应全面、准确、无误。

1. 工程量清单的组成

根据《计价规范》第4.1.4条之规定,招标工程量清单应以单位(项)工程为单位编制,应由分部分项工程项目清单、措施项目清单、其他项目清单、规费和税金项目清单组成。

2．工程量清单的格式

工程量清单应采用统一格式，由招标人填写。其核心内容包括工程量清单说明和工程量清单表两大部分。工程量清单说明主要是招标人解释拟招标工程的清单编制依据以及重要作用等，提示投标人重视工程量清单。

根据《计价规范》的规定，工程量清单表的格式如下：

1）封面

封面如表 5.1 所示。

表 5.1　招标工程量清单封面

_____ 工程

招标工程量清单

招　标　人：_____

（单位盖章）

造价咨询人：_____

（单位盖章）

年　　　月　　　日

2）分部分项工程量清单

分部分项工程量清单如表 5.2 所示。

表 5.2　分部分项工程和单价措施项目清单与计价表

工程名称：　　　　　　　　　　　标段：　　　　　　　　　　第　页　共　页

序号	项目编码	项目名称	项目特征描述	计量单位	工程量	金　额(元)		
						综合单价	合价	其中:暂估价
合计								

3）措施项目清单与计价表

措施项目清单与计价表如表 5.3 所示。

表 5.3　总价措施项目清单与计价表

工程名称：　　　　　　　　　　　　　标段：　　　　　　　　　　　　　第 页 共 页

序号	项目编码	项目名称	计算基础	费率（%）	金额（元）	调整费率（%）	调整后金额（元）	备注
		安全文明施工费						
		夜间施工增加费						
		二次搬运费						
		冬雨季施工增加费						
		已完工程及设备保护费						
合计								

4）其他项目清单与计价汇总表

其他项目清单与计价汇总表如表 5.4 所示。

表 5.4　其他项目清单与计价汇总表

工程名称：　　　　　　　　　　　　　标段：　　　　　　　　　　　　　第 页 共 页

序号	项目名称	金额（元）	结算金额（元）	备　　注
1	暂列金额			
2	暂估价			
2.1	材料（工程设备）暂估价/结算价			
2.2	专业工程暂估价/结算价			
3	计日工			
4	总承包服务费			
5	索赔与现场签证			
合计				

5）规费、税金项目计价表

规费、税金项目计价表如表 5.5 所示。

表 5.5　规费、税金项目计价表

工程名称：　　　　　　　　　　　　　标段：　　　　　　　　　　　　　第 页 共 页

序号	项目名称	计算基础	计算基数	计算费率（%）	金额（元）
1	规费				
1.1	社会保险费				
(1)	养老保险费				
(2)	失业保险费				

序号	项目名称	计算基础	计算基数	计算费率(%)	金额(元)
(3)	医疗保险费				
(4)	工伤保险费				
(5)	生育保险费				
1.2	住房公积金				
1.3	工程排污费				
2	税金				
合计					

编制人(造价人员):　　　　　　　　　　复核人(造价工程师):

5.3.2　工程量清单编制的依据

根据《计价规范》第 4.1.5 条的规定,编制招标工程量清单应依据:
(1) 本规范和相关工程的国家计量规范。
(2) 国家或省级、行业建设主管部门颁发的计价定额和办法。
(3) 建设工程设计文件及相关资料。
(4) 与建设工程有关的标准、规范、技术资料。
(5) 拟定的招标文件。
(6) 施工现场情况、地勘水文资料、工程特点及常规施工方案。
(7) 其他相关资料。

5.3.3　工程量清单编制的方法

招标工程量清单应以单位(项)工程为单位编制,应由分部分项工程项目清单、措施项目清单、其他项目清单、规费和税金项目清单组成。

1. 分部分项工程量清单的编制

根据《计价规范》第 4.2.1 条的规定,分部分项工程项目清单必须载明项目编码、项目名称、项目特征、计量单位和工程量,这五个要素在分部分项工程量清单的组成中缺一不可。根据《计价规范》第 4.2.2 条的规定,分部分项工程项目清单必须根据相关工程现行国家计量规范规定的项目编码、项目名称、项目特征、计量单位和工程量计算规则进行编制。以分部分项工程——挖沟槽土方为例,其清单格式如表 5.6 所示。

表 5.6　分部分项工程和单价措施项目清单与计价表

工程名称：　　　　　　　　　　　　　标段：　　　　　　　　　　　　　第 页 共 页

序号	项目编码	项目名称	项目特征描述	计量单位	工程量	金　额(元)		
						综合单价	合价	其中：暂估价
1	010101003001	挖沟槽土方	土壤类别：二类土 挖土深度：1.8 m 弃土运距：45 m	m³	485			

在分部分项工程量清单的编制过程中,由招标人负责前六项内容的填写,金额部分在编制招标控制价或投标报价时填写。

1)项目编码

分部分项工程量清单的项目编码,以五级编码设置,采用十二位阿拉伯数字表示。一至九位按《规范》附录的规定统一设置,不得变动;十至十二位应根据拟建工程的工程量清单项目名称和项目特征设置,自 001 起顺序编码。同一招标工程的项目编码不得有重码。

各级编码代表的含义如下:

第一级(第一、二位)表示专业工程代码,如:01——房屋建筑与装饰工程;02——仿古建筑工程;03——通用安装工程;04——市政工程;05——园林绿化工程;06——矿山工程;07——构筑物工程;08——城市轨道交通工程;09——爆破工程。

第二级(第三、四位)表示专业工程附录分类顺序码,如:0104 为附录 D 砌筑工程。

第三级(第五、六位)表示分部工程顺序码,如:010401 为砌筑工程的第一节砖砌体。

第四级(第七、八、九位)表示分项工程项目名称顺序码,如:010401003 为砌筑工程砖砌体中的实心砖墙项目。

第五级(第十、十一、十二位)表示清单项目名称顺序码,如 M5 混合砂浆(细砂)实心砖墙、M7.5 混合砂浆(细砂)实心砖墙等,是由清单编制人依据设计图示按砖墙的种类、规格等(即项目特征的不同)逐项进行的编码,一共有 999 个码可供使用,这个数字对一个工程是足够用了。

以房屋建筑与装饰工程为例,项目编码结构如图 5.1 所示。

当同一标段(或合同段)的一份工程量清单中含有多个单位工程且工程量清单是以单位工程为编制对象时,在编制工程量清单时应特别注意对项目编码十至十二位的设置不得有重码的规定。例如一个标段(或合同段)的工程量清单中含有三个单位工程,每一单位工程中都有项目特征相同的实心砖墙砌体,在工程量清单中又需反映三个不同单位工程的实心砖墙砌体工程量时,则第一个单位工程的实心砖墙的项目编码应为 010401003001,第二个单位工程的实心砖墙的项目编码应为 010401003002,第三个单位工程的实心砖墙的项目编码应为 010401003003,并分别列出各单位工程实心砖墙的工程量。

2)项目名称

项目名称应根据《规范》附录的项目名称及拟建工程的实际情况进行编制。编制工程量清单时,《规范》中未包括的项目,编制人可暂行补充。

项目的设置或划分是以形成工程实体为原则,它也是计量的前提,因此项目名称均以工程实体命名。分部分项工程量清单项目名称的设置应考虑三个因素,一是《规范》附录中的项目

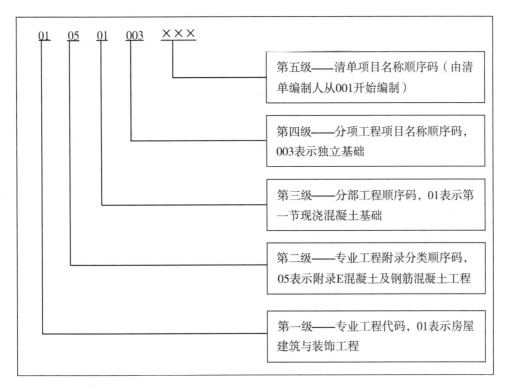

01　05　01　003　×××

第五级——清单项目名称顺序码（由清单编制人从001开始编制）

第四级——分项工程项目名称顺序码，003表示独立基础

第三级——分部工程顺序码，01表示第一节现浇混凝土基础

第二级——专业工程附录分类顺序码，05表示附录E混凝土及钢筋混凝土工程

第一级——专业工程代码，01表示房屋建筑与装饰工程

图5.1　清单项目编码结构图

名称；二是《规范》附录中的项目特征；三是拟建工程的实际情况。工程量清单编制时，以《规范》附录中的项目名称为主体，考虑该项目的规格、型号、材质等特征要求，结合拟建工程的实际情况，使其工程量清单项目名称具体化、细化，能够反映影响工程造价的主要因素。

随着科学技术的发展，新材料、新技术、新的施工工艺不断出现，因此《规范》规定，凡附录中的缺项，编制工程量清单时，编制人可作补充，并报省级或行业工程造价管理机构备案。补充项目应填写在工程量清单相应分部工程项目之后，并在"项目编码"栏中以"补"字示之。补充项目的编码由《规范》的代码01、B和三位阿拉伯数字组成，应从01B001起顺序编制，同一招标工程的项目不得重码。在工程量清单中应附补充项目的项目名称、项目特征、计量单位、工程量计算规则和工作内容。

3）项目特征描述

项目特征应按《规范》附录中规定的项目特征，结合拟建工程项目的实际予以描述。项目特征是用来表述项目名称的，它明显（直接）影响实体自身价值（或价格），如材质、规格、施工方法、安装位置等。以实心砖墙为例，项目特征必须表述：砖品种、规格、强度等级；墙体类型；砂浆强度等级、配合比。施工方法不同时也应表述。即使是同一规格、同一材质，当安装工艺或安装位置不一样时，也需分别设置项目和编码。

在进行工程量清单项目特征描述时，应掌握以下要点：

（1）必须描述的内容

① 涉及正确计量的内容必须描述。如门窗洞口尺寸或框外围尺寸，由于《规范》2008年版将门窗以"樘"计量，1樘门或窗有多大，直接关系到门窗的价格，对门窗洞口或框外围尺寸进

行描述就十分必要。《规范》2013 年版虽然增加了按"m²"计量,但如采用"樘"计量,上述描述仍是必需的。

② 涉及结构要求的内容必须描述。如混凝土构件的混凝土强度等级是使用 C30 还是 C40,混凝土强度等级不同,其价格也不同,因此必须描述。

③ 涉及材质要求的内容必须描述。如管材是碳钢管、塑钢管还是不锈钢管等;对管材的规格、型号也必须进行描述。

④ 涉及安装方式的内容必须描述。如管道工程中钢管的连接方式是螺纹连接还是焊接等,必须描述。

(2) 可不描述的内容

① 对计量计价没有实质影响的内容可以不描述。如对现浇混凝土柱的高度、断面大小等的特征规定可以不描述,因为混凝土构件以 m³ 计量,对高度、断面大小的描述意义不大。

② 应由投标人根据施工方案确定的内容可以不描述。如对石方的预裂爆破的单孔深度及装药量的特征规定,应由投标人根据施工要求,在施工方案中确定。

③ 应由投标人根据当地材料和施工要求确定的内容可以不描述。如对混凝土构件中的混凝土拌合料使用的石子种类及粒径、砂的种类及特征规定可以不描述。

④ 应由施工措施解决的内容可以不描述。如对现浇混凝土板、梁的标高的特征规定可以不描述。

(3) 可不详细描述的内容

① 无法准确描述的内容可不详细描述。如土壤类别,可将土壤类别描述为综合,注明由投标人根据地勘资料自行确定土壤类别,并决定报价。

② 施工图纸、标准图集标注明确,可不再详细描述。对相关项目可描述为见××图集××页号及节点大样等。

③ 还有一些项目可不详细描述,但清单编制人在项目特征描述中应注明由投标人自定。如土石方工程中的"取土运距""弃土运距"等,投标人可以根据在建工程施工情况统筹安排,自主决定取、弃土方的运距,充分体现竞争的要求。

4) 计量单位

(1) 计量单位应采用基本单位,除各专业另有特殊规定外均按以下单位计量:

① 以重量计算的项目——吨或千克(t 或 kg);

② 以体积计算的项目——立方米(m³);

③ 以面积计算的项目——平方米(m²);

④ 以长度计算的项目——米(m);

⑤ 以自然计量单位计算的项目——套、块、散组、台……

⑥ 没有具体数量的项目——宗、项……

各专业有特殊计量单位的,须另外加以说明,当《规范》附录中的计量单位有两个或两个以上时,应根据所编工程量清单项目的特征要求,选择最适宜表现该项目特征并方便计量的单位。例如:门窗工程有"樘"和"m"两个计量单位,实际工作中,就应选择最适宜、最方便计量和组价的单位来表示。

(2) 计量单位的有效位数应遵守下列规定:

① 以"t"为单位,应保留三位小数,第四位小数四舍五入。

②以"m""m²""m³""kg"为单位,应保留两位小数,第三位小数四舍五入。

③以"个""项"等为单位,应取整数。

5)工程量

工程量即工程的实物数量,主要通过工程量计算规则计算得到。工程量计算规则是指对清单项目工程量计算的规定。工程量应严格按照《规范》附录中规定的工程量计算规则进行计算。该附录每一个清单项目都有一个相应的工程量计算规则,这个规则全国统一,即全国各省市的工程量清单均要按该附录的计算规则计算工程量。

除另有说明外,所有清单项目的工程量应以实体工程量为准,并以完成后的净值计算,这与国际通用做法是一致的。投标人在进行投标报价时,应在计算综合单价时考虑施工中的各种损耗和需要增加的工程量,或在措施费清单中列入相应的措施费用。而传统定额工程量的计算是在净值的基础上加上人为规定的预留量,这个量随施工方法、措施的不同而不同,因此这种规定限制了竞争的范围,与市场机制是背离的,是典型的计划经济体制下的计算规则。

分部分项工程量清单的工程量是一个综合的数量。"综合"是指一项工程量中,相对消耗量定额综合了若干项工程内容,这些工程内容的工程数量可能是相同的。例如"砖基础"这个项目中,综合了砖砌的工程量、铺设墙基防潮层的工程量,当这些不同工程内容的工程量不相同时,除了应该算出项目实体(主项)工程量外,还要分别算出相关工程内容(附项)工程量。

随着工程建设中新材料、新技术、新工艺等的不断涌现,《规范》附录中所列的工程量清单项目不可能包含所有项目。在编制工程量清单时,当出现《规范》附录中未包括的清单项目时,编制人应作补充。在编制补充项目时应注意以下三个方面。

(1)补充项目的编码应按《规范》的规定确定。具体做法如下:补充项目的编码由《规范》的代码与B和三位阿拉伯数字组成,并应从001起按顺序编制,例如房屋建筑与装饰工程如需补充项目,则其编码应从01B001开始按顺序编制,同一招标工程中的项目不得重码。

(2)在工程量清单中应附补充项目的项目名称、项目特征、计量单位、工程量计算规则和工作内容。

(3)将编制的补充项目报省级或行业工程造价管理机构备案。

2. 措施项目清单的编制

措施项目是指为完成工程项目施工,发生于该工程施工准备和施工过程中的技术、生活、安全、环境保护等方面的项目。措施项目清单必须根据《规范》的规定编制,并应根据拟建工程的实际情况列项。措施项目清单的编制应考虑多种因素,除了工程本身的因素外,还要考虑水温、气象、环境、安全和施工企业的实际情况。

1)措施项目清单的类别

《规范》将措施项目划分为两类。

一类是可以计算工程量的措施项目,即单价措施项目。《规范》中列出的单价措施项目有:脚手架工程、混凝土模板及支架(撑)、垂直运输、超高施工增加、大型机械设备进出场及安拆、施工排水降水等。这类可以计算工程量的措施项目清单宜采用分部分项工程量清单的方式编制,列出项目编码、项目名称、项目特征、计量单位和工程量,如表5.7所示,采用综合单价计价,也更有利于措施费的确定和调整。

表5.7　分部分项工程和单价措施项目清单与计价表

工程名称：　　　　　　　　　　标段：　　　　　　　　　　第 页 共 页

序号	项目编码	项目名称	项目特征描述	计量单位	工程量	金 额（元）		
						综合单价	合价	其中：暂估价
1	011702014001	有梁板	胶合板模板；钢支撑高度5.8 m	m²	1 628			

另一类是不能计算工程量的措施项目，即总价措施项目，以"项"为计量单位进行编制。《规范》中列出的总价措施项目有：安全文明施工、夜间施工、非夜间施工照明、二次搬运、冬雨季施工、已完工程及设备保护等。总价措施项目清单的编制依据《规范》规定的项目编码、项目名称确定清单项目，不需进行项目特征描述，不需确定计量单位，无需计算清单工程量，如表5.8所示。

表5.8　总价措施项目清单与计价表

工程名称：　　　　　　　　　　标段：　　　　　　　　　　第 页 共 页

序号	项目编码	项目名称	计算基础	费率（%）	金额（元）	调整费率（%）	调整后金额（元）	备注
1	011707001001	安全文明施工费	人工费＋施工机具使用费	13.28				
2	011707002001	夜间施工增加费	人工费＋施工机具使用费	0.15				

注：① "计算基础"中安全文明施工费可为"定额基价""定额人工费"或"定额人工费＋定额施工机具使用费"，其他项目可为"定额人工费"或"定额人工费＋定额施工机具使用费"。

② 按施工方案计算的措施费，若无"计算基础"和"费率"的数值，也可只填"金额"数值，但应在"备注"栏说明施工方案出处或计算方法。

在编制措施项目清单时，出现《规范》中未列出的措施项目，可根据工程的具体情况对措施项目清单进行补充。

2）措施项目清单的编制依据

措施项目清单的编制需考虑多种因素，除工程本身的因素外，还涉及水文、气象、环境、安全等因素。措施项目清单应根据拟建工程的实际情况列项。若出现《规范》中未列出的项目，可根据工程实际情况补充。

措施项目清单的编制依据主要有：

（1）施工现场情况、地勘水文资料、工程特点。

（2）常规施工方案。

（3）与建设工程有关的标准、规范、技术资料。

（4）拟定的招标文件。

（5）建设工程设计文件及相关资料。

3. 其他项目清单的编制

其他项目清单是指分部分项工程量清单、措施项目清单所包含的内容以外，因招标人的特殊要求而发生的与拟建工程有关的其他费用项目和相应数量的清单。

工程建设标准的高低、工程的复杂程度、工程的工期长短、工程的组成内容、发包人对工程管理的要求等都直接影响其他项目清单的具体内容。其他项目清单应根据拟建工程的具体情况确定,一般包括暂列金额、暂估价、计日工、总承包服务费等,如表 5.9 所示。出现未包含在表格内容中的项目,可根据工程实际情况补充。

表 5.9　其他项目清单与计价汇总表

工程名称:　　　　　　　　　　　标段:　　　　　　　　　　第　页　共　页

序号	项目名称	金额(元)	结算金额(元)	备注
1	暂列金额			明细详见表 5.10
2	暂估价			
2.1	材料(工程设备)暂估价/结算价			明细详见表 5.11
2.2	专业工程暂估价/结算价			明细详见表 5.12
3	计日工			明细详见表 5.13
4	总承包服务费			明细详见表 5.14
	合计			

注:材料(工程设备)暂估单价进入清单项目综合单价,此处不汇总。

1) 暂列金额

暂列金额是指招标人在工程量清单中暂定并包括在合同价款中的一笔款项,包括用于施工合同签订时尚未确定或者不可预见的所需材料、设备、服务的采购,施工中可能发生的工程变更、合同约定调整因素出现时的工程价款调整以及发生的索赔、现场签证确认等的费用。

不管采用何种合同形式,其理想的标准是,一份合同的价格就是其最终的竣工结算价格,或者两者尽可能接近。我国规定对政府投资工程实行概算管理,经项目审批部门批复的设计概算是工程投资控制的刚性指标,即使商业性开发项目也有成本的预先控制问题,否则,无法相对准确预测投资的收益和科学合理地进行投资控制。但工程建设自身的特性决定了工程的设计可能会需要根据工程进展不断地进行优化和调整,业主的需求可能会随工程建设进展出现变化,工程建设过程还会存在一些不能预见、不能确定的因素,这些必然会影响合同价格的调整,暂列金额正是因这类不可避免的价格调整而设立,以便达到合理确定和有效控制工程造价的目标。设立暂列金额并不能保证合同结算价格就不会再出现超过合同价格的情况,其是否超出合同价格完全取决于工程量清单编制人对暂列金额预测的准确性,以及工程建设过程中是否出现了其他事先未预测到的事件。

暂列金额在实际履约过程中有可能发生,也有可能不发生。暂列金额如不能列出明细,也可只列暂定金额总额。暂列金额明细表如表 5.10 所示。

表 5.10　暂列金额明细表

工程名称：　　　　　　　　　　　　标段：　　　　　　　　　　　　第　页　共　页

序号	项目名称	计量单位	暂定金额(元)	备注
1	工程量偏差和设计变更	项	120 000	
2	政策性调整和材料价格波动	项	85 000	
	合计		205 000	—

注：此表由招标人填写，如不能详列，也可只列暂定金额总额，投标人应将上述暂列金额计入投标总价中。

2）暂估价

暂估价是指招标人在工程量清单中提供的用于支付必然发生但暂时不能确定价格的材料的单价、工程设备的单价以及专业工程的金额，包括材料暂估单价、工程设备暂估单价和专业工程暂估价。暂估价数量和拟用项目应当结合工程量清单中的"暂估价表"予以补充说明。为方便合同管理，需要纳入分部分项工程项目清单综合单价中的暂估价应只是材料、工程设备暂估单价，以方便投标人组价。

专业工程的暂估价一般应是综合暂估价，包括人工费、材料费、施工机具使用费、企业管理费和利润，不包括规费和税金。总承包招标时，专业工程设计深度往往是不够的，一般需要交由专业设计人员设计。在国际社会，出于对提高可建造性的考虑，一般由专业承包人负责设计，以发挥其专业技能和专业施工经验的优势。这类专业工程交由专业分包人完成在国际工程施工中有良好实践，目前在我国工程建设领域也已经比较普遍。公开透明地合理确定这类暂估价的实际金额的最佳途径，就是通过施工总承包人与工程建设项目招标人共同组织的招标。

暂估价中的材料、工程设备暂估单价应根据工程造价信息或参照市场价格估算，列出明细表；专业工程暂估价应分不同专业，按有关计价规定估算，列出明细表。如表 5.11、表 5.12 所示。

表 5.11　材料(工程设备)暂估单价及调整表

工程名称：　　　　　　　　　　　　标段：　　　　　　　　　　　　第　页　共　页

序号	材料(工程设备)名称、规格、型号	计量单位	数量		暂估(元)		确认(元)		差额±(元)		备注
			暂估	确认	单价	合价	单价	合价	单价	合价	
1	地砖	m²	1 500		55	82 500					用于地面装修项目
2	水泵	台	1		5 000	5 000					用于设备安装项目
	合计					87 500					

注：此表由招标人填写"暂估单价"，并在"备注"栏说明暂估价的材料、工程设备拟用在哪些清单项目上，投标人应将上述材料、工程设备暂估单价计入工程量清单综合单价报价中。

表 5.12 专业工程暂估价及结算价表

工程名称：　　　　　　　　　　标段：　　　　　　　　　　第 页 共 页

序号	工程名称	工程内容	暂估金额（元）	结算金额（元）	差额±（元）	备注
1	水、电、消防工程		520 000			
	合计		520 000			

注：此表"暂估金额"由招标人填写，投标人应将"暂估金额"计入投标总价中。结算时按合同约定结算金额填写。

3）计日工

计日工是指在施工过程中，承包人完成发包人提出的工程合同范围以外的零星项目或工作，按合同中约定的单价计价的一种方式。计日工是对零星项目或工作采取的一种计价方式，包括完成作业所需的人工、材料、施工机械及其费用的计价。

计日工是根据工程项目特征和施工现场状况，为完成工程项目可能发生的，并且在分部分项工程工程量和措施项目清单以外的项目所需人工、材料和施工机械及其费用的计价。计日工清单应根据工程的具体情况，分别详细列出人工、材料和机械的品种和数量。人工应不分人工类别，按照估算工日数量列项；材料应按材料名称、规格型号和估算用量列项；施工机械应按机械名称、规格型号和估算用量列项。

计日工适用于合同约定之外或者因设计变更增加新的项目或应发包人要求，投标人为发包人完成工程以外的临时项目所要发生的人工、材料、机械事先确定出价格，其为额外工作和变更的计价提供了方便快捷的途径，能够有效缓解和避免将会发生的纠纷和矛盾。计日工表如表 5.13 所示。

表 5.13 计日工表

工程名称：　　　　　　　　　　标段：　　　　　　　　　　第 页 共 页

编号	项目名称	单位	暂定数量	实际数量	综合单价(元)	合价（元）	
						暂定	实际
一	人工						
1	普工	工日	80				
2	技工	工日	65				
	人工小计						
二	材料						
1	钢筋	t	2				
2	水泥 52.5	t	1				
3	中砂	m³	8				
	材料小计						

续表 5.13

编号	项目名称	单位	暂定数量	实际数量	综合单价(元)	合价(元)	
						暂定	实际
三	施工机械						
1	塔式起重机	台班	6				
2	搅拌机(350 L)	台班	3				
	施工机械小计						
四、企业管理费和利润							
	总计						

注:此表项目名称、暂定数量由招标人填写,编制招标控制价时,单价由招标人按有关计价规定确定;投标时,单价由投标人自主报价,按暂定数量计算合价计入投标总价中。结算时,按发承包双方确认的实际数量计算合价。

4)总承包服务费

总承包服务费是指总承包人为配合、协调发包人进行的专业工程分包,对发包人自行采购的设备、材料等进行管理、服务以及施工现场管理、竣工资料汇总整理等服务所需的费用。

总承包服务费应列出服务项目及其内容等,如表 5.14 所示。

表 5.14 总承包服务费计价表

工程名称:　　　　　　　　　　标段:　　　　　　　　　　　　第　页　共　页

序号	项目名称	项目价值(元)	服务内容	计算基础	费率(%)	金额(元)
1	发包人发包专业工程	520 000	按专业工程承包人的要求提供施工工作面并对施工现场进行统一管理,对竣工资料进行统一整理汇总			
2	发包人提供材料	450 000	对发包人供应的材料进行验收及保管、使用和发放			
合计						

注:此表项目名称、服务内容由招标人填写,编制招标控制价时,费率及金额由招标人按有关计价规定确定;投标时,费率及金额由投标人自主报价,计入投标总价中。

4. 规费项目清单和税金项目清单的编制

规费项目清单应按照下列内容列项:社会保险费,包括养老保险费、失业保险费、医疗保险费、工伤保险费、生育保险费;住房公积金;工程排污费;出现《计价规范》中未列出的项目应根据省级政府或省级有关权力部门的规定列项。

税金项目主要是指增值税,出现《计价规范》中未列出的项目,应根据税务部门的规定列项。规费、税金项目计价表如表 5.15 所示。

表 5.15　规费、税金项目计价表

工程名称：　　　　　　　　　　　　　标段：　　　　　　　　　　　　第　页　共　页

序号	项目名称	计算基础	计算基数	计算费率(%)	金额(元)
1	规费	定额人工费			
1.1	社会保险费	定额人工费			
(1)	养老保险费	定额人工费			
(2)	失业保险费	定额人工费			
(3)	医疗保险费	定额人工费			
(4)	工伤保险费	定额人工费			
(5)	生育保险费	定额人工费			
1.2	住房公积金	定额人工费			
1.3	工程排污费	按工程所在地环境保护部门收取标准，按实计入			
2	税金	分部分项工程费＋措施项目费＋其他项目费＋规费－按规定不计税的工程设备金额			
合计					

编制人(造价人员)：　　　　　　　　　　复核人(造价工程师)：

5. 工程量清单总说明的编制

工程量清单总说明包括以下内容：

(1) 工程概况

工程概况中要对建设规模、工程特征、计划工期、施工现场实际情况、自然地理条件、环境保护要求等做出描述。其中建设规模是指建筑面积；工程特征应说明基础及结构类型、建筑层数、高度、门窗类型及各部位装饰、装修做法；计划工期是指按工期定额计算的施工天数；施工现场实际情况是指施工场地的地表状况；自然地理条件是指建筑场地所处地理位置的气候及交通运输条件；环境保护要求，是针对施工噪声及材料运输可能对周围环境造成的影响和污染所提出的防护要求。

(2) 工程招标及分包范围

招标范围是指单位工程的招标范围，如建筑工程招标范围为"全部建筑工程"，装饰装修工程招标范围为"全部装饰装修工程"，或"招标范围不含桩基础、幕墙、门窗"等。工程分包是指特殊工程项目的分包，如"招标人自行采购安装铝合金门窗"等。

(3) 工程量清单编制依据

包括建设工程工程量清单计价规范、设计文件、招标文件、施工现场情况、工程特点及常规施工方案等。

(4) 工程质量、材料、施工等的特殊要求

工程质量的要求是指招标人要求拟建工程的质量应达到合格或优良标准；对材料的要求

是指招标人根据工程的重要性、使用功能及装饰装修标准提出的要求，诸如对水泥的品牌、钢材的生产厂家、花岗石的出产地和品牌等的要求；施工要求，一般是指建设项目中对单项工程的施工顺序等的要求。

（5）其他需要说明的事项

根据工程实际情况拟定。

5.4 招标控制价的编制

5.4.1 招标控制价概述

1. 招标控制价的含义

招标控制价是招标人根据国家或省级、行业建设主管部门颁发的有关计价依据和办法，以及拟定的招标文件和招标工程量清单，结合工程具体情况编制的招标工程的最高投标限价。

国有资金投资的建设工程招标，招标人必须编制招标控制价。招标控制价超过批准的概算时，招标人应将其报原概算部门审核。投标人的投标报价高于招标控制价的，其投标应予以拒绝。招标控制价应由具有编制能力的招标人或受其委托具有相应资质的工程造价咨询人编制和复核。

招标控制价与最高投标限价

2. 招标控制价的作用

实行招标控制价，可加强招标人对工程造价的控制。招标控制价是招标人对招标项目所能接受的最高价格，超过该价格的，招标人不予接受。

实行招标控制价，可提高招投标过程的透明度，有利于正常评标，既设置了控制上限又尽量地减少了业主依赖评标基准价的影响。

实行招标控制价，可引导投标方自主报价，防止投标人围标、无限制地哄抬标价等不规范的行为。

3. 招标控制价编制依据

招标控制价应根据下列依据编制和复核：

（1）《计价规范》。

（2）国家或省级、行业建设主管部门颁发的计价定额和计价办法。

（3）建设工程设计文件及相关资料。

（4）拟订的招标文件及招标工程量清单。

（5）与建设项目相关的标准、规范、技术资料。

（6）施工现场情况、工程特点及常规施工方案等。

（7）工程造价管理机构发布的工程造价信息，当工程造价信息没有发布时参照市场价。

（8）其他的相关资料。

按上述依据进行招标控制价编制，还应注意以下事项：使用的计价标准、计价政策应是国家或省级、行业建设主管部门颁布的计价定额和相关政策规定；采用的材料价格应是工程造价管理机构通过工程造价信息发布的材料单价，工程造价信息未发布材料单价的材料，其材料价格应通过市场调查确定；国家或省级、行业建设主管部门对工程造价计价中费用或费用标准有规定的，应按规定执行。

5.4.2 招标控制价编制方法

招标控制价的编制内容包括分部分项工程费、措施项目费、其他项目费、规费和税金，按照招标控制价的编制内容，可以把招标控制价编制划分为以下步骤：

1. 分部分项工程费的编制

招标控制价的分部分项工程费应由各单位工程的招标工程量乘以相应综合单价汇总而成。"综合单价"是相对于工程量清单计价而言的、对完成一个规定计量单位的分部分项清单项目或措施清单项目所需的人工费、材料费、施工机具使用费、企业管理费、利润以及包含一定范围风险因素的价格表示。招标文件中要求投标人承担的风险费用，投标人应考虑进入综合单价。

$$分部分项工程费 = \sum 分部分项工程量 \times 分部分项工程综合单价 \qquad (5.1)$$

$$综合单价 = 人工费 + 材料费 + 施工机具使用费 + 企业管理费 + 利润 + 风险费 \quad (5.2)$$

$$企业管理费 = （人工费 + 施工机具使用费） \times 企业管理费费率 \qquad (5.3)$$

$$利润 = （人工费 + 施工机具使用费） \times 利润率 \qquad (5.4)$$

综合单价的确定步骤如下：

第一步：仔细核实清单项目工程的综合内容。

综合单价的项目是工程量清单项目，而不是预算定额中按施工工序划分的定额子目。《计价规范》与消耗量定额中的工程量计算规则、计量单位、项目内容不尽相同，工程量清单项目的划分，一般是以一个"综合实体"来划分，可能出现一个清单项目包括多项定额子目的情况。例如"人工挖基槽"项目，《计价规范》规定基础土方工程量按"基础垫层的底面积乘以挖土深度"计算，而消耗量定额基础土方工程量要考虑"工作面"和"放坡"，两者的工程量计算规则存在差异。在项目内容方面，"人工挖基槽"项目综合了人工挖基槽、原土打夯、基地钎探、运输四项内容。

因此，确定综合单价的第一步是要计算该清单项目的清单工程量，并将清单项目的工作内容与定额子目的工作内容进行比较，结合清单项目的特征描述，核实该清单项目综合了哪些定额子目,并按照相应计价定额里规定的工程量计算规则依次计算每个定额子目的工程量。

当然,当一个清单项目仅包括一个定额子目,且《计价规范》与所使用的消耗量定额中的工程量计算规则相同时,可以直接以工程量清单中的工程量作为定额子目的工程量,直接使用相应的工程定额中消耗量组合单价。这种组价比较简单,在一个单位工程中大多数的分项工程都可利用这种方法。

第二步:选用消耗量定额。

人、材、机的消耗量一般参照定额进行。招标人编制招标控制价时,一般参照政府颁发的消耗量定额,如《湖北省房屋建筑与装饰工程消耗量定额及基价表》。投标人编制投标报价时,一般应采用反映企业水平的企业定额,投标企业没有企业定额时,也可参照消耗量定额进行调整。

第三步:确定人、材、机单价。

依据工程造价政策规定或工程造价信息确定人工、材料、机械台班单价。应综合考虑工程项目具体情况及市场资源的供求状况,采用市场价格作为参考,并考虑一定的调价系数。

第四步:计算清单项目的人工费、材料费和机械费。

按确定的分项工程人工、材料、机械的消耗量以及获得的人工单价、材料单价、施工机械台班单价,与相应的计价工程量相乘得到各定额子目的人工费、材料费和机械费,将各定额子目的人工费、材料费和机械费汇总后得到清单项目的人工费、材料费和机械费。

$$清单项目人工费 = \sum 计价工程量 \times \sum 人工消耗量 \times 人工单价 \qquad (5.5)$$

$$清单项目材料费 = \sum 计价工程量 \times \sum 材料消耗量 \times 材料单价 \qquad (5.6)$$

$$清单项目机械费 = \sum 计价工程量 \times \sum 台班消耗量 \times 台班单价 \qquad (5.7)$$

第五步:计算清单项目的管理费、利润及风险费。

企业管理费和利润通常根据各地区规定的费率乘以规定的计算基数得出,计算公式如式(5.3)、式(5.4)所示。依据《湖北省建筑安装工程费用定额》(2018 版)的规定,企业管理费和利润的计费基数均为人工费与施工机具使用费之和,房屋建筑工程企业管理费费率为28.27%,利润率为 19.73%;土石方工程企业管理费费率为 15.42%,利润率为 9.42%。

风险费依据工程类别和施工难易程度考虑,以人工费、材料费、机械费、企业管理费和利润为基数,乘以风险费费率计算。

第六步:计算清单项目的综合单价。

将清单项目的人工费、材料费和机械费、企业管理费、利润和风险费汇总得到该清单项目合价,将清单项目合价除以该清单项目的工程量即可得到该清单项目的综合单价。

$$综合单价 = \frac{\sum(人工费 + 材料费 + 机械费 + 企业管理费 + 利润 + 风险费)}{清单工程量} \qquad (5.8)$$

2. 措施项目费的编制

措施项目清单分为单价措施项目清单和总价措施项目清单两种。对于单价措施项目清单,应按分部分项工程量清单的方式采用综合单价计价,根据特征描述找到定额中与之相对应的项,进行单价汇总,计算管理费、风险费、利润;对于总价措施项目清单,应按有关规定确定计算基数和费率的方法取定,如按照《湖北省建筑安装工程费用定额》(2018 版)中的相应规定,安全文明施工费、夜间施工增加费、冬雨季施工增加费、工程定位复测费都是以人工费+施工机具使用费为基数,乘以相应费率。总价措施项目费中的安全文明施工费是不可竞争性费用,应当按照国家或省级、行业建设主管部门的规定标准计算,该部分不得作为竞争性费用。

3. 其他项目费的编制

其他项目费由暂列金额、暂估价、计日工、总承包服务费等内容构成。

1)暂列金额

暂列金额可根据工程的复杂程度、设计深度、工程环境条件(包括地质、水文、气候条件等)进行估算,一般可以分部分项工程费的 10%~15% 为参考。

2)暂估价

暂估价中的材料单价应按照工程造价管理机构发布的工程造价信息中的材料单价计算,工程造价信息未发布的材料单价,其单价参考市场价格估算。暂估价中的专业工程暂估价应区分不同专业,按有关计价规定估算。

3)计日工

计日工中的人工单价和施工机械台班单价应按省级、行业建设主管部门或其授权的工程造价管理机构公布的单价计算;材料应按工程造价管理机构发布的工程造价信息中的材料单价计算,工程造价信息未发布材料单价的材料,其价格应按市场调查确定的单价计算。

4)总承包服务费

总承包服务费应按照省级或行业建设主管部门的规定计算,在计算时可参考以下标准:

(1)招标人仅要求对分包的专业工程进行总承包管理和协调时,按分包的专业工程估算造价的 1.5% 计算。

(2)招标人要求对分包的专业工程进行总承包管理和协调,并同时要求提供配合服务时,根据招标文件中列出的配合服务内容和提出的要求,按分包的专业工程估算造价的 3%~5% 计算。

(3)招标人自行供应材料的,按招标人供应材料价值的 1% 计算。

4. 规费和税金的编制

招标控制价的规费和税金必须按国家或省级、行业建设主管部门的规定计算,不得作为竞争性费用。

具体计算时,一般按国家及有关部门规定的计算公式和费率标准进行计算。如按照《湖北省建筑安装工程费用定额》(2018 版)中的有关规定,房屋建筑工程的规费计费基数为人工费+施工机具使用费,费率则按 26.85% 进行计算。

5. 招标控制价的计价程序

根据招标控制价编制的步骤,可以形成一系列的计算程序表格。分部分项工程及单价措施项目综合单价计算程序、总价措施项目费计算程序、其他项目费计算程序、单位工程招标控制价计算程序如表 5.16~表 5.19 所示。

表 5.16　分部分项工程及单价措施项目综合单价计算程序

序号	费用项目	计算方法
1	人工费	$\sum$（人工费）
2	材料费	$\sum$（材料费）
3	施工机具使用费	$\sum$（施工机具使用费）
4	企业管理费	（1＋3）×费率
5	利润	（1＋3）×费率
6	风险因素	按招标文件或约定
7	综合单价	1＋2＋3＋4＋5＋6

表 5.17　总价措施项目费计算程序

序号	费用项目		计算方法
1	分部分项工程费		$\sum$（分部分项工程费）
1.1	其中	人工费	$\sum$（人工费）
1.2		施工机具使用费	$\sum$（施工机具使用费）
2	单价措施项目费		$\sum$（单价措施项目费）
2.1	其中	人工费	$\sum$（人工费）
2.2		施工机具使用费	$\sum$（施工机具使用费）
3	总价措施项目费		3.1＋3.2
3.1	安全文明施工费		（1.1＋1.2＋2.1＋2.2）×费率
3.2	其他总价措施项目费		（1.1＋1.2＋2.1＋2.2）×费率

表 5.18　其他项目费计算程序

序号	费用项目		计算方法
1	暂列金额		按招标文件
2	暂估价		2.1＋2.2
2.1	其中	材料暂估价/结算价	$\sum$（材料暂估价×暂估数量）/$\sum$（材料结算价×结算数量）
2.2		专业工程暂估价/结算价	按招标文件/结算价
3	计日工		3.1＋3.2＋3.3＋3.4＋3.5

序号	费用项目		计算方法
3.1	其中	人工费	$\sum$（人工价格×暂定数量）
3.2		材料费	$\sum$（材料价格×暂定数量）
3.3		施工机具使用费	$\sum$（机械台班价格×暂定数量）
3.4		企业管理费	（3.1＋3.3）×费率
3.5		利润	（3.1＋3.3）×费率
4	总包服务费		4.1＋4.2
4.1	其中	发包人发包专业工程	$\sum$（项目价值×费率）
4.2		发包人提供材料	$\sum$（材料价值×费率）
5	索赔与现场签证		$\sum$（价格×数量）/$\sum$费用
6	其他项目费		1＋2＋3＋4＋5

表 5.19　单位工程招标控制价计算程序

序号	费用项目		计算方法
1	分部分项工程费		$\sum$（分部分项工程费）
1.1	其中	人工费	$\sum$（人工费）
1.2		施工机具使用费	$\sum$（施工机具使用费）
2	单价措施项目费		$\sum$（单价措施项目费）
2.1	其中	人工费	$\sum$（人工费）
2.2		施工机具使用费	$\sum$（施工机具使用费）
3	总价措施项目费		$\sum$（总价措施项目费）
4	其他项目费		$\sum$（其他项目费）
4.1	其中	人工费	$\sum$（人工费）
4.2		施工机具使用费	$\sum$（施工机具使用费）
5	规费		（1.1＋1.2＋2.1＋2.2＋4.1＋4.2）×费率
6	税金		（1＋2＋3＋4＋5）×税率
7	单位工程含税造价		1＋2＋3＋4＋5＋6
8	单项工程造价		$\sum$单位工程造价

5.4.3 编制招标控制价的相关规定

投标人的投标报价若超过招标控制价的,其投标作为废标处理。

工程造价咨询人不得同时接受招标人和投标人对同一工程的招标控制价和投标报价的编制。

招标控制价应在招标文件中公布,不得对所编制的招标控制价进行上浮或下调,且在公布招标控制价时,除公布招标控制价的总价外,还应公布各单位工程的分部分项工程费、措施项目费、其他项目费、规费和税金。同时,招标人应将招标控制价报工程所在地的工程造价管理机构备查。

投标人经复核认为招标人公布的招标控制价未按规定进行编制的,应在招标控制价公布后5天内向招标投标监督机构和工程造价管理机构投诉。工程造价管理机构受理投诉后,应立即对招标控制价进行复查,组织投诉人、被投诉人或其委托的招标控制价编制人等单位人员对投诉问题逐一核对。当复查结论与原公布的招标控制价误差＞±3％时,应责成招标人改正。

5.4.4 编制招标控制价时应注意的问题

应该正确、全面地选用行业和地方的计价依据、标准、办法和市场化的工程造价信息。其中采用的材料价格应是通过工程造价信息平台发布的材料价格,工程造价信息未发布材料单价的材料,其材料价格应通过市场调查确定。另外,未采用发布的工程造价信息时,需在招标文件或答疑补充文件中对最高投标限价采用的与造价信息不一致的市场价格予以说明,采用的市场价格则应通过调查、分析确定,有可靠的信息来源。

施工机械设备的选型直接关系到综合单价水平,应根据工程项目特点和施工条件,按照经济实用、先进高效的原则确定。

可竞争的措施项目和规费、税金等费用的计算均属于强制性的条款,编制最高投标限价时应按国家有关规定计算。

不同工程项目、不同投标人会有不同的施工组织方法,所发生的措施费也会有所不同,因此,对于竞争性的措施费用的确定,招标人应首先编制常规的施工组织设计或施工方案,然后经科学论证后再合理确定措施项目与费用。

5.5 投标报价的编制

5.5.1 投标报价概述

1. 投标报价含义

投标报价是投标单位根据招标文件中的工程量清单和有关要求、施工现场的实际情况及拟定的施工方案或施工组织设计,依据企业定额和市场价格信息,进行自主报价。投标价是投标人投标时响应招标文件要求所报出的对已标价工程量清单汇总后标明的总价。

2. 编制要求

投标报价一般应按照如下要求进行编制:

(1)投标报价由投标人自主确定,但必须执行《计价规范》的强制性规定。投标价应由投标人或受其委托具有相应资质的工程造价咨询人员编制。

(2)投标人的投标报价不得低于工程成本。

(3)投标报价要以招标文件中设定的承发包双方责任划分,作为考虑投标报价费用项目和费用计算的基础,承发包双方的责任划分不同,会导致合同风险不同的分摊,从而导致投标人选择不同的报价;还应根据工程承发包模式考虑投标报价的费用内容和计算深度。

(4)以施工方案、技术措施等作为投标报价计算的基本条件;以反映企业技术和管理水平的企业定额作为计算人工、材料和机械台班消耗量的基本依据;充分利用现场考察、调研成果、市场价格信息和行情资料,编制基础投标报价。

(5)报价计算方法要科学严谨,简明适用。

3. 投标报价的编制依据

按照《计价规范》规定,投标报价应根据下列依据编制和复核:

(1)《计价规范》。

(2)国家或省级、行业建设主管部门颁发的计价办法。

(3)企业定额,国家或省级、行业建设主管部门颁发的计价定额和计价办法。

(4)招标文件、招标工程量清单及其补充通知、答疑纪要。

(5)建设工程设计文件及相关资料。

(6)施工现场情况、工程特点及投标时拟定的施工组织设计或施工方案。

(7)与建设项目相关的标准、规范等技术资料。

(8)市场价格信息或工程造价管理机构发布的工程造价信息。

(9)其他的相关资料。

4. 投标报价的编制步骤

投标报价的编制步骤如下:

(1)研究招标文件、熟悉工程量清单。

(2)核算工程数量、分析项目特征、编制综合单价、计算分部分项工程费用。

(3)确定措施项目清单内容、计算措施项目费用。

(4)计算其他项目费用、规费和税金。

(5)汇总各项费用、复核调整确认。

5.5.2 投标报价编制方法

投标报价应根据招标文件中的工程量清单和有关要求,施工现场实际情况及拟定的施工方案或施工组织设计,依据企业定额和市场价格信息,并参照建设行政主管部门发布的消耗量定额进行编制。工程量清单计价应包括按招标文件规定完成工程量清单所需的全部费用,通常由分部分项工程费、措施项目费、其他项目费、规费和税金组成。

1. 分部分项工程费的计算与确定

投标人必须按招标工程量清单填报价格。项目编码、项目名称、项目特征、计量单位、工程量必须与招标工程量清单一致。综合单价和合价由投标人自主决定填写。投标价中的分部分项工程费应由招标工程量清单中的分部分项工程量乘以相应综合单价汇总而成。

综合单价除计算完成各分部分项工程量清单项目所需的人工、材料和施工机具使用费之外,还必须计入各分部分项工程所需的企业管理费、利润并考虑风险因素。综合单价的计算方法与招标控制价中综合单价的确定方法相同。根据计算出的综合单价,可编制分部分项工程量清单与计价表以及综合单价分析表。

投标人确定分部分项工程综合单价时应注意:

(1)以招标人提供的工程量清单中的项目特征描述为依据

分部分项工程和措施项目中的单价措施项目报价的最重要依据之一是该项目的特征描述。投标人应根据招标文件及其招标工程量清单项目的特征描述确定综合单价,当出现招标文件中工程量清单项目的特征描述与设计图纸不符时,应以工程量清单项目的特征描述为准;当施工中施工图纸或设计变更与工程量清单项目的特征描述不一致时,发承包双方应按实际施工的项目特征,依据合同约定重新确定综合单价。

(2)材料、设备暂估价的处理

为方便合同管理以及方便投标人组价,需要纳入分部分项工程量清单项目综合单价中的暂估价应只是材料费。暂估价中的材料单价应按照工程造价管理机构发布的工程造价信息或参考市场价格确定。

(3)考虑合理的风险

投标人在自主决定投标报价时,还应考虑招标文件中要求投标人承担的风险内容及其范围(幅度)以及相应的风险费用。在施工过程中,当出现风险的内容及其范围(幅度)在招标文件规定的范围内时,综合单价不得变更,工程价款不做调整。

招标文件中要求投标人承担的风险费用,投标人应考虑进入综合单价。根据我国工程建设特点,投标人应完全承担的风险是技术风险和管理风险,如管理费和利润;应有限度承担的风险是市场风险,如材料价格、施工机械使用费等的风险;应完全不承担的是法律、法规、规章和政策变化的风险。所以综合单价中不包含规费和税金。

根据国际惯例并结合我国社会主义市场经济条件下工程建设的特点,承发包双方对工程施工阶段的风险宜采用如下分摊原则:

承包人承担的风险主要有:对于主要由市场价格波动导致的价格风险,根据工程特点和工期要求,建议承包人承担5%以内的材料价格风险,10%以内的施工机械使用费风险;对于承包人根据自身技术水平、管理、经营状况能够自主控制的风险。

发包人承担的风险主要有:对于主要由市场价格波动导致的价格风险,发包人承担5%以外的材料价格风险,10%以外的施工机械使用费风险;对于法律、法规、规章或有关政策出台导致工程税金、规费、人工发生变化及政策性调整的风险。

2. 措施项目费的计算与确定

措施项目分为单价措施项目和总价措施项目。单价措施项目由投标人以综合单价的方式自主报价。总价措施费中的安全文明施工费必须按国家或省级、行业建设主管部门的规定计算,不得作为竞争性费用;总价措施费中的其他费用由投标人以费率的方式自主报价。

措施项目的内容应依据招标人提供的措施项目清单和投标人投标时拟定的施工组织设计或施工方案确定;投标人可根据工程实际情况结合施工组织设计,对招标人所列的措施项目进行增补。

3. 其他项目费的计算与确定

其他项目费主要包括暂列金额、暂估价、计日工以及总承包服务费。其他项目费应按下列规定报价:

(1)暂列金额应按招标工程量清单中列出的金额填写。

(2)材料、工程设备暂估价应按招标工程量清单中列出的单价计入综合单价。

(3)专业工程暂估价应按招标工程量清单中列出的金额填写。

(4)计日工应按招标工程量清单中列出的项目和数量,自主确定综合单价并计算计日工金额。

(5)总承包服务费应根据招标工程量清单中列出的内容和提出的要求自主确定。

4. 规费、税金的计算与确定

规费和税金必须按国家或省级、行业建设主管部门的规定计算,不得作为竞争性费用。具体计算时,一般按照国家及有关部门规定的计算基数和费率标准进行计算。规费、税金项目计价表如表5.20所示,其中计费基数和计算费率以《湖北省建筑安装工程费用定额》(2018年)为依据,以房屋建筑工程为例。

表5.20 规费、税金项目计价表

工程名称: 标段: 第 页 共 页

序号	项目名称	计算基础	计算基数	计算费率(%)	金额(元)
1	规费	人工费+施工机具使用费	1 228 000	26.85	329 718
1.1	社会保险费	人工费+施工机具使用费	1 228 000	20.08	246 582.4
(1)	养老保险费	人工费+施工机具使用费	1 228 000	12.68	155 710.4
(2)	失业保险费	人工费+施工机具使用费	1 228 000	1.27	15 595.6
(3)	医疗保险费	人工费+施工机具使用费	1 228 000	4.02	49 365.6
(4)	工伤保险费	人工费+施工机具使用费	1 228 000	1.48	18 174.4
(5)	生育保险费	人工费+施工机具使用费	1 228 000	0.63	7 736.4
1.2	住房公积金	人工费+施工机具使用费	1 228 000	5.29	64 961.2
1.3	工程排污费	人工费+施工机具使用费	1 228 000	1.48	18 174.4

序号	项目名称	计算基础	计算基数	计算费率(%)	金额(元)
2	税金	分部分项工程费+措施项目费+其他项目费+规费-按规定不计税的工程设备金额	8 561 724.14	9%	770 555.173
	合计				9 332 279.31

编制人(造价人员):　　　　　　　　　复核人(造价工程师):

5. 投标报价的计价程序

投标报价应在满足招标文件要求的前提下,实行企业定额的人、材、机消耗量自定,综合单价及费用自选,全面竞争,自由报价。

其中,可以自主确定的部分包括企业定额消耗量、人材机单价、企业管理费费率、利润率、措施费用、计日工单价、总承包服务费等;不能自主确定的部分包括安全文明施工费、规费、税金、暂列金额、暂估价、计日工量。投标报价不得低于工程成本。

投标总价应当与分部分项工程费、措施项目费、其他项目费、规费、税金的合计金额一致。投标报价的计价程序如表 5.21 所示。

表 5.21　投标报价的计价程序

序号	费用项目	计算特点	计算方法
1	分部分项工程费	自主报价	∑ 分部分项工程量×分部分项工程综合单价
2	措施项目费		单价措施项目费+总价措施项目费
2.1	单价措施项目费	自主报价	∑ 单价措施项目工程量×单价措施项目综合单价
2.2	总价措施项目费		∑ 总价措施项目计算基数×费率
2.2.1	其中:安全文明施工费	按规定标准计算,为不可竞争费用	
2.2.2	其他总价措施费		∑ 其他总价措施项目计算基数×费率
3	其他项目费		∑(其他项目费)
3.1	暂列金额	按招标工程量清单列出的金额填写	
3.2	暂估价		材料(工程设备)暂估价+专业工程暂估价
3.2.1	材料(工程设备)暂估价	按招标工程量清单列出的金额填写	
3.2.2	专业工程暂估价	按招标工程量清单列出的金额填写	
3.3	计日工	自主报价	以综合单价计算
3.4	总承包服务费	自主报价	以综合单价计算

序号	费用项目	计算特点	计算方法
4	规费	按规定标准计算,为不可竞争费用	$(\sum 人工费 + \sum 施工机具使用费) \times 规费费率$
5	税金	按规定标准计算,扣除不计税的工程设备金额,为不可竞争费用	$(1+2+3+4) \times 费率$
6	单位工程投标报价汇总		$1+2+3+4+5$

6. 编制投标报价应注意的其他问题

投标报价的人、材、机消耗量应根据企业定额确定;现阶段,应按照各省、自治区、直辖市的计价定额计算。

投标报价的人、材、机单价应根据市场价格(暂估价除外)自主报价。

工程量清单没有考虑施工过程中的施工损耗,编制综合单价时,对于材料消耗量要考虑施工损耗,以便准确计价。

必须复核工程量清单中的工程量,以实际工程量(施工量)来计算工程造价,以招标人提供的工程量(清单量)进行报价。注意清单工程量计算规则与计价定额工程量计算规则的区别。

7. 全费用基价表清单计价

《计价规范》中规定的是综合单价计价,但是在实际的工程造价计价活动中,可以根据需要选择全费用清单计价方式。现在某些地区(如湖北省)已经采用全费用报价,更加有利于合同管理和价款结算。

1) 全费用的含义

全费用是完成规定计量单位的分部分项工程所需人工费、材料费、施工机具使用费、费用、增值税之和。

费用包括总价措施项目费、企业管理费、利润、规费。

2) 计算程序

分部分项工程及单价措施项目、其他项目费、单位工程造价计算程序分别见表 5.22、表 5.23、表 5.24。

表 5.22 分部分项工程及单价措施项目综合单价计算程序

序号	费用名称	计算方法
1	人工费	$\sum(人工费)$
2	材料费	$\sum(材料费)$
3	施工机具使用费	$\sum(施工机具使用费)$
4	费用	$\sum(费用)$

序号	费用名称	计算方法
5	增值税	$\sum$（增值税）
6	综合单价	1＋2＋3＋4＋5

表 5.23　其他项目费计算程序

序号	费用名称		计算方法
1	暂列金额		按招标文件
2	专业工程暂估价		按招标文件
3	计日工		3.1＋3.2＋3.3＋3.4
3.1	其中	人工费	$\sum$（人工单价×暂定数量）
3.2		材料费	$\sum$（材料价格×暂定数量）
3.3		施工机具使用费	$\sum$（机械台班价格×暂定数量）
3.4		费用	（3.1＋3.3）×费率
4	总包服务费		4.1＋4.2
4.1	其中	发包人发包专业工程	$\sum$（项目价值×费率）
4.2		发包人提供的材料	$\sum$（材料价值×费率）
5	索赔与现场签证费		$\sum$（价格×数量）/$\sum$费用
6	增值税		（1＋2＋3＋4＋5）×税率
7	其他项目费		1＋2＋3＋4＋5＋6

注：费用包含企业管理费、利润、规费。

表 5.24　单位工程造价计算程序

序号	费用名称	计算方法
1	分部分项工程和单价措施项目费	$\sum$（全费用单价×工程量）
2	其他项目费	$\sum$（其他项目费）
3	单位工程造价	1＋2

3）相关说明

（1）工程造价计价活动中，可以根据需要选择全费用清单计价方式。全费用计价依据相应的计算程序，需要明示相关费用的，可根据全费用基价表中的人工费、材料费、施工机具使用费和相关定额的费率进行计算。

（2）选择全费用清单计价方式，可根据投标文件或实际需求，修改或重新设计适合全费用清单计价方式的工程量清单计价表格。

（3）暂列金额、专业工程暂估价、结算价和以费用形式表示的索赔与现场签证费均不含增值税。

下面以土方工程为例讲述全费用基价的工程量清单报价方法。

【例5.1】　某单层建筑物外墙尺寸如图5.2所示，墙厚均为240 mm。经计算需要余土外运60 m³，弃土运距18 m。试编制该建筑物的人工平整场地的工程量清单，并对该工程量清单进行报价。

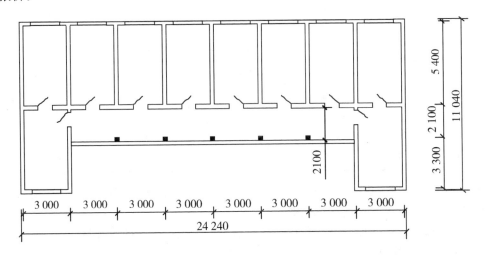

图5.2　某单层建筑物

【解】　（1）平整场地的清单工程量

$S_场 = 24.24 \times 11.04 - (3.00 \times 6 - 0.24) \times 3.30 = 209.00 \ \text{m}^2$

编制该工程平整场地分部分项工程量清单，如表5.25所示。

表5.25　分部分项工程和单价措施项目清单与计价表

工程名称：　　　　　　　　　　　　标段：　　　　　　　　　　　　第 页 共 页

序号	项目编码	项目名称	项目特征描述	计量单位	工程量	综合单价	合价	其中：暂估价
1	010101001001	平整场地	土壤类别：三类土 弃土运距：18 m	m²	209.00			

（2）对该工程平整场地工程量清单报价

① 计算计价工程量

根据《规范》中平整场地的项目特征和工作内容可知，其组价内容有平整场地和土方运输两个定额子目，分别对应《湖北省建设工程公共专业消耗量定额及全费用基价表（2018）》中的G1—283 和 G1—215。两个定额子目的具体内容如表5.26所示。

表 5.26　平整场地组价定额子目表

定额编号			G1-51(单位:10 m³)	G1-318(单位:100 m²)
项目			人力车运土方	人工场地平整
			运距 50 m 以内	
基价(元)			151.77	326.85
其中	人工费(元)		96.51	207.83
	材料费(元)		—	—
	机械费(元)		—	—
	费用(元)		42.73	92.03
	增值税(元)		12.53	26.99
名称	单位	单价(元)	数量	
人工	普工	工日	92.00	1.049	2.259

经查《湖北省建设工程公共专业消耗量定额及全费用基价表(2018)》可知,平整场地定额工程量计算规则与清单工程量计算规则一致。

即平整场地的定额工程量为 209.00 m²,题目已知人工运土方的工程量为 60 m³。

② 计算全费用单价

由表 5.26 可知,完成 100 m² 平整场地的人工费是 207.83 元,材料费和机械费是 0,人工运输 10 m³ 土方(运距 50 m 以内)的人工费是 96.51 元,材料费和机械费是 0。

计算平整场地的人工费、材料费和机械费:

人工费 $= 209.00 \div 100 \times 207.83 + 60 \div 10 \times 96.51 = 1\,013.42$ 元

材料费 $= 0$

机械费 $= 0$

人工费 + 机械费 $= 1\,013.42$ 元

依据《湖北省建筑安装工程费用定额》(2018 年版)中一般计税法的费率标准,土石方工程费用的计费基数为人工费和施工机具使用费之和,则费率和 $= 6.58\%$(安全文明施工费费率)$+ 1.29\%$(其他总价措施费费率)$+ 15.42\%$(企业管理费费率)$+ 9.42\%$(利润费率)$+ 11.57\%$(规费费率)$= 44.28\%$,则

费用 $= 1\,013.42 \times 44.28\% = 448.74$ 元

增值税 $= (1\,013.42 + 448.74) \times 9\% = 131.59$ 元

则平整场地的全费用单价为:

$(1\,013.42 + 448.74 + 131.59) \div 209.00$(清单工程量)$= 7.63$ 元 / m²

平整场地清单项目报价如表 5.27 所示。

表 5.27　分部分项工程和单价措施项目清单与计价表

工程名称：　　　　　　　　　　标段：　　　　　　　　　　　　　第　页　共　页

序号	项目编码	项目名称	项目特征描述	计量单位	工程量	金　额(元)		
						全费用单价	合价	其中：暂估价
1	010101001001	平整场地	土壤类别：三类土；弃土运距：18 m	m²	209.00	7.63	1 594.67	

【拓展学习建议】

因本章涉及招投标与合同管理方面的知识，建议课下拓展学习招标投标法以及民法典中合同法的相关知识，以及我国现行的各类招标文件范本。

【本章必备辅助学习资料】

1.《建设工程工程量清单计价规范》(GB 50500—2013)。

2.《房屋建筑与装饰工程工程量计算规范》(GB 50854—2013)。

3.《湖北省房屋建筑与装饰工程消耗量定额及全费用基价表》。

4.《湖北省建设工程公共专业消耗量定额及全费用基价表》。

5.《湖北省建筑安装工程费用定额》。

课后思考

1. 什么是工程量清单？工程量清单包括哪些内容？

2. 什么是工程量清单计价？

3. 简述《建设工程工程量清单计价规范》的组成。

4. 分部分项工程量清单是如何编制的？采用何种单价进行计价？

5. 简述综合单价的确定过程及方法。

6. 措施项目费分为哪几种？分别是如何进行计价的？

7. 其他项目费包括哪些内容？

8. 规费和税金由哪些内容构成？

9. 什么是招标控制价？简述招标控制价的编制程序。

10. 什么是投标报价？简述投标报价的编制程序。

本章测试

6 工程造价信息化

随着数字经济和信息化浪潮的到来,信息化已成为发展先进生产力的方向,工程造价的信息化管理也已经成为一种必然的趋势。工程造价信息化管理使价格信息更为直接、准确、便捷,能够确保工程实施过程当中对资金、时间和物料的有效管理,从而促使造价行业健康、稳定发展。本章主要介绍工程造价信息化的相关概念、意义及应用。

本章学习目标

1. 了解工程造价信息化的基本概念。
2. 了解 BIM、大数据和互联网+云计算等信息技术在工程造价中的基本应用。
3. 培养对工程造价信息化应用总体框架的理解和认知能力。

6.1 工程造价信息化概述

《2006—2020 国家信息化发展战略》中对"信息化"的定义是:信息化是充分利用信息技术,开发利用信息资源,促进信息交流和知识共享,提高经济增长质量,推动经济社会发展转型的历史进程。建筑业信息化是建筑业发展战略的重要组成部分,也是建筑业转变发展方式、提质增效、节能减排的必然要求,对建筑业绿色发展、提高人民生活品质具有重要意义。在此背景下,信息化管理已经成为工程造价管理的必然发展趋势。

6.1.1 工程造价信息化的基本概念

工程造价信息化即信息化技术在工程造价确定和形成各阶段中的应用过程,是工程管理信息化的一个子分支或子系统。工程造价信息化具体是指在传统的建设工程造价管理的基础上,利用计算机技术、网络技术、通信技术等信息技术,开发和利用工程造价信息资源,建立和应用各种工程造价数据库、造价管理信息系统或造价决策支持系统等工程造价管理软件或信息系统,促进工程造价相关行业内各种资源、要素的优化与重组,提升工程造价的确定、控制和管理水平的过程。

工程造价信息化业务涉及政府建设主管部门对工程造价的管理和监控,各参建方对建设工程项目的造价管理和成本控制,工程造价咨询企业的造价咨询与服务,也包括有关软件开发企业对各类工程造价软件和信息系统的开发及提供信息化服务等多方面。

6.1.2　工程造价信息化的意义

1）满足工程造价信息资源开发与共享的需要

工程造价业务信息所涉及的法规、标准、定额及其他信息资源几乎全部需要数字化集成和共享。目前,编制各类工程计价文件可全面实现计算机化,造价信息初步达到局部共享,行业管理走向网络化、数字化。随着信息技术的不断发展,各建设主体对造价信息资源的开发与共享的需求将会更加强烈。

2）推进行业标准化、规范化的需要

行业标准化和规范化关系到整个行业的长远发展。工程造价信息化是推动行业标准化和规范化的重要手段,可以在更大范围和更大时间跨度里推动工程造价管理工作的互融互通,提高造价信息资源的利用价值。

3）提高行业管理和专业人员素质的需要

行业诚信管理、企业资质管理、专业人员执业注册管理、专业人员业务培训等已部分实现计算机化、网络化,但离真正的信息化管理还远远不够,需要不断借助信息技术来实现高效管理和有效管理。

4）企业提高自身"核心竞争力"的需要

对于企业而言,信息化的本质是要加强企业的"核心竞争力"。无论是造价咨询企业还是建设单位、施工企业,拥有充分、准确、及时的工程造价信息都能提高其业务水平。工程造价信息化是企业取得竞争优势的必然选择。

总之,工程造价信息化已成为社会发展的必然要求,充分利用信息化管理手段,既是向国际接轨的需要,也是工程造价发展与变革的需要。

6.2　工程造价信息化应用

我国工程造价信息化的应用主要体现在行业管理的信息化、工程造价软件的普及应用和BIM 技术、大数据及云计算等在工程造价中的应用等方面。

6.2.1　工程造价信息服务网站

进入21 世纪,互联网技术不断发展,我国出现了大批为工程造价及相关管理活动提供信息和服务的网站。这些网站不同程度地提供了政策法规、理论文章,有些还涉及项目信息、造价指标和材料价格信息等,它们为进一步建设全国规模的工程造价管理专项系统进行了有益的尝试,并取得了一些经验。

1）建设工程造价信息网

建设工程造价信息网由住房和城乡建设部标准定额研究所主办,住房和城乡建设部信息中心和北京建科研软件技术有限公司提供技术支持。该网站是面向全国工程建设市场和各级工程造价管理单位提供权威、全面和标准化的信息服务与技术支持;实时公布国家、部门、地方造价管理法律、法规,指引和规范建设工程造价业务与管理工作;提供全国和地方各专业建设工程造价现行计价依据、实时价格信息及造价指数指标,结合标准造价软件,为建设项目业主、承包商、工程造价咨询单位及其他专业人员创建面向全国统一建筑市场的概预算编制、投标报价的专业工具平台。作为全国工程造价信息核心网站,中国建设工程造价信息网担负着联系、整合全国各地方造价信息资源的重任。网站面向政府部门管理,面向社会应用,在满足为造价行政管理提供科学决策依据和高效信息化手段的同时,努力以优质服务满足建设行业单位和人士的专业需求。

2）省、地市级建设工程造价信息网

目前各省及地市工程造价管理机构都相应建立了与工程造价信息有关的专业网站。由于技术水平、信息来源、资金等方面原因,它们各有特点,但模式基本一致,主要包括:政策法规、公告通知和新闻、建设标准、综合信息、建材价格信息、指数信息、造价指标、咨询机构、专业人员。其实现方式分文本文件和数据库数据两类,前者为文件、法规等描述性信息,后者为经过分类整理的数据,如建材材料价格、造价指数指标、专业人员动态管理等;前一部分主要以网页的形式存储和维护,后一部分通常采用网络数据库技术来进行录入、整理和分析、发布。其信息的来源有工程造价管理部门的日常工作内容和外部信息两大类。内部信息可以通过建立局域网进行处理,外部信息如信息员提供的采集材料价格、行情消息等,经过整理,分别录入到相应的系统中。

3）其他各类造价信息应用平台

同时,基于大数据应用的各类造价信息应用平台也不断涌现,比如造价通、广材网等。造价通作为全国首个为建设行业、工程造价行业提供权威的集工程造价信息数据查询与应用、材料价格信息数据查询与应用、非标准材料价格互动式查询、云造价服务等功能于一体的信息服务平台,以"权威性、平台性、应用性"为战略目标,致力于打造面向全国建设行业工、料、机市场,提供造价信息发布和建材价格数据查询服务的首选平台。造价通平台包含全国各市建筑材料造价通参考价、信息价、供应商报价、建议价、主材价格行情、询价圈、政策法规、资讯等几大模块。其信息量大,覆盖面广,能全方位满足全国用户的需求,网络布局已覆盖全国 31 个省、直辖市、自治区,面向全国 326 个核心城市提供全方位的造价信息服务支持。

广材网成立于 2011 年,隶属于广联达软件股份有限公司,是一个工程建材询价平台,主要为客户提供建筑材料价格信息。广材网市场价数据库中,收录了全国 33 个省市超过 1 000 万条材料的品牌最新市场价、13 万家厂商联系信息,并且每个月以 1.79% 的速度增长。广材网的信息价查询覆盖了 18 个省、3 个直辖市、4 个自治区、265 个二级地市、621 个区县的造价信息数据。

6.2.2 各类造价软件的应用

1）工程计量软件

工程计量软件是利用计算机辅助进行工程量自动计算的一类软件的统称，简称计量软件或算量软件。其大体经历了电子表格类计量软件、基于图形的计量软件（包括二维图形和三维图形计量软件）和基于 BIM 的计量软件三个发展阶段。应用这类软件可基本实现自动计算工程量的目的，大大提高了工程量计算的速度和准确率，是建筑企业信息化管理不可缺少的工具类软件。

2）工程计价软件

工程计价软件的主要功能是代替人工完成工程量清单编制、定额的套用和换算、工程费用的计算等，最终完成建筑安装工程造价文件的编制，并可按需要输出各种造价报表。其成果文件符合国家和地区的"建设工程造价数据交换标准"格式。

国内计价软件的特点是均可挂接或内置有关计价定额库和工程量清单计价规范，可对计价依据、工料机等资源单价等各类造价数据进行有效管理，方便用户进行数据库系统维护；也可按用户要求定制计算规则和费用标准等，自动完成各类费用的汇总计算。

3）工程定额编制与管理软件

21 世纪初，为了顺应工程造价管理机构的工作需求，出现专为定额管理机构定额编制、修订和信息发布等使用的定额管理软件。借助该类软件，逐步实现定额的统一管理、原始数据自动积累、定额数据质量校验、定额单价实时汇总计算、与计价软件衔接快速实现定额测算、定额印刷排版等功能，建立了工程定额全息数据库。

目前市场上具有代表性的工程定额管理软件开发商有成都鹏业软件股份有限公司、广联达科技有限公司、上海神机软件有限公司等。

4）工程管理及工程造价管理一体化软件

其主要表现形式为"工具式软件＋互联网平台＋集成管理软件"，可与工程进度管理、工程质量管理、合同管理、成本管理和资源管理等其他管理信息系统进行整合，形成项目综合管理系统。有些企业甚至将其与企业的采购管理系统、财务管理系统、办公自动化系统等相关联，构成功能较为完备的工程管理信息系统，实现企业管理与工程项目管理一体化相适应的软件系统。如建设工程多参与方协同工作网络平台 ePIMS＋、iwoak 工程造价咨询管理系统（简称iECCMS)、全过程 BIM5D 管理系统等。

5）常用的工程造价软件

（1）广联达造价管理软件

广联达作为造价软件市场中最有实力的软件企业之一，其造价软件涵盖范围非常全面，包括 BIM 土建计量 GTJ、BIM 装饰计量 DecoCost、BIM 安装计量 GQI、BIM 市政计量 GMA、BIM 钢结构计量 GJG、广联达新计价 GCCP 等计量及计价软件。它的系列产品操作流程是由工程量软件和钢筋统计软件计算出工程量，通过数字网站询价，然后用清单计价软件进行组价。其计量软件在自主平台上开发，功能较为完善。其计价软件则拥有国标清单计价和市场清单计价两种模式，覆盖了民建工程造价全专业、全岗位、全过程的清单计价业务场景，通过"一库两端一体化"的产品形态，为造价人员应用提质增效，帮助企业统一作业标准数据、管理造价成果数据。

（2）品茗工程造价软件

品茗公司深耕工程建设信息化领域，业务涵盖工程造价、施工软件、BIM软件、智慧工地、高等院校、行业监管、基础设施等。其造价软件包括品茗土建钢筋算量软件（二合一）、品茗安装算量软件、品茗胜算造价计控软件、品茗公路工程造价软件等。其算量软件通过识别CAD图纸和手工三维建模两种方式，把设计蓝图转化为面向工程量及计价计算的图形构件对象，整体考虑各类构件之间的扣减关系，非常直观地解决了工程造价人员在招标过程中的算量、过程提量和结算阶段土建工程量计算和钢筋工程量计算中的各类问题。

（3）神机妙算软件

神机妙算软件采取的是具有自主知识产权的四维图形算量平台，同时软件也采用三维显示技术，查看和检查各构件相互间的三维空间关系。神机妙算软件集工程量钢筋计算软件、工程造价计算软件、审计审核软件、工程量清单报价软件、企业内部定额编制软件于一身，主要包括闪电算量四合一软件、工程造价计算软件、铝合金模板智能排模板软件等。神机妙算四合一算量平台（工程量＋钢筋＋安装＋组合模板）秉承"技术领先，精益求精"的宗旨，在陆续推出了"四维算量""五维量价"等产品之后，正式推出"神机妙算四合一算量平台"这一算量新标准。

（4）清华斯维尔软件

深圳市斯维尔科技股份有限公司，是由深圳清华大学研究院发起组建，专业致力于为工程建设行业提供行业信息化产品及解决方案和BIM及绿色建筑咨询服务的专业性科技公司。其算量及计价软件包括BIM-三维算量for Revit、BIM-安装算量for CAD、BIM-三维算量for CAD以及BIM-清单计价等，涵盖工程设计、工程管理、工程造价、电子政务等领域。

（5）鲁班软件

鲁班软件成立于2001年，隶属于上海鲁班软件股份有限公司，致力于为建筑产业相关企业提供基于BIM技术的数字化解决方案。其造价软件包括鲁班大师（土建）、鲁班大师（钢筋）、鲁班大师（安装）等，主要是基于CAD图形平台开发的工程量自动计算软件。它利用CAD强大的图形功能，内置了全国各地定额的计算规则，最终得出可靠的计算结果并输出各种形式的工程量数据。软件采用了三维立体建模的方式，使整个计算过程可视化。通过三维显示的土建工程可以较为直观地模拟现实情况。其包含的智能检查模块，可自动化、智能化检查用户建模过程中的错误。

6.2.3 BIM技术在工程造价中的运用

1. BIM的含义

BIM即建筑信息模型（Building Information Modeling），是利用数字模型对项目进行设计、施工和运营的过程，其本质是信息＋模型。BIM技术即通过创建三维建筑模型，即时共享模型中的信息，实现建设项目设计、建造和运维管理过程的无缝对接，建设各方信息资源动态共享，达到项目周期全过程手段和方法上的信息化。

BIM具有可视化、协调性、模拟性、优化性和可出图性五大特点，实现了"模型等于图纸""模型高于图纸"的目标。它是建筑物的数字化集合的表示，支持工程项目建设全过程的各种运算,且包含的工程信息都是互相关联的。

对于工程造价行业,BIM 技术是一次颠覆性的革命,它改变了工程造价行业既有的行为模式,带来新一轮的洗牌。美国斯坦福大学整合设施工程中心根据 32 个项目总结出使用 BIM 技术的效果包括:①消除 40% 预算外变更;②造价估算耗费时间缩短 80%;③通过发现和解决冲突,合同价格降低 10%;④项目工期缩短 7%,及早实现投资回报。

2. BIM 在各国的应用现状

1) BIM 在国外的应用

美国是较早启动建筑业信息化研究的国家,其 BIM 研究与应用都走在世界前列。根据 McGraw Hill 的调研,2012 年,美国工程建设行业采用 BIM 的比例从 2007 年的 28% 增长到 71%。其中 74% 的承包商已经在实施 BIM 了,超过了建造师(70%)及机电工程师(67%)。

英国建筑业 BIM 标准委员会发布了适用于 Revit 和 Bentley 的英国建筑业 BIM 标准;还制定了适用于 ArchiCAD、Vectorworks 的类似 BIM 标准,以及对已有标准进行更新。

在建立 BIM 能力与产量方面,新加坡鼓励大学开设 BIM 课程,为毕业学生组织密集的 BIM 培训课程,为行业专业人士设置了 BIM 专业学位。

韩国公共采购服务中心(Public Procurement Service,PPS)是韩国所有政府采购服务的执行部门。2010 年 4 月,PPS 发布了 BIM 路线图,其中提出,到 2016 年前,全部公共工程应用 BIM 技术。

2) BIM 在国内的应用

2011 年 5 月,我国住房和城乡建设部发布了《2011—2015 年建筑业信息化发展纲要》。2012 年 1 月,住建部《关于印发 2012 年工程建设标准规范制订修订计划的通知》宣告了中国 BIM 标准制定工作正式启动,其中包含五项 BIM 相关标准:《建筑工程信息模型应用统一标准》《建筑工程信息模型存储标准》《建筑工程设计信息模型交付标准》《建筑工程设计信息模型分类和编码标准》《制造工业工程设计信息模型应用标准》,其中,《建筑工程信息模型应用统一标准》的编制采用了"千人千标准"的模式,联合国内研究单位、院校、企业、软件开发商等近百家单位参与,共同承担 BIM 标准的研究。至此,工程建设行业 BIM 热度日益高涨。

2013 年 8 月 29 日,住建部发布了《关于征求关于推荐 BIM 技术在建筑领域应用的指导意见(征求意见稿)意见的函》,其核心目标要求有:2016 年以前政府投资的 2 万平方米以上大型公共建筑以及省报绿色建筑项目的设计、施工采用 BIM 技术;截至 2020 年,完善 BIM 技术应用标准、实施指南,形成 BIM 技术应用标准和政策体系;在有关奖项,如全国优秀工程勘察设计奖、鲁班奖(国家优质工程奖)及各行业、各地区勘察设计奖和工程质量最高的评审中,设计应用 BIM 技术的条件;引导企业应用 BIM 技术,在甲级设计企业以及特级、一级房屋建筑工程企业中普遍实现 BIM 技术与企业管理系统和其他信息技术的集成应用。

一些大学和科研院所在 BIM 的科研方面也做了很多探索,如 2010 年,清华大学就参考 NBIMS(National Building Inforination Model Standard,美国国家建筑信息模型标准),结合调研提出了中国建筑信息模型标准框架(Chinese Building Information Modeling Standard,简称 CBIMS),并且创造性地将该标准框架分为面向工厂的技术标准与面向用户的实施标准;2015 年成立的上海交通大学 BIM 研究中心则侧重于 BIM 在协同方面的研究。随着企业各界对 BIM 的重视,大学 BIM 人才培养的需求渐起,部分院校设立了 BIM 方向的工程硕士学位。

3. BIM 对工程造价的影响及价值

BIM 技术的可视化、动态化、系统性对工程造价管理带来了重大变革。BIM 技术在造价方面的应用价值主要表现在以下方面：

1）提高工程量计算的效率

基于 BIM 的自动化算量方法将造价工程师从繁琐的机械劳动中解放出来，而将更多的时间和精力用于更有价值的工作，如询价、评估风险，并可利用节约的时间编制更精确的预算。

2）提高工程量计算的准确性

BIM 模型是一个存储项目构件信息的数据库，可以为造价人员提供造价编制所需的项目构件信息，从而大大减少根据图纸人工识别构件信息的工作量，以及由此引起的潜在错误。因此 BIM 的自动化算量功能可以使工程量计算工作摆脱人为因素的影响，得到更加客观的数据。同时，随着云计算技术的发展，BIM 算量可以利用云端专家知识库和智能算法自动对模型进行全面检查，提高模型的准确性。

3）提高设计阶段的成本控制能力

首先，工程量计算效率的提高有利于限额设计。基于 BIM 的自动化算量方法可以更快地计算工程量，及时地将设计方案的成本反馈给设计师，便于在设计的前期阶段对成本进行控制。其次，基于 BIM 的设计可以更好地应对设计变更。在传统的成本核算方法下，一旦发生设计变更，造价工程师需要手动检查设计变更，找到其对成本的影响，这样的过程不仅缓慢，而且可靠性不强。BIM 软件与成本计算软件的集成将成本和空间数据进行了一致关联，能够自动检测哪些内容发生了变更，直观地显示变更结果，并将结果反馈给设计人员，使他们能清楚地了解设计方案的变化对成本的影响。

4）提高工程造价分析能力

传统环境下工程造价管理中的造价分析多使用对算对比发现问题、分析问题、纠正问题并降低工程费用。对算对比通常从时间、工序、空间三个维度进行对比，但是时间工程只分析一个维度，可能发现不了问题。BIM 模型丰富的参数信息和多维度的业务信息能够辅助不同阶段和不同业务的成本分析和控制工作，同时，在统一的三维模型数据库的支持下，从最开始就进行了模型、造价、流水段、工序和时间等不同维度信息的关联和绑定，能够以最少的时间实时实现任意维度的统计、分析和决策，保证了多维度成本分析的高效性和准确性，以及成本控制的有效性和针对性。

4. BIM 在工程造价过程中的应用

对于工程造价人员来说，各专业的 BIM 模型建立是 BIM 应用的重要基础工作，BIM 模型建立的质量和效率直接影响后续应用的成效。

通过导入在前期设计阶段建立的 BIM 模型，生成 BIM 算量模型，在算量模型中设置参数，针对构建类别套用工程做法，由此可基于 BIM 的工程量计算软件自动计算并汇总工程量，输出工程量清单。

通过 BIM 软件建立模型，可快速统计分析工程量，形成准确的工程量清单。在建模过程中，软件会自动查找建模的错误，并且发现遗漏的项目和不合理处。BIM 的自动化算量功能可以使工程量计算工作摆脱人为因素影响，得到更加客观的数据；同时，将造价工程师从繁琐的劳动中解放出来,为造价工程师节省更多的时间和精力用于更有价值的工作,如造价分析等,也可以利用节约的时间编制更精确的预算。

在计价过程中,通过 BIM 软件可以查询造价指标,也可以查询材价信息,以实时获得市场价,指导采购。

BIM 技术在未来的推广与普及将使造价师的目光更多地集中在组价和合同问题上。价格、合同、建设工程前后的费用控制、相关法律和规章都是以工程经验为基础积累起来的,技术软件再万能,也无法和造价师相比。工程量不需要计算的时候,造价师会更有精力去做成本控制等一些控制造价的核心内容。BIM 本身并不能成为解决方案,也不能发挥决定作用,真正的解决方案是行业从业人员充分挖掘和利用 BIM,从而更好、更快地完成工程任务。BIM 简化了造价师的重复算量工作,为造价师的发展提供了更宽、更广的空间;可视化让决策者深度参与造价管理;数字化让造价更加精细化和全面化;参数化让造价决策更准确、更快捷。

6.2.4 大数据在工程造价中的应用

大数据时代的来临给工程造价行业带来了新的发展机遇与挑战。《住房和城乡建设部办公厅关于印发工程造价改革工作方案的通知》(建办标〔2020〕38 号)中明确了要加强工程造价数据积累,加快建立国有资金投资的工程造价数据库,按地区、工程类型及建筑结构等分类发布人工、材料、项目等造价指标指数,利用大数据、人工智能等信息化技术为概预算编制提供依据。

工程造价信息,一般包括政策法规、招投标信息、人材机价格信息、人材机消耗量信息、各类费用取费标准、工程造价指数信息、社会平均成本、社会平均利润及典型工程案例数据等信息,具有种类繁多、数据信息量大、更新速度快以及价值时效低等特点,属于典型的大数据。大数据在工程造价中的应用主要是围绕造价信息大数据的采集、存储、管理和分析应用,利用现代网络技术、人工智能技术和云计算技术等建立工程造价大数据云平台或开发相应的应用软件系统。工程造价大数据云平台一般包括工程材料(设备)价格信息采集分析系统(采集、分析、发布各种工程材料和工程设备等资源的价格信息、历史价格查询、不同地区价格分析、供应商价格比对分析等)、建设工程造价大数据分析应用系统(历史工程的含量分析、成本分析、造价指标分析与多工程对比分析等)、工程项目材料(工程设备)供应商大数据管理系统(提供厂商信息、厂商信息价或供货价、合同价等)等,造价人员通过云平台可查询检索价格信息和发布询价信息,以及与同行分享和交流经验等。有些平台还提供政策法规、行业动态、政务信息等与建设工程造价相关信息的查询、下载等服务。

大数据在工程造价中的主要应用方式分为个性化工具软件、政府工程造价主管部门和造价协会为主建立的造价大数据信息服务平台、造价信息供应商建立的社会化工程数据服务平台、企业定制的指标分析系统或企业私有造价信息化平台等多种形式。

6.2.5 互联网+云计算在工程造价中的应用

随着互联网的迅猛发展与普遍接入,大数据技术的成熟及 BIM 技术和云计算的快速发展,数字化技术已经催生出基于互联网模式的造价信息管理与服务。基于互联网模式的造价信息管理与服务从信息采集、加工、发布到信息的应用等方面都发生了显著的变化。大数据、云计算和互联网具有天然的血脉关联,这些技术的应用打破了行业信息的壁垒,为工程造价行业发展奠定了良好的基础,使便捷、高效、低成本地获取造价信息、应用造价信息成为可能。无论是 BIM 技术还是大数据技术都会因互联网和云计算得以发挥更大的效能。

1. 基于互联网的造价信息服务平台

提供造价信息服务的网络平台最基本的服务内容是造价指标、指数和信息价查询功能。因此,所有基于互联网的造价信息服务平台均应具有以下基本功能:

1) 数据标准维护

数据标准维护是平台的基础功能之一,目的是建立数据标准,统一数据口径。

2) 数据采集

数据采集就是将工程项目建设过程产生的原始项目资料收集汇总,形成源数据,录入到信息平台或信息系统中。这些源数据主要产生于与工程项目相关的各参与方,如建设单位、施工单位、咨询服务公司和材料设备供应商等。源数据的存储载体多数为计量计价软件生成的原始造价文件、XML 格式文件、Excel 格式文件、Word 格式文件、CAD 图形文件等各类形式。数据采集需要具备导入功能,将原始文件快速导入系统,提高采集效率,减少人工录入工作量。

3) 数据加工

数据加工功能是将原始采集来的数据经过清洗、提炼、挖掘等一系列的加工过程,形成规范一致的数据结构的信息,存储在造价信息库中。常见的造价信息库有人材机价格数据库、造价指标库和工程量清单综合单价库三类。

2. 基于互联网的信息服务方式

随着互联网技术的发展,互联网的各种终端设备越来越普及,借助个人电脑、智能手机和平板电脑等,数字化造价信息网站结合电子期刊和移动应用 APP 等为造价从业人员的日常工作和生产作业提供服务成为可能。造价信息服务和应用不再受时间和空间的限制。

3. 互联网＋云计算的其他应用

1) 云计量

基于 BIM 技术和云计算技术,将一个建设工程项目按专业或其他属性进行项目分解,通过造价专业人员分工协作的方式完成工程计量,即以云协同方式建立 BIM 计量模型,结合云检查、云指标进行检查复核。工程工作分解可以按专业进行,也可以把一个专业按系统或楼层等进一步分解,放入"云端"后由各专业人员按工作分工分别建立计量 BIM 模型,各自独立完成后再进行综合汇总或合模,最后完成全部工程量的计量。

2) 云计价

在满足查询的基本功能后,为进一步高效利用造价信息、提高工作效率和远程协作,开发出基于大数据、云计算等信息技术的造价应用软件——云计价。如在计量计价编制软件中嵌入信息查询及自动载价功能,用户可以在进行工程计价过程中直接查询价格,并自动将选择的价格写入造价软件的单价中。基于云计算的数据积累,可实现企业数据有效管理和数据复用,可以在对造价文件进行审核时,将工程计量计价文件直接生成指标数据,同时直接与企业内部历史工程项目及行业类似工程项目的造价指标进行对比,一步完成快速审核,完成"云审价"和远程协作应用。

3)云询价

随着各种建筑材料和工程设备的不断出现,市场价格瞬息万变,工程造价从业人员准确获取工程造价信息变得越来越难。准确的人、材、机要素消耗量和要素价格信息的获取将成为影响造价工作成果质量的重要因素,可通过云询价快速解决该类问题。

一方面,工程造价从业人员、材料和工程设备供应商等将拥有的工程造价信息或所需的各要素消耗量和要素价格信息置入"云端";另一方面,由造价信息服务商集成和管理云端的这些造价信息,为造价信息需要方提供云服务,实现远程协同,双向互惠。

4)移动终端应用

随着云技术的不断推进和移动终端的创新发展,可以结合 BIM 综合应用平台和借助智能手机和平板电脑等移动设备在现场或远程快速完成进度款支付、变更计价等工作。

课后思考

1. 工程造价信息化的应用体现在哪些方面?

2. 工程造价信息化发展对造价从业人员提出了哪些新的要求?

附录

编制说明

一、工程概况

本工程为某小学综合楼,工程位于湖北省钟祥市,建筑总高度 20.850 m,总建筑面积 2 778.4 m²,建筑基底面积 637.6 m²,建筑层数地上五层,结构形式采用钢筋混凝土框架结构,基础形式为管桩基础,设计使用年限 50 年。

二、投标报价范围

该综合楼设计图纸范围内的房屋建筑与装饰工程,包括土石方工程,桩基工程,砌筑工程,混凝土及钢筋混凝土工程,门窗工程,屋面及防水工程,楼地面装饰工程,墙、柱面装饰与隔断,幕墙工程,天棚工程,油漆、涂料、裱糊工程,其他装饰工程及措施项目。

三、编制依据

1. 工程设计文件。

2. 住房和城乡建设部. 建设工程工程量清单计价规范. 北京:中国计划出版社,2013.

3. 住房和城乡建设部. 房屋建筑与装饰工程工程量计算规范. 北京:中国计划出版社,2013.

4. 湖北省建设工程标准定额管理总站. 湖北省房屋建筑与装饰工程消耗量定额及全费用基价表(结构.屋面). 武汉:长江出版社,2018.

5. 湖北省建设工程标准定额管理总站. 湖北省房屋建筑与装饰工程消耗量定额及全费用基价表(装饰.措施). 武汉:长江出版社,2018.

6. 湖北省建设工程标准定额管理总站. 湖北省建设工程公共专业消耗量定额及全费用基价表. 武汉:长江出版社,2018.

7. 湖北省建设工程标准定额管理总站. 湖北省建筑安装工程费用定额. 武汉:长江出版社,2018.

8. 招标文件要求及工程施工组织设计。

四、主要造价指标

投标总价:5 448 198.45 元,每平方米造价:1 960.91 元/m²。

单位工程投标报价汇总表

工程名称：综合楼-房屋建筑与装饰工程　　　　　　　　　　　　　　第1页　共1页

序号	汇总内容	金额（元）	其中：暂估价（元）
一	分部分项工程和单价措施项目	5 150 241.89	
1.1	其中：人工费	926 648.69	
1.2	其中：施工机具使用费	125 030.53	
1.3	其中：安全文明施工费	113 753.18	
1.4	土石方工程	19 393.13	
1.5	桩基工程	331 157.15	
1.6	砌筑工程	352 405.78	
1.7	混凝土及钢筋混凝土工程	1 507 130.37	
1.8	门窗工程	186 005.95	
1.9	屋面及防水工程	182 199.28	
1.10	楼地面装饰工程	352 893.91	
1.11	墙、柱面装饰与隔断、幕墙工程	486 389.87	
1.12	天棚工程	154 725.35	
1.13	油漆、涂料、裱糊工程	300 388.64	
1.14	其他装饰工程	227 526.55	
1.15	措施项目	1 050 025.91	
二	其他项目费	160 000	
三	甲供费用（单列不计入造价）		
四	人工费调整（含税）	137 956.56	
4.1	人工费价差	126 565.65	
4.2	人工费价差增值税	11 390.91	
五	含税工程造价	5 448 198.45	
	单位工程数据：		
	人工费	926 648.69	
	材料费	2 930 690.57	
	施工机具使用费	125 030.53	
	费用	778 100.23	
	主材费	0	
	设备费	0	
	增值税	389 749.53	
	合计：	5 448 198.45	

注：本表适用于单位工程招标控制价或投标报价的汇总，如无单位工程划分，单项工程也使用本表汇总。

分部分项工程和单价措施项目清单与计价表(部分)

工程名称:综合楼-房屋建筑与装饰工程　　　　　　　　　　　　　第1页　共6页

序号	项目编码	项目名称	项目特征描述	计量单位	工程量	综合单价	合价	其中暂估价
	A.1	土石方工程						
1	010101001001	平整场地	1. 土壤类别:综合二类土	m²	637.6	2.04	1 300.7	
2	010101004001	挖基坑土方	1. 土壤类别:综合二类土 2. 挖土深度:2m内	m³	701.05	8.14	5 706.55	
3	010101003001	挖沟槽土方	1. 土壤类别:综合二类土 2. 挖土深度:2m内	m³	27.62	8.14	224.83	
4	010103001001	基础回填	1. 密实度要求:满足设计和规范要求	m³	589.33	17.08	10 065.76	
5	010103001002	房心回填	1. 密实度要求:满足设计和规范要求	m³	160.19	13.08	2 095.29	
		分部小计					19 393.13	
	A.3	桩基工程						
6	010301002001	预制钢筋混凝土管桩	预应力高强混凝土(PHC)管桩,管桩规格 PHC 400 A 95-C80-12(44根桩,桩长18.8～19.5m,含桩尖20ZG207-P30)	m	1 560	197.52	308 131.2	
7	010301002002	预制钢筋混凝土管桩——试桩	预应力高强混凝土(PHC)管桩,管桩规格 PHC 400 A 95-C80-12,桩长19.5m,含桩尖20ZG207-P30)	m	58.5	218.71	12 794.54	
8	010301004001	截(凿)桩头	预应力高强混凝土(PHC)管桩,管桩规格PHC400A95-C80-12	根	83	89.76	7 450.08	
		分部小计					328 375.82	
	A.4	砌筑工程						
9	010401001001	砖基础	1. 砖品种、规格、强度等级:MU20混凝土普通砖 2. 水泥砂浆强度:M7.5水泥砂浆	m³	11.02	627.13	6 910.97	
		本页小计					354 679.92	

注:为计取规费等的使用,可在表中增设其中:"定额人工费"。

分部分项工程和单价措施项目清单与计价表

工程名称:综合楼-房屋建筑与装饰工程 　　　　　　　　　　　　

序号	项目编码	项目名称	项目特征描述	计量单位	工程量	金额(元)		
						综合单价	合价	其中 暂估价
10	010402001001	砌块墙	1. 砌块品种、规格、强度等级:B06 蒸压加气混凝土砌块,强度等级 A3.5	m³	537.71	642.53	345 494.81	
		分部小计					352 405.78	
	A.5	混凝土及钢筋混凝土工程						
11	010501001001	垫层	C15 商品混凝土	m³	27.52	549.36	15 118.39	
12	010501005001	桩承台基础	C30 商品混凝土	m³	98.49	608.13	59 894.72	
13	010503001001	基础梁	C30 商品混凝土	m³	47.96	609.94	29 252.72	
14	010501006001	设备基础-水箱基础	C30 商品混凝土	m³	1.2	641.33	769.6	
15	010502001001	矩形柱	C30 商品混凝土	m³	168.88	688.71	116 309.34	
16	010505001001	有梁板	C30 商品混凝土	m³	511.88	623.33	319 070.16	
17	010505008001	悬挑板	C25 商品混凝土	m³	0.72	761.1	547.99	
18	010506001001	直形楼梯	C30 商品混凝土	m²	169.02	197.92	33 452.44	
19	010502002001	构造柱	C20 商品混凝土	m³	32.56	714.47	23 263.14	
20	010507005001	压顶	C20 商品混凝土	m³	9.82	685.52	6 731.81	
21	010503004001	圈梁-防渗带	C20 商品混凝土	m³	9.59	685.52	6 574.14	
22	010503004002	圈梁	C20 商品混凝土	m³	0.24	685.55	164.53	
23	010503005001	过梁	C20 商品混凝土	m³	8.39	730.46	6 128.56	
24	010507001001	散水	1) 60 厚 C20 混凝土,面层加 5 厚 1：1 水泥砂浆随打随抹光 2) 150 厚 3：7 灰土 3) 覆土夯实（压实度 94%）	m²	112.47	74.77	8 409.38	
25	010507007001	桩与承台接头	详中南图集 20ZG207-P30	根	83	33.51	2 781.33	
		本页小计					973 963.06	

注:为计取规费等的使用,可在表中增设其中:"定额人工费"。

分部分项工程和单价措施项目清单与计价表

工程名称:综合楼-房屋建筑与装饰工程

序号	项目编码	项目名称	项目特征描述	计量单位	工程量	综合单价	合价	其中 暂估价
26	010507001002	坡道	1) 20厚1:2水泥砂浆,木抹搓平,加做菱形防滑槽 2) 素水泥浆结合层一遍 3) 100厚C20混凝土 4) 300厚三七灰土 5) 覆土夯实(压实度94%)	m²	13.5	149.48	2 017.98	
27	010507004001	台阶	1) 18 mm厚火烧板面层 2) 25厚干硬性水泥砂浆 3) 素水泥浆结合层一遍 4) 80厚C15混凝土台阶 5) 覆土夯实(压实度94%)	m²	20.31	382.25	7 763.5	
28	010507004002	屋面出入口	1. 详见15ZJ201-1/16	m²	2.2	113.79	250.34	
29	010515001001	现浇构件钢筋	现浇构件螺纹钢筋(mm以内)箍筋 HRB400E φ6	t	1.828	8 241.86	15 066.12	
30	010515001002	现浇构件钢筋	现浇构件螺纹钢筋(mm以内)箍筋 HRB400E φ8	t	19.164	8 241.86	157 947.01	
31	010515001003	现浇构件钢筋	现浇构件螺纹钢筋(mm以内)箍筋 HRB400E φ10	t	6.101	8 241.86	50 283.59	
32	010515001004	现浇构件钢筋	现浇构件螺纹钢筋(mm以内)HRB400E φ6	t	0.004	6 350	25.4	
33	010515001005	现浇构件钢筋	现浇构件螺纹钢筋(mm以内)HRB400E φ8	t	20.882	6 350.5	132 611.14	
34	010515001006	现浇构件钢筋	现浇构件螺纹钢筋(mm以内)HRB400E φ10	t	6.198	6 350.5	39 360.4	
35	010515001007	现浇构件钢筋	现浇构件螺纹钢筋(mm以内)HRB400E φ12	t	5.356	6 376.9	34 154.68	
36	010515001008	现浇构件钢筋	现浇构件螺纹钢筋(mm以内)HRB400E φ14	t	3.426	6 376.9	21 847.26	
37	010515001009	现浇构件钢筋	现浇构件螺纹钢筋(mm以内)HRB400E φ16	t	11.448	6 376.9	73 002.75	
38	010515001010	现浇构件钢筋	现浇构件螺纹钢筋(mm以内)HRB400E φ18	t	12.848	6 376.9	81 930.41	
39	010515001011	现浇构件钢筋	现浇构件螺纹钢筋(mm以内)HRB400E φ20	t	16.182	5 819.82	94 176.33	
40	010515001012	现浇构件钢筋	现浇构件螺纹钢筋(mm以内)HRB400E φ22	t	14.708	5 819.82	85 597.91	
41	010515001013	现浇构件钢筋	现浇构件螺纹钢筋(mm以内)HRB400E φ25	t	4.674	5 819.82	27 201.84	
			本页小计				823 236.66	

注:为计取规费等的使用,可在表中增设其中:"定额人工费"。

分部分项工程和单价措施项目清单与计价表

工程名称：综合楼-房屋建筑与装饰工程　　　　　　　　　　　　第4页　共6页

序号	项目编码	项目名称	项目特征描述	计量单位	工程量	综合单价	合价	其中暂估价
42	010515001014	砌体钢筋加固	砌体内加固钢筋	t	2.4	8 906.66	21 375.98	
43	010516003001	机械连接	直螺纹钢筋接头　钢筋直径16 mm	个	34	10.57	359.38	
44	010516003002	机械连接	直螺纹钢筋接头　钢筋直径18 mm；钢筋直径20 mm	个	190	11.14	2 116.6	
45	010516003003	机械连接	直螺纹钢筋接头　钢筋直径22 mm	个	55	11.89	653.95	
46	010516003004	机械连接	电渣压力焊接≤φ18	个	1 090	11.11	12 109.9	
47	010516003005	机械连接	电渣压力焊接≤φ32	个	502	11.85	5 948.7	
48	010516003006	机械连接	螺纹钢筋冷挤压接头≤φ25	个	36	18.75	675	
49	010515004001	钢筋笼	详中南图集20ZG207-P30	t	2.235	6 696.77	14 967.28	
		分部小计					1 509 911.7	
	A.8	门窗工程						
50	010801004001	乙级防火门	1. 门代号及洞口尺寸：FM乙1、1.05 m×2.1 m，FM乙2、0.7 m×2.1 m	m²	9.56	434.93	4 157.93	
51	010802004002	防盗门	1. 门代号及洞口尺寸：M1、1.05 m×2.1 m 2. 门框、扇材质：防盗门，详图纸大样	m²	72.77	436.85	31 789.57	
52	010802004003	防盗门	1. 门代号及洞口尺寸：双开门、1.5 m×2.1 m 2. 门框、扇材质：防盗门，详图纸大样	m²	9.45	489.33	4 624.17	
53	010802004001	套装门	1. 门代号及洞口尺寸：M3～M5 2. 门框、扇材质：带观察窗口防盗门，详图纸大样	m²	59.3	436.85	25 905.21	
54	010802001001	金属（塑钢）门	1. 门代号及洞口尺寸：楼顶出屋面不锈钢门，1.05 m×2.1 m	m²	4.41	295.05	1 301.17	
55	010807001001	金属（塑钢、断桥）窗	1. 框、扇材质：普通铝合金平开窗	m²	320.28	246.75	79 029.09	
		本页小计					217 248.49	

注：为计取规费等的使用，可在表中增设其中："定额人工费"。

分部分项工程和单价措施项目清单与计价表

工程名称：综合楼-房屋建筑与装饰工程　　　　　　　　　　第5页　共6页

序号	项目编码	项目名称	项目特征描述	计量单位	工程量	金额（元）		其中
						综合单价	合价	暂估价
	A.17	措施项目						
107	011701001001	综合脚手架	综合脚手架	m²	2 778.4	57.75	160 452.6	
108	011702001001	基础垫层	基础垫层 胶合板模板	m²	101.71	65.5	6 662.01	
109	011702001002	基础	基础类型：桩承台基础胶合板木支撑	m²	255.45	82.23	21 005.65	
110	011702005001	基础梁	基础梁　胶合板模板木支撑	m²	385.19	86.01	33 130.19	
111	011702001003	设备基础	基础类型：设备基础胶合板钢支撑	m²	12.96	105.81	1 371.3	
112	011702002001	矩形柱	矩形柱模板，超高模板自行考虑	m²	1 292.12	89.98	116 264.96	
113	011702003001	构造柱	构造柱模板，超高模板自行考虑	m²	343.83	69.87	24 023.4	
114	011702014001	有梁板	有梁板模板，超高模板自行考虑	m²	4 314.78	93.82	404 812.66	
115	011702023001	雨篷、悬挑板、阳台板	悬挑板直形胶合板模板钢支撑	m²	7.18	118.85	853.34	
116	011702008001	压顶	压顶　直形　胶合板模板　3.6 m以内钢支撑	m²	88.37	90.02	7 955.07	
117	011702008002	圈梁	圈梁　直形　胶合板模板　3.6 m以内钢支撑	m²	5.44	98.12	533.77	
118	011702008003	防渗带	圈梁　直形　胶合板模板　3.6 m以内钢支撑	m²	94.56	95.72	9 051.28	
119	011702009002	过梁	过梁　胶合板模板　3.6 m以内钢支撑	m²	143.88	115.56	16 626.77	
120	011702024001	楼梯	楼梯直形胶合板模板钢支撑	m²	169.02	229	38 705.58	
121	011702029001	散水	散水胶合板木支撑	m²	41.9	65.5	2 744.45	
122	011703001001	垂直运输	1.建筑物建筑类型及结构形式：框架结构 2.建筑物檐口高度、层数：21.2 m，5层	m²	2 778.4	44.76	124 361.18	
123	011705001001	大型机械设备进出场及安拆	挖机进出场	台·次	1	1 654.59	1 654.59	
124	011705001002	大型机械设备进出场及安拆	桩机进出场及安拆费	台·次	1	46 740.14	46 740.14	
			本页小计				1 016 948.94	

注：为计取规费等的使用，可在表中增设其中："定额人工费"。

分部分项工程和单价措施项目清单与计价表

工程名称:综合楼-房屋建筑与装饰工程

序号	项目编码	项目名称	项目特征描述	计量单位	工程量	金额(元)		其中
						综合单价	合价	暂估价
125	011705001003	大型机械设备进出场及安拆	塔吊进出场及安拆	台·次	1	33 076.97	33 076.97	
		分部小计					1 050 025.91	
	本页小计						33 076.97	
	合　计						5 150 241.89	

注:为计取规费等的使用,可在表中增设其中:"定额人工费"。

全费用综合单价分析表（部分）

工程名称：综合楼-房屋建筑与装饰工程

项目编码	01010100 1002	项目名称	平整场地	计量单位	m²	工程量	637.6

清单全费用综合单价组成明细

定额编号	定额项目名称	定额单位	数量	单价				
				人工费	材料费	施工机具使用费	费用	增值税
G1-319	机械场地平整	100 m²	0.01	6.44	73.73	72.59	34.99	16.9
人工单价		小计						
普工 104 元/工日		未计价材料费			0			

清单全费用综合单价

			人工费	材料费	施工机具使用费	费用	增值税
合价			0.06	0.74	0.73	0.35	0.17
小计			0.06	0.74	0.73	0.35	0.17
		2.04					

材料费明细	主要材料名称、规格、型号	单位	数量	单价（元）	合价（元）	暂估单价（元）	暂估合价（元）
	其他材料费				0.74		0
	材料费小计				0.74		0

注：1. 如不使用省级或行业建设主管部门发布的计价依据，可不填定额编号、名称等；
2. 招标文件提供了暂估单价的材料，按暂估的单价填入表内"暂估单价"栏及"暂估合价"栏。

全费用综合单价分析表

工程名称:综合楼-房屋建筑与装饰工程

项目编码	010101004002	项目名称	挖基坑土方	计量单位	m³	工程量	701.05

清单全费用综合单价组成明细

定额编号	定额项目名称	定额单位	数量	单价					合价				
				人工费	材料费	施工机具使用费	费用	增值税	人工费	材料费	施工机具使用费	费用	增值税
G1-119	挖掘机挖沟槽、基坑土方(不装车)一、二类土	1 000 m³	0.000 9	716.77	1 298.92	2 532.24	1 438.67	538.79	0.65	1.17	2.28	1.29	0.48
G1-1	人工挖一般土方(基深)一、二类土 ≤2 m	10 m³	0.01	144.62	0	0	64.05	18.78	1.45	0	0	0.64	0.19
人工单价				小计					2.1	1.17	2.28	1.93	0.67
普工 104 元/工日				未计价材料费							0		
				清单全费用综合单价							8.14		

材料费明细	主要材料名称、规格、型号	单位	数量	单价(元)	合价(元)	暂估单价(元)	暂估合价(元)
	其他材料费				1.17		0
	材料费小计				1.17		0

注:1. 如不使用省级或行业建设主管部门发布的计价依据,可不填定额编码、名称等;
2. 招标文件提供了暂估单价的材料,按暂估单价填入表内"暂估单价"栏及"暂估合价"栏。

全费用综合单价分析表

工程名称：综合楼·房屋建筑与装饰工程

项目编码	010101003002	项目名称	挖沟槽土方	计量单位	m³	工程量	27.62

清单全费用综合单价组成明细

定额编号	定额项目名称	定额单位	数量	单价					合价				
				人工费	材料费	施工机具使用费	费用	增值税	人工费	材料费	施工机具使用费	费用	增值税
G1-119	挖掘机挖沟槽、基坑（不装车）一、二类土	1000 m³	0.0009	716.77	1298.92	2532.24	1438.67	538.79	0.65	1.17	2.28	1.29	0.48
G1-1	人工挖一般土方（基深）一、二类土 ≤2m	10 m³	0.01	144.62	0	0	64.05	18.78	1.45	0	0	0.64	0.19
人工单价	小计								2.1	1.17	2.28	1.93	0.67
普工 104元/工日	未计价材料费												
	清单全费用综合单价								8.14				

材料费明细	主要材料名称、规格、型号	单位	数量	单价（元）	合价（元）	暂估单价（元）	暂估合价（元）
	其他材料费				1.17		0
	材料费小计				1.17		0

注：1. 如不使用省级或行业建设主管部门发布的计价依据，可不填定额编码、名称等；
2. 招标文件提供了暂估单价的材料，按暂估单价填入表内"暂估单价"栏及"暂估合价"栏。

全费用综合单价分析表

工程名称：综合楼-房屋建筑与装饰工程

项目编码	010103001003	项目名称	回填方	计量单位	m³	工程量	589.33

清单全费用综合单价组成明细

定额编号	定额项目名称	定额单位	数量	单价					合价				
				人工费	材料费	施工机具使用费	费用	增值税	人工费	材料费	施工机具使用费	费用	增值税
G1-331	回填土 夯填 土机械 槽坑	10 m³	0.1	83.08	16.65	14.01	42.98	14.1	8.31	1.67	1.4	4.3	1.41
人工单价				小计					8.31	1.67	1.4	4.3	1.41
普工104元/工日				未计价材料费					0				
				清单全费用综合单价					17.08				

材料费明细	主要材料名称、规格、型号	单位	数量	单价（元）	合价（元）	暂估单价（元）	暂估合价（元）
	其他材料费				1.66		0
	材料费小计				1.66		0

注：1. 如不使用省级或行业建设主管部门发布的计价依据，可不填定额编码、名称等；

2. 招标文件提供了暂估单价的材料，按暂估的单价填入表内"暂估单价"栏及"暂估合价"栏。

全费用综合单价分析表

工程名称：综合楼-房屋建筑与装饰工程

项目编码	010103001004	项目名称	房心回填	计量单位	m^3	工程量	160.19

清单全费用综合单价组成明细

定额编号	定额项目名称	定额单位	数量	单价					合价				
				人工费	材料费	施工机具使用费	费用	增值税	人工费	材料费	施工机具使用费	费用	增值税
G1-330	房心回填 夯填土 机械	10 m^3	0.1	63.66	12.72	10.71	32.94	10.8	6.37	1.27	1.07	3.29	1.08
人工单价													
普工 104元/工日	小计								6.37	1.27	1.07	3.29	1.08
	未计价材料费										0		
	清单全费用综合单价									13.08			

材料费明细	主要材料名称、规格、型号	单位	数量	单价（元）	合价（元）	暂估单价（元）	暂估合价（元）
	其他材料费				1.27		0
	材料费小计				1.27		0

注：1. 如不使用省级或行业建设主管部门发布的计价依据，可不填定额编码、名称等；
2. 招标文件提供了暂估单价的材料，按暂估单价填入表内"暂估单价"栏及"暂估合价"栏。

全费用综合单价分析表

工程名称：综合楼-房屋建筑与装饰工程

项目编码	010301002002	项目名称	预制钢筋混凝土管桩	计量单位	m	工程量	1 560

清单全费用综合单价组成明细

定额编号	定额项目名称	定额单位	数量	单价					合价				
				人工费	材料费	施工机具使用费	费用	增值税	人工费	材料费	施工机具使用费	费用	增值税
G3-31	压预应力钢筋混凝土管桩 桩径≤400 mm	100 m	0.009 8	328.93	13 548.45	1 519.45	1 648.57	1 534.09	3.21	132.36	14.84	16.11	14.99
G3-35	压送预应力混凝土管桩 径≤400 mm	100 m	0.000 9	477	702.5	2 096.36	2 295.18	501.39	0.45	0.67	1.99	2.18	0.48
补子目 1	锥型混凝土整体桩头	个	0.051 3	0	200	0	0	0	0	10.26	0	0	0
人工单价		小计							3.66	143.29	16.83	18.29	15.47
技工 160 元/工日；普工 104 元/工日		未计价材料费									0		
		清单全费用综合单价									197.52		

材料费明细	主要材料名称、规格、型号	单位	数量	单价（元）	合价（元）	暂估单价（元）	暂估合价（元）
	预应力钢筋混凝土管桩	m	0.987	125	123.34		0
	其他材料费				19.91		0
	材料费小计				143.25		

注：1. 如不使用省级或行业建设主管部门发布的计价依据，可不填写定额编码、名称等；
2. 招标文件提供了暂估单价的材料，按暂估的单价填入表内"暂估单价"栏及"暂估合价"栏。

全费用综合单价分析表

工程名称：综合楼·房屋建筑与装饰工程

项目编码	010301002003		项目名称		预制钢筋混凝土管桩——试桩				计量单位	m	工程量	58.5

清单全费用综合单价组成明细

定额编号	定额项目名称	定额单位	数量	单价					合价				
				人工费	材料费	施工机具使用费	费用	增值税	人工费	材料费	施工机具使用费	费用	增值税
G3-31换	压预应力钢筋混凝土管桩桩径≤400 mm 人工×1.5 机械×1.5	100 m	0.009 8	493.4	13 789.58	2 279.18	2 472.86	1 713.15	4.82	134.71	22.27	24.16	16.74
G3-35	压送预应力混凝土管桩桩径≤400 mm	100 m	0.000 9	477	702.5	2 096.36	2 295.18	501.39	0.45	0.67	1.99	2.18	0.48
补子目 1	锥型混凝土整体桩头	个	0.051 3	0	200	0	0	0	0	10.26	0	0	0
人工单价				小计					5.27	145.64	24.26	26.34	17.22
技工 160 元/工日；普工 104 元/工日				未计价材料费						0			
				清单全费用综合单价						218.71			

材料费明细	主要材料名称、规格、型号	单位	数量	单价（元）	合价（元）	暂估单价（元）	暂估合价（元）
					145.61	0	0
	其他材料费				145.61	0	0
	材料费小计				145.61	—	0

注：1. 如不使用省级或行业建设主管部门发布的计价依据，可不填定额编码、名称等；
2. 招标文件提供了暂估单价的材料，按暂估的单价填入表内"暂估单价"栏及"暂估合价"栏。

单位工程人材机分析表

工程名称:综合楼-房屋建筑与装饰工程

序号	名称及规格	单位	数量	市场价	合计
一、	人工				
1	普工	工日	2 366.436	104	246 109.34
2	普工	工日	23.034	104	2 395.54
3	普工	工日	22.471	104	2 336.98
4	技工	工日	4 265.075	160	682 412
5	技工	工日	76.155	160	12 184.8
6	技工	工日	44.923	160	7 187.68
7	高级技工	工日	380.788	241	91 769.91
8	高级技工	工日	5.614	241	1 352.97
9	人工费调整	元	0.329	1	0.33
	合计				1 045 749.55
二、	材料				
1	1.1 m 楼梯栏杆	m	73.15	120	8 778
2	小便器成品隔断	套	21	280	5 880
3	楼梯井防护网	m²	85.17	5	425.85
4	水簸箕	个	2	150	300
5	1.2 m 高护栏	m	51.92	120	6 230.4
6	无障碍坡道栏杆	m	16.86	110	1 854.6
7	大便器成品隔断	套	70	500	35 000
8	防滑链	m	351.45	10	3 514.5
9	锥型混凝土整体桩尖	个	83	200	16 600
10	安全防护网	m²	196.14	80	15 691.2
11	真石漆	m²	2 301.28	55	126 570.4
12	耐碱玻璃纤维网布	m²	703.71	5	3 518.55
13	玻纤网布	m²	2 118.91	5	10 594.55
14	耐碱玻璃纤维网布	m²	4 064.62	5	20 323.1
15	墙面钢丝网	m²	2 118.91	7	14 832.37
16	报告厅座椅	套	120	320	38 400
17	LED 显示屏	m²	15	6 000	90 000
18	5 匹柜式空调	台	4	8 000	32 000
19	FL-15 胶粘剂	kg	897.621	15.28	13 715.65
20	SBS 弹性沥青防水胶	kg	200.336	32.51	6 512.92
21	SBS 改性沥青防水卷材玻纤胎　3	m²	792.781	39.05	30 958.1
22	T 型铝合金中龙骨　h35	m	377.667	3.42	1 291.62
23	XY-401 胶	kg	125.266	11.37	1 424.27
24	YJ-Ⅲ胶	kg	14.963	11.23	168.03
25	安全网	m²	576.518	10.27	5 920.84
26	白水泥	kg	570.332	0.53	302.28
27	白水泥	kg	8.323	0.53	4.41
28	板枋材	m³	33.862	2 035	68 909.17

编制人:　　　　　　　　　　　审核人:　　　　　　　　　　　编制日期:

单位工程人材机分析表

工程名称：综合楼-房屋建筑与装饰工程　　　　　　　　　　　　第2页　共7页

序号	名称及规格	单位	数量	市场价	合计
29	板枋材　杉木　成品龙骨	m³	2.075	2 035	4 222.63
30	苯丙清漆	kg	677.512	10.52	7 127.43
31	苯丙乳胶漆　内墙用	kg	1 621.482	15.76	25 554.56
32	玻璃胶　300 ml	支	2.382	11.89	28.32
33	草袋	条	20	1.84	36.8
34	草袋	m²	24.743	1.84	45.53
35	成品腻子粉	kg	9 521.088	2.47	23 517.09
36	挡脚板	m³	0.417	1 685.3	702.77
37	低合金钢焊条　E43系列	kg	370.706	6.92	2 565.29
38	低碳钢焊条　J422　φ3.2	kg	0.886	3.68	3.26
39	低碳钢焊条　J422　φ4.0	kg	4.41	3.68	16.23
40	地砖　300×300	m²	291.14	22.9	6 667.11
41	地砖　600×600	m²	420.415	25.6	10 762.62
42	地砖　600×600	m²	1 240.47	25.6	31 756.03
43	电	kW·h	832.908	1.05	874.55
44	电	kW·h	9.033	1.05	9.48
45	电	kW·h	66.422	1.05	69.74
46	电焊条　L-60　φ3.2	kg	147.047	33.37	4 906.96
47	垫木	m³	0.525	1 855.33	974.05
48	垫木　60×60×60	块	111.636	0.52	58.05
49	垫圈	百个	6.249	27.38	171.1
50	吊筋	kg	130.049	2.99	388.85
51	吊装夹具	套	0.004	102.67	0.41
52	塑料盖板	m²	10.592	20.59	218.09
53	镀锌铁丝　8#	kg	10	4.28	42.8
54	镀锌铁丝　φ0.7	kg	620.069	4.28	2 653.9
55	镀锌铁丝　φ4.0	kg	588.715	4.28	2 519.7
56	对拉螺栓	kg	270.62	5.92	1 602.07
57	防腐油	kg	10.27	1.76	18.08
58	防滑木条	m³	0.056	2 479.26	138.84
59	防火涂料	kg	79.776	15.4	1 228.55
60	防水涂料　JS	kg	6 342.188	10.52	66 719.82
61	酚醛调和漆　各色	kg	0.177	13.24	2.34
62	粉状型建筑胶粘剂	kg	7 282.774	1.71	12 453.54
63	复合木地板实木复合地板	m²	187.899	70	13 152.93
64	复合木地板20厚实木复合地板	m²	44.856	95	4 261.32
65	改性沥青嵌缝油膏	kg	41.402	5.13	212.39
66	钢管　φ48×3.5	km·天	2 588.024	18.05	46 713.83
67	钢管底座	千个·天	49.872	76.92	3 836.15
68	钢筋　综合	t	2.042	4 000	8 168

编制人：　　　　　　　　审核人：　　　　　　　　　　　　编制日期：

单位工程人材机分析表

工程名称：综合楼-房屋建筑与装饰工程　　　　　　　　　　　　　　第3页　共7页

序号	名称及规格	单位	数量	市场价	合计
69	钢筋 综合	kg	124.248	4	496.99
70	钢筋 HRB400 以内 φ6φ6	kg	1 868.64	4	7 474.56
71	钢筋 HRB400 以内 φ10φ10	kg	6 321.96	4	25 287.84
72	钢筋 HRB400 以内 φ8φ8	kg	40 846.92	4	163 387.68
73	钢筋 HRB400 以内 φ10φ10	kg	6 223.02	4	24 892.08
74	钢筋 HRB400 以内 φ18φ18	kg	13 169.2	4	52 676.8
75	钢筋 HRB400 以内 φ12φ12	kg	5 489.9	4	21 959.6
76	钢筋 HRB400 以内 φ14φ14	kg	3 511.65	4	14 046.6
77	钢筋 HRB400 以内 φ16φ16	kg	11 734.2	4	46 936.8
78	钢筋 HRB400 以内 φ25φ25	kg	4 790.85	4	19 163.4
79	钢筋 HRB400 以内 φ20φ20	kg	16 586.55	4	66 346.2
80	钢筋 HRB400 以内 φ22φ22	kg	15 075.7	4	60 302.8
81	钢楼梯 爬式	t	0.208	7 443.78	1 548.31
82	钢丝绳 φ12	kg	0.682	6.61	4.51
83	钢丝绳 φ8	m	12.03	2.65	31.88
84	钢支撑及配件	kg	3 871.899	3.85	14 906.81
85	钢制防盗门	m²	127.052	330	41 927.16
86	钢制防盗门双开	m²	9.091	380	3 454.58
87	隔离剂	kg	744.406	2.57	1 913.12
88	硅酮耐候密封胶	kg	441.815	35.53	15 697.69
89	焊剂	kg	367.02	2.78	1 020.32
90	焊锡	kg	0.715	49.2	35.18
91	合金钢钻头	个	1.787	25.67	45.87
92	合金钢钻头 φ20	个	2.85	23.96	68.29
93	红丹防锈漆	kg	255.493	28.6	7 307.1
94	环氧富锌底漆	kg	0.882	37.95	33.47
95	混凝土实心砖 240×115×53	千块	5.97	371	2 214.87
96	机螺钉	kg	5.442	5.92	32.22
97	胶合板 δ9	m²	209.36	23.3	4 878.09
98	吸音板面层	m²	183.614	50	9 180.7
99	胶合板模板	m²	1 847.619	46.7	86 283.81
100	胶粘剂	kg	3.497	18.82	65.81
101	角钢 50	t	0.1	3 064.25	306.43
102	角钢 50×5	kg	112.992	5.04	569.48
103	角钢 综合	kg	213.341	5.04	1 075.24
104	金属周转材料	kg	45.102	3.92	176.8
105	锯木屑	m³	13.917	15.4	214.32
106	聚氨酯发泡密封胶 750ml/支	支	651.014	19.94	12 981.22
107	聚苯乙烯泡沫板	m³	0.472	420	198.24
108	聚醋酸乙烯乳液	kg	27.928	5.56	155.28

编制人：　　　　　　　　　　审核人：　　　　　　　　　　编制日期：

单位工程人材机分析表

工程名称:综合楼-房屋建筑与装饰工程

序号	名称及规格	单位	数量	市场价	合计
109	聚丁胶粘合剂	kg	372.288	15.83	5 893.32
110	聚合物胶乳	kg	985.748	2.46	2 424.94
111	聚氯乙烯防水卷材 1.2	m²	866.605	4.38	3 795.73
112	聚乙烯泡沫塑料垫 δ2	m²	46.992	1.47	69.08
113	扣件	千个·天	923.373	12.82	11 837.64
114	冷挤压套筒	套	36.36	7.27	264.34
115	螺母	百个	12.471	9.15	114.11
116	铝板 δ1.5	m²	32.857	122.35	4 020.05
117	铝合金边龙骨 h35	m	115.607	3.42	395.38
118	铝合金边龙骨垂直吊挂件	个	549.092	0.3	164.73
119	铝合金大龙骨 h45	m	356.997	4.04	1 442.27
120	铝合金大龙骨垂直吊挂件　不上人型	个	292.033	0.8	233.63
121	铝合金方板　300×300	m²	296.604	59.89	17 763.61
122	普通铝合金平开窗	m²	304.394	100	30 439.4
123	普通铝合金推拉窗	m²	106.811	80	8 544.88
124	铝合金龙骨次接件　不上人型	个	48.964	0.44	21.54
125	铝合金龙骨主接件　不上人型	个	101.425	0.8	81.14
126	铝合金门窗配件　地脚　3×30×300	个	2 931.954	0.54	1 583.26
127	铝合金小龙骨　h22	m	345.648	1.93	667.1
128	铝合金中龙骨垂直吊挂件　不上人型	个	400.452	0.3	120.14
129	铝拉铆钉	百个	13.67	8.42	115.1
130	棉纱	kg	40.674	10.27	417.72
131	面砖　300×600	m²	1 713.4	25.6	43 863.04
132	木脚手板	m³	7.113	1 884.9	13 407.29
133	木压条，15×40	m	0.062	1.22	0.08
134	木支撑	m³	15.581	1 854.99	28 902.6
135	木质防火门	m²	9.259	350	3 240.65
136	尼龙帽	个	563.58	0.17	95.81
137	黏土	m³	24.54	15.6	382.82
138	膨胀螺栓	套	227.331	0.4	90.93
139	膨胀螺栓　M10×80	套	10.303	0.93	9.58
140	膨胀螺栓　M5×50	百个	8.186	27.38	224.13
141	其他材料费	元	1 936.436	1	1 936.44
142	气排钉	盒	1.83	4.28	7.83
143	轻钢大龙骨　h45	m	386.376	4.06	1 568.69
144	轻钢大龙骨垂直吊挂件　不上人型	个	432.194	0.92	397.62
145	轻钢龙骨　75×40	m	640.8	6.85	4 389.48
146	轻钢龙骨次接件	个	242.933	0.66	160.34
147	轻钢龙骨小接件	个	262.706	0.53	139.23
148	轻钢龙骨主接件　不上人型	个	163.838	0.85	139.26

编制人：　　　　　　审核人：　　　　　　　　　　　　　　　　　　编制日期：

单位工程人材机分析表

工程名称:综合楼-房屋建筑与装饰工程

序号	名称及规格	单位	数量	市场价	合计
149	轻钢小龙骨　h19	m	573.35	2.55	1 462.04
150	轻钢小龙骨垂直吊挂件　不上人型	个	703.375	0.46	323.55
151	轻钢小龙骨平面连接件　不上人型	个	3 734.386	0.2	746.88
152	轻钢中龙骨　h19	m	529.255	2.76	1 460.74
153	轻钢中龙骨垂直吊挂件　不上人型	个	649.704	0.63	409.31
154	轻钢中龙骨横撑　h19	m	552.842	2.76	1 525.84
155	轻钢中龙骨平面连接件	个	3 423.658	0.27	924.39
156	热轧薄钢板　δ4.0	t	0.001	3 025.27	3.03
157	润滑冷却液	kg	2.79	19.33	53.93
158	砂纸	张	588.975	0.22	129.57
159	射钉	百个	6.91	12.41	85.75
160	伸缩节	只	52.245	16.84	879.81
161	生石灰	kg	5 185.377	0.32	1 659.32
162	石材饰面板	m²	8.236	136.9	1 127.51
163	石灰膏	m³	1.151	359	413.21
164	石料切割锯片	片	72.666	26.97	1 959.8
165	石棉垫	kg	16.66	6.49	108.12
166	石油沥青　30#	kg	14.934	2.8	41.82
167	石油沥青玛蹄脂	kg	0.105	0.92	0.1
168	水	m³	551.783	3.16	1 743.63
169	水	m³	2.293	3.16	7.25
170	水胶粉	kg	28.632	17.97	514.52
171	水泥 32.5	kg	4 033.778	0.42	1 694.19
172	水泥钉	kg	2.136	6.57	14.03
173	软包面料	m²	26.454	90	2 380.86
174	不锈钢推拉门	m²	4.181	180	752.58
175	塑料薄膜	m²	3 629.644	1.47	5 335.58
176	塑料管卡子　φ110	个	15	1.88	28.2
177	塑料管卡子　φ110 以内	个	118.422	1.28	151.58
178	塑料落水斗　φ110	个	15.3	15.4	235.62
179	塑料膨胀螺栓	套	2 941.123	0.43	1 264.68
180	塑料膨胀螺栓　M3.5	套	19.665	0.09	1.77
181	塑料水落管　φ110 以内	m	203.175	7.97	1 619.3
182	塑料粘胶带　20mm×50m	卷	269.616	15.26	4 114.34
183	陶瓷地砖　综合	m²	68.307	22.9	1 564.23
184	陶粒混凝土　25#	m³	73.841	407.25	30 071.75
185	天然石材饰面板火烧板	m²	29.387	77.47	2 276.61
186	天然石材饰面板大理石	m²	264.291	150.8	39 855.08
187	火烧板芝麻白 600×600	m²	83.232	77.47	6 447.98
188	铁钉	kg	6.792	5.92	40.21

编制人:　　　　　　　　　　　审核人:　　　　　　　　　　　编制日期:

单位工程人材机分析表

序号	名称及规格	单位	数量	市场价	合计
189	铁件　综合	kg	328.793	3.85	1 265.85
190	土工布	m²	324.371	5.99	1 942.98
191	万能胶　1 kg/瓶	kg	5.456	11.55	63.02
192	稀释剂	kg	0.071	11.21	0.8
193	陶铝吸音板	m²	164.252	120	19 710.24
194	盐酸	kg	0.152	0.81	0.12
195	氧气	m³	0.297	3.27	0.97
196	一等枋材	m³	0.066	2 479.49	163.65
197	硬聚氯乙烯塑料弯头　φ100	个	15.15	8.28	125.44
198	硬塑料管　φ20	m	1 725.559	1.97	3 399.35
199	油漆溶剂油	kg	97.66	3.76	367.2
200	预埋铁件	kg	69.948	3.85	269.3
201	预应力钢筋混凝土管桩	m	1 539.24	125	192 405
202	C40 预应力钢筋混凝土管桩　φ400	m	57.722	125	7 215.25
203	原木	m³	0.167	1 529.71	255.46
204	圆钉	kg	443.177	5.92	2 623.61
205	圆钢　综合	t	2.448	4 000	9 792
206	圆钢　综合	t	0.133	4 000	532
207	枕木	m³	0.03	1 821.54	54.65
208	枕木	m³	0.02	1 821.54	36.43
209	蒸压粉煤灰加气混凝土砌块 600×300×150 以外	m³	501.468	318	159 466.82
210	蒸压灰砂砖　240×115×53	千块	13.873	371	5 146.88
211	直螺纹连接套筒	只	281.79	2.4	676.3
212	纸面石膏板	m²	367.228	8.4	3 084.72
213	中(粗)砂	m³	17.043	174	2 965.48
214	周转板材	m³	0.013	1 884.55	24.5
215	专用粘胶带	m	12.401	6.45	79.99
216	自攻螺钉	百个	154.808	3.17	490.74
217	材料费调整	元	−3.404	1	−3.4
218	汽油【机械】	kg	0.102	10.01	1.02
219	柴油【机械】	kg	1 261.378	8.7	10 973.99
220	柴油【机械】	kg	8.604	8.7	74.85
221	柴油【机械】	kg	925.795	8.7	8 054.42
222	电【机械】	kW·h	29 574.317	1.05	31 053.03
223	电【机械】	kW·h	122.263	1.05	128.38
224	预拌混凝土　C15	m³	75.788	412	31 224.66
225	预拌混凝土　C15 地面	m³	2.51	412	1 034.12
226	预拌混凝土　C20	m³	60.219	417	25 111.32
227	预拌混凝土　C20 地面	m³	8.18	417	3 411.06

编制人：　　　　　　　　　　　审核人：　　　　　　　　　　　　编制日期：

单位工程人材机分析表

工程名称：综合楼-房屋建筑与装饰工程　　　　　　　　　　　　第 7 页　共 7 页

序号	名称及规格	单位	数量	市场价	合计
228	预拌混凝土　C25	m³	0.727	470	341.69
229	预拌混凝土　C30	m³	875.287	490	428 890.63
230	预拌混凝土　C30	m³	4.52	490	2 214.8
231	干混地面砂浆　DS M15	t	56.498	295.81	16 712.67
232	干混地面砂浆　DS M20	t	82.389	308.64	25 428.54
233	干混抹灰砂浆　DP M10	t	192.109	265.05	50 918.49
234	干混抹灰砂浆　DP M15	t	0.82	273.59	224.34
235	干混抹灰砂浆　DP M20	t	0.797	299.23	238.49
236	干混砌筑砂浆　DM M10	t	0.11	257.35	28.31
237	干混砌筑砂浆　DM M20	t	18.183	290.69	5 285.62
238	干混砌筑砂浆　DM M5	t	72.214	248.81	17 967.57
239	胶粘剂 DTA 砂浆	m³	2.336	425.96	995.04
240	预拌水泥砂浆	m³	6.104	330	2 014.32
	合计				2 930 696.52
三、	配比				
1	水泥砂浆 M7.5	m³	2.643	307	811.4
2	水泥石灰砂浆 1∶1∶6	m³	6.771	352.04	2 383.66
3	水泥砂浆　1∶3	m³	5.029	375.88	1 890.3
4	灰土　3∶7	m³	21.339	96.33	2 055.59
	合计				7 140.95
四、	机械				
1	机械费调整	元	0.027	1	0.03
2	折旧费	元	27 710.043	1	27 710.04
3	安拆费及场外运费	元	3 058.991	1	3 058.99
4	人工	工日	414.593	160	66 334.88
5	人工	工日	0.182	160	29.12
6	其他费	元	3 942.035	1	3 942.04
7	检修费	元	7 982.373	1	7 982.37
8	校验费	元	34.634	1	34.63
9	其他机械费	元	2.947	1	2.95
10	维护费	元	23 403.252	1	23 403.25
	合计				132 498.3
	总合计：				4 108 944.37

编制人：　　　　　　　　　　审核人：　　　　　　　　　　编制日期：

分部分项工程和单价措施项目清单全费用分析表

工程名称:综合楼-房屋建筑与装饰工程

| 序号 | 项目编码 | 项目名称 | 计量单位 | 工程量 | 综合单价(元) | | | | | | | | | | |
| | | | | | 费用明细(不重复计入小计) | | | | | | | | | | |
					人工费	材料费	机械费	费用	管理费	利润	总价措施	其中:安全文明施工	规费	增值税	小计
1	010101001001	平整场地	m²	637.6	0.06	0.74	0.73	0.34	0.12	0.07	0.06	0.05	0.09	0.17	2.04
	G1-319	机械场地平整	100 m²	6.376	6.44	73.73	72.59	34.99	12.19	7.44	6.22	5.2	9.14	16.9	204.65
2	010101004001	挖基坑土方	m³	701.05	2.09	1.17	2.28	1.93	0.67	0.41	0.34	0.29	0.51	0.67	8.14
	G1-119	挖掘机挖沟槽、基坑土方(不装车)一、二类土	1 000 m³	0.630 945	716.77	1 298.92	2 532.24	1 438.67	501	306.06	255.7	213.78	375.91	538.79	6 525.39
	G1-1	人工挖一般土方(基深)一、二类土 ≤2 m	10 m³	7.010 5	144.62	0	0	64.05	22.3	13.62	11.39	9.52	16.74	18.78	227.45
3	010101003001	挖沟槽土方	m³	27.62	2.09	1.17	2.28	1.93	0.67	0.41	0.34	0.29	0.51	0.67	8.14
	G1-119	挖掘机挖沟槽、基坑土方(不装车)一、二类土	1 000 m³	0.024 858	716.77	1 298.92	2 532.24	1 438.67	501	306.06	255.7	213.78	375.91	538.79	6 525.39
	G1-1	人工挖一般土方(基深)一、二类土 ≤2 m	10 m³	0.276 2	144.62	0	0	64.05	22.3	13.62	11.39	9.52	16.74	18.78	227.45
4	010103001001	基础回填	m³	589.33	8.31	1.66	1.4	4.3	1.5	0.92	0.76	0.64	1.12	1.41	17.08
	G1-331	回填土 夯填 土 机械槽坑	10 m³	58.933	83.08	16.65	14.01	42.98	14.97	9.15	7.64	6.39	11.22	14.1	170.82

编制人:　　　　审核人:　　　　编制日期:

分部分项工程和单价措施项目清单全费用分析表

工程名称：综合楼-房屋建筑与装饰工程

序号	项目编码	项目名称	计量单位	工程量	综合单价（元）										
					费用明细（不重复计入小计）										小计
					人工费	材料费	机械费	费用	管理费	利润	总价措施	其中:安全文明施工	规费	增值税	
5	010103001002	房心回填	m³	160.19	6.37	1.27	1.07	3.29	1.15	0.7	0.58	0.49	0.86	1.08	13.08
	G1-330	房心回填 夯填土 机械	10 m³	16.019	63.66	12.72	10.71	32.94	11.47	7.01	5.85	4.89	8.61	10.8	130.83
6	010301002001	预制钢筋混凝土管桩	m	1 560	3.67	143.28	16.83	18.28	5.8	4.04	2.94	2.8	5.5	15.46	197.52
	G3-31	压预应力钢筋混凝土管桩 桩径≤400 mm	100 m	15.24	328.93	13 548.45	1 519.45	1 648.57	522.54	364.69	265.06	252.12	496.28	1 534.09	18 579.49
	G3-35	压送预应力混凝土管桩 桩径≤400 mm	100 m	1.48	477	702.5	2 096.36	2 295.18	727.49	507.72	369.02	351.01	690.95	501.39	6 072.43
	补子目 1	锥型混凝土整体桩桩尖	个	80	0	200	0	0	0	0	0	0	0	0	200
7	010301002002	预制钢筋混凝土管桩-试桩	m	58.5	5.27	145.64	24.25	26.34	8.35	5.83	4.23	4.03	7.93	17.21	218.71
	G3-31换	压预应力钢筋混凝土管桩 桩径≤400 mm 人工×1.5 机械×1.5	100 m	0.571 5	493.4	13 789.58	2 279.18	2 472.86	783.81	547.03	397.59	378.18	744.43	1 713.15	20 748.17
	G3-35	压送预应力混凝土管桩 桩径≤400 mm	100 m	0.055 5	477	702.5	2 096.36	2 295.18	727.49	507.72	369.02	351.01	690.95	501.39	6 072.43
	补子目 1	锥型混凝土整体桩桩尖	个	3	0	200	0	0	0	0	0	0	0	0	200

编制人：　　　　　审核人：　　　　　编制日期：

工程名称:综合楼-房屋建筑与装饰工程

分部分项工程和单价措施项目清单全费用分析表

序号	项目编码	项目名称	计量单位	工程量	综合单价(元)											
					人工费	材料费	机械费	费用	费用明细(不重复计入小计)							小计
									管理费	利润	总价措施	其中:安全文明施工	规费	增值税		
8	010507007001	桩与承台接头	根	83	1.97	27.01	0	1.76	0.56	0.39	0.28	0.27	0.53	2.77		33.51
	G3-150换	人工挖孔桩桩芯混凝土 桩径综合 换为【预拌混凝土C30】	10 m³	0.445 367	366.8	5 034.06	0	327.15	103.69	72.37	52.6	50.03	98.49	515.52		6 243.53
9	010301004001	截(凿)桩头	根	83	27.42	19.9	5.6	29.43	9.33	6.51	4.73	4.5	8.86	7.41		89.76
	G3-59	预制钢筋混凝土桩截桩	10 根	8.3	274.18	198.98	55.97	294.45	93.33	65.14	47.34	45.03	88.64	74.12		897.7
10	010401001001	砖基础	m³	11.02	160.67	270.17	0.64	143.87	45.6	31.83	23.13	22	43.31	51.78		627.13
	A1-1 换	砖基础 实心砖 直形 [现拌砂浆]	10 m³	1.102	1 606.68	2 701.73	6.41	1 438.71	456.02	318.26	231.32	220.03	433.11	517.82		6 271.35

编制人:

审核人:

编制日期:

分部分项工程和单价措施项目清单全费用分析表

工程名称：综合楼-房屋建筑与装饰工程

序号	项目编码	项目名称	计量单位	工程量	综合单价（元）										
					费用明细（不重复计入小计）										小计
					人工费	材料费	机械费	费用	管理费	利润	总价措施	其中:安全文明施工	规费	增值税	
11	010402001001	砌块墙	m³	537.71	130.3	340.17	1.48	117.53	37.25	26	18.9	17.98	35.38	53.05	642.53
	A1-32换	蒸压加气混凝土砌块墙厚＞150 mm砂浆 换为【干混砌筑砂浆 DM M5】	10 m³	53.771	1 303.01	3 401.69	14.8	1 175.34	372.54	260	188.97	179.75	353.83	530.54	6 425.38
12	010501001001	垫层	m³	27.52	41.95	424.63	0	37.42	11.86	8.28	6.02	5.72	11.26	45.36	549.36
	A2-1	现浇混凝土垫层	10 m³	2.752	419.54	4 246.34	0	374.2	118.6	82.78	60.17	57.23	112.65	453.61	5 493.69
13	010501005001	桩承台基础	m³	98.49	31.75	497.84	0	28.33	8.98	6.27	4.55	4.33	8.53	50.21	608.13
	A2-5换	现浇混凝土独立基础 混凝土 换为【预拌混凝土 C30】	10 m³	9.849	317.52	4 978.39	0	283.19	89.76	62.65	45.53	43.31	85.25	502.12	6 081.22
14	010503001001	基础梁	m³	47.96	30	502.82	0	26.76	8.48	5.92	4.3	4.09	8.06	50.36	609.94
	A2-16换	现浇混凝土基础梁 换为【预拌混凝土 C30】	10 m³	4.796	299.99	5 028.21	0	267.57	84.81	59.19	43.02	40.92	80.55	503.62	6 099.39
15	010501006001	设备基础-水箱基础	m³	1.2	47.98	497.6	0	42.8	13.57	9.47	6.88	6.54	12.88	52.95	641.33

编制人： 审核人： 编制日期：

分部分项工程和单价措施项目清单全费用分析表

工程名称:综合楼-房屋建筑与装饰工程

序号	项目编码	项目名称	计量单位	工程量	综合单价(元)										小计
					费用明细(不重复计入小计)										
					人工费	材料费	机械费	费用	管理费	利润	总价措施	其中:安全文明施工	规费	增值税	
		现浇混凝土设备基础 换为【预拌混凝土 C30】	10 m³	0.12	479.87	4 975.97	0	427.99	135.66	94.68	68.81	65.45	128.84	529.54	6 413.37
	A2-9换														
16	010502001001	矩形柱	m³	168.88	74.3	491.28	0	66.26	21	14.66	10.65	10.13	19.95	56.87	688.71
	A2-11换	现浇混凝土矩形柱 换为【预拌混凝土 C30】	10 m³	16.888	742.99	4 912.8	0	662.67	210.04	146.59	106.54	101.34	199.5	568.66	6 887.12
17	010505001001	有梁板	m³	511.88	34.37	506.68	0.08	30.73	9.74	6.8	4.94	4.7	9.25	51.47	623.33
	A2-30换	现浇混凝土有梁板 换为【预拌混凝土 C30】	10 m³	51.188	343.73	5 066.77	0.77	307.26	97.39	67.97	49.4	46.99	92.5	514.67	6 233.2
18	010505008001	悬挑板	m³	0.72	109.31	491.44	0	97.5	30.9	21.57	15.68	14.92	29.35	62.85	761.1
	A2-43换	现浇混凝土悬挑板 换为【预拌混凝土 C25】	10 m³	0.072	1 093.12	4 914.39	0	974.96	309.03	215.67	156.75	149.1	293.51	628.42	7 610.89
19	010506001001	直形楼梯	m²	169.02	27.55	129.45	0	24.58	7.79	5.44	3.95	3.76	7.4	16.34	197.92
	A2-46换	现浇混凝土直形楼梯 换为【预拌混凝土 C30】	10 m²	16.902	275.5	1 294.54	0	245.73	77.88	54.36	39.51	37.58	73.98	163.42	1 979.19

编制人:

审核人:

编制日期:

分部分项工程和单价措施项目清单全费用分析表

工程名称：综合楼-房屋建筑与装饰工程

| 序号 | 项目编码 | 项目名称 | 计量单位 | 工程量 | 综合单价(元) | | | 费用明细(不重复计入小计) | | | | | | | 小计 |
					人工费	材料费	机械费	费用	管理费	利润	总价措施	其中:安全文明施工	规费	增值税	
20	010502002001	构造柱	m³	32.56	124.4	420.12	0	110.96	35.17	24.55	17.84	16.97	33.4	58.99	714.47
	A2-12	现浇混凝土构造柱	10 m³	3.256	1 244.03	4 201.2	0	1 109.56	351.69	245.45	178.4	169.69	334.02	589.93	7 144.72
21	010503004001	压顶	m³	9.82	104.73	430.78	0	93.41	29.61	20.66	15.02	14.29	28.12	56.6	685.52
	A2-19	现浇混凝土圈梁	10 m³	0.982	1 047.32	4 307.82	0	934.11	296.08	206.64	150.19	142.85	281.2	566.03	6 855.28
22	010503004001	圈梁-防渗带	m³	9.59	104.73	430.78	0	93.41	29.61	20.66	15.02	14.28	28.12	56.6	685.52
	A2-19	现浇混凝土圈梁	10 m³	0.959	1 047.32	4 307.82	0	934.11	296.08	206.64	150.19	142.85	281.2	566.03	6 855.28
23	010503004002	圈梁	m³	0.24	104.75	430.79	0	93.43	29.63	20.67	15	14.29	28.13	56.58	685.55
	A2-19	现浇混凝土圈梁	10 m³	0.024	1 047.32	4 307.82	0	934.11	296.08	206.64	150.19	142.85	281.2	566.03	6 855.28
24	010503005001	过梁	m³	8.39	120.48	442.21	0	107.46	34.06	23.77	17.28	16.43	32.35	60.31	730.46
	A2-20	现浇混凝土过梁	10 m³	0.839	1 204.77	4 422.07	0	1 074.53	340.59	237.7	172.77	164.33	323.47	603.12	7 304.49
25	010507001001	散水	m²	112.47	13.56	43.76	0.26	11.02	3.49	2.58	1.73	1.64	3.22	6.17	74.77
	A1-70	垫层 灰土	10 m³	1.687 05	549.86	990.24	6.45	496.17	157.27	109.76	79.78	75.88	149.36	183.84	2 226.56
	A2-1换	现浇混凝土垫层 换为【预拌混凝土C20】	10 m³	0.674 82	419.54	4 296.84	0	374.2	118.6	82.78	60.17	57.23	112.65	458.15	5 548.73

编制人：　　　　　　　　　　审核人：　　　　　　　　　　编制日期：

分部分项工程和单价措施项目清单全费用分析表

工程名称：综合楼-房屋建筑与装饰工程

序号	项目编码	项目名称	计量单位	工程量	综合单价（元）										
					人工费	材料费	机械费	费用明细（不重复计入小计）							小计
								费用	管理费	利润	总价措施	其中:安全文明施工	规费	增值税	
	A9-9	整体面层 干混砂浆楼地面 加浆抹光随捣随抹 5 mm	100 m²	1.124 7	279.25	312.64	15.92	132.72	41.88	43.21	17.67	15.91	29.96	66.65	807.18
26	010507001001	坡道	m²	13.5	29.72	83.61	0.83	22.98	7.28	5.54	3.57	3.37	6.59	12.34	149.48
	A1-70	垫层 灰土	10 m³	0.405	549.86	990.24	6.45	496.17	157.27	109.76	79.78	75.88	149.36	183.84	2 226.56
	A2-1换	现浇混凝土垫层 换为【预拌混凝土C20】	10 m³	0.135	419.54	4 296.84	0	374.2	118.6	82.78	60.17	57.23	112.65	458.15	5 548.73
	A9-10	整体面层 干混砂浆楼地面 混凝土或硬基层上 20 mm	100 m²	0.135	902.99	1 093.53	63.69	434.7	137.17	141.52	57.9	52.1	98.11	224.54	2 719.45
27	010507004001	台阶	m²	20.31	72.03	230.32	0.88	47.46	15.02	12.36	7.14	6.67	12.94	31.56	382.25
	A2-50换	现浇混凝土台阶 换为【预拌混凝土C15】	10 m²	2.031	148.06	527.44	0	132.05	41.86	29.21	21.24	20.2	39.74	72.68	880.23
	A16-136	台阶胶合板模板木支撑	100 m²	0.203 1	1 837.55	4 866.26	1.6	1 640.33	519.93	362.86	263.73	250.86	493.81	751.12	9 096.86
	A9-118	楼梯面层 石材 砂浆	100 m²	0.203 1	3 884.41	12 891.59	85.98	1 785.48	563.4	581.27	237.82	214	402.99	1 678.27	20 325.73
28	010507004002	屋面出入口	m²	2.2	28.15	53.15	1.49	21.6	6.84	5.29	3.34	3.14	6.13	9.4	113.79

编制人：　　　　　　审核人：　　　　　　编制日期：

分部分项工程和单价措施项目清单全费用分析表

工程名称：综合楼　房屋建筑与装饰工程

序号	项目编码	项目名称	计量单位	工程量	综合单价(元)										
					费用明细(不重复计入小计)										
					人工费	材料费	机械费	费用	管理费	利润	总价措施	其中:安全文明施工	规费	增值税	小计
	A1-1	砖基础 实心 砖直形	10 m³	0.027	1 476.33	3 023.72	44.96	1 356.85	430.07	300.15	218.15	207.5	408.48	531.17	6 433.03
	A9-1×1.48	平面砂浆找平层 混凝土或硬基层上20 mm 台阶找平层 单价×1.48	100 m²	0.022	1 003.54	1 603.56	94.26	493.69	155.78	160.72	65.76	59.17	111.43	287.55	3 482.6
29	010515001001	现浇构件钢筋	t	1.828	1 763.93	4 152.3	37.99	1 607.12	509.4	355.52	258.39	245.78	483.81	680.52	8 241.86
	A2-79	箍筋带助钢筋 HRB400以内 直径≤10 mm	t	1.828	1 763.93	4 152.3	37.99	1 607.12	509.4	355.52	258.39	245.78	483.81	680.52	8 241.86
30	010515001002	现浇构件钢筋	t	19.164	1 763.93	4 152.3	37.99	1 607.12	509.4	355.52	258.39	245.78	483.81	680.52	8 241.86
	A2-79	箍筋带助钢筋 HRB400以内 直径≤10 mm	t	19.164	1 763.93	4 152.3	37.99	1 607.12	509.4	355.52	258.39	245.78	483.81	680.52	8 241.86
31	010515001003	现浇构件钢筋	t	6.101	1 763.93	4 152.3	37.99	1 607.12	509.4	355.52	258.39	245.78	483.81	680.52	8 241.86
	A2-79	箍筋带助钢筋 HRB400以内 直径≤10 mm	t	6.101	1 763.93	4 152.3	37.99	1 607.12	509.4	355.52	258.39	245.78	483.81	680.52	8 241.86
32	010515001004	现浇构件带助钢筋 HRB400以内 直径≤10 mm	t	0.004	887.5	4 115	17.5	805	255	177.5	130	122.5	242.5	525	6 350
	A2-68	现浇构件带助钢筋 HRB400以内 直径≤10 mm	t	0.004	886.67	4 115.84	17.34	806.3	255.56	178.36	129.65	123.31	242.73	524.35	6 350.5

编制人：　　　　　　　　　　　审核人：　　　　　　　　　　　编制日期：

分部分项工程和单价措施项目清单全费用分析表

工程名称：综合楼-房屋建筑与装饰工程

序号	项目编码	项目名称	计量单位	工程量	综合单价（元）													
					人工费	材料费	机械费	费用	费用明细（不重复计入小计）							小计
									管理费	利润	总价措施	其中:安全文明施工	规费	增值税	
33	010515001005	现浇构件钢筋	t	20.882	886.67	4 115.84	17.34	806.3	255.56	178.36	129.65	123.31	242.73	524.35	6 350.5
	A2-68	现浇构件带肋钢筋 HRB400 直径≤10 mm 以内	t	20.882	886.67	4 115.84	17.34	806.3	255.56	178.36	129.65	123.31	242.73	524.35	6 350.5
34	010515001006	现浇构件钢筋	t	6.198	886.67	4 115.84	17.34	806.3	255.56	178.36	129.65	123.31	242.73	524.35	6 350.5
	A2-68	现浇构件带肋钢筋 HRB400 直径≤10 mm 以内	t	6.198	886.67	4 115.84	17.34	806.3	255.56	178.36	129.65	123.31	242.73	524.35	6 350.5
35	010515001007	现浇构件钢筋	t	5.356	763.67	4 218.54	98.86	769.3	243.84	170.18	123.69	117.65	231.59	526.53	6 376.9
	A2-69	现浇构件带肋钢筋 HRB400 直径≤18 mm 以内	t	5.356	763.67	4 218.54	98.86	769.3	243.84	170.18	123.69	117.65	231.59	526.53	6 376.9
36	010515001008	现浇构件钢筋	t	3.426	763.67	4 218.54	98.86	769.3	243.84	170.18	123.69	117.65	231.59	526.53	6 376.9
	A2-69	现浇构件带肋钢筋 HRB400 直径≤18 mm 以内	t	3.426	763.67	4 218.54	98.86	769.3	243.84	170.18	123.69	117.65	231.59	526.53	6 376.9
37	010515001009	现浇构件钢筋	t	11.448	763.67	4 218.54	98.86	769.3	243.84	170.18	123.69	117.65	231.59	526.53	6 376.9

编制人：　　　　　　　　　　　　　　　审核人：　　　　　　　　　　　　　　　编制日期：

分部分项工程和单价措施项目清单全费用分析表

工程名称:综合楼-房屋建筑与装饰工程

序号	项目编码	项目名称	计量单位	工程量	综合单价(元)						费用明细(不重复计入)				
					人工费	材料费	机械费	费用	管理费	利润	总价措施	其中:安全文明施工	规费	增值税	小计
	A2-69	现浇构件带肋钢筋 HRB400 以内 直径≤18 mm	t	11.448	763.67	4 218.54	98.86	769.3	243.84	170.18	123.69	117.65	231.59	526.53	6 376.9
38	010515001010	现浇构件钢筋	t	12.848	763.67	4 218.54	98.86	769.3	243.84	170.18	123.69	117.65	231.59	526.53	6 376.9
	A2-69	现浇构件带肋钢筋 HRB400 以内 直径≤18 mm	t	12.848	763.67	4 218.54	98.86	769.3	243.84	170.18	123.69	117.65	231.59	526.53	6 376.9
39	010515001011	现浇构件钢筋	t	16.182	524.59	4 193.09	81.25	540.35	171.27	119.53	86.88	82.64	162.67	480.54	5 819.82
	A2-70	现浇构件带肋钢筋 HRB400 以内 直径≤25 mm	t	16.182	524.59	4 193.09	81.25	540.35	171.27	119.53	86.88	82.64	162.67	480.54	5 819.82
40	010515001012	现浇构件钢筋	t	14.708	524.59	4 193.09	81.25	540.35	171.27	119.53	86.88	82.64	162.67	480.54	5 819.82
	A2-70	现浇构件带肋钢筋 HRB400 以内 直径≤25 mm	t	14.708	524.59	4 193.09	81.25	540.35	171.27	119.53	86.88	82.64	162.67	480.54	5 819.82
41	010515001013	现浇构件钢筋	t	4.674	524.59	4 193.09	81.25	540.35	171.27	119.53	86.88	82.64	162.67	480.54	5 819.82
	A2-70	现浇构件带肋钢筋 HRB400 以内 直径≤25 mm	t	4.674	524.59	4 193.09	81.25	540.35	171.27	119.53	86.88	82.64	162.67	480.54	5 819.82

编制人:

审核人:

编制日期:

其他项目清单与计价汇总表

工程名称:综合楼-房屋建筑与装饰工程

序号	项目名称	金额(元)	结算金额(元)	备注
1	暂列金额			
2	暂估价	160 000		
2.1	材料暂估价			
2.2	专业工程暂估价	160 000		
3	计日工			
4	总承包服务费			
5	索赔与现场签证费			
6	增值税			
	合　计	160 000		—

注:材料(工程设备)暂估单价进入清单项目综合单价,此处不汇总。

专业工程暂估价及结算价表

工程名称:综合楼-房屋建筑与装饰工程　　　　标段:　　　　　　　　第1页　共1页

序号	工程名称	工程内容	暂估金额（元）	结算金额（元）	差额±(元)	备注
1	学术报告厅安装工程	五楼学术报告厅安装工程	160 000			
		合计	160 000.00			—

注:此表"暂估金额"由招标人填写,投标人应将"暂估金额"计入投标总价中。结算时按合同约定结算金额填写。

某综合楼建筑工程投标报价文件

参考文献

［1］王永坤,李静. 工程估价［M］.北京:中国建筑工业出版社,2020.

［2］刘钟莹,茅剑,卜宏马. 建筑工程工程量清单计价［M］.南京:东南大学出版社,2015.

［3］全国造价工程师职业资格考试培训教材编审委员会. 建设工程计价［M］.北京:中国计划出版社,2021.

［4］吴静,李毅佳. 建设工程技术与计量(土木建筑工程)［M］.北京:中国计划出版社,2021.

［5］中华人民共和国住房和城乡建设部. 建设工程工程量清单计价规范:GB 50500—2013［S］.北京:中国计划出版社,2013.

［6］中华人民共和国住房和城乡建设部. 房屋建筑与装饰工程工程量计算规范:GB 50854—2013［S］.北京:中国计划出版社,2013.

［7］湖北省建设工程标准定额管理总站. 湖北省房屋建筑与装饰工程消耗量定额及全费用基价表(结构·屋面)［S］.武汉:长江出版社,2018.

［8］湖北省建设工程标准定额管理总站. 湖北省房屋建筑与装饰工程消耗量定额及全费用基价表(装饰·措施)［S］.武汉:长江出版社,2018.

［9］湖北省建设工程标准定额管理总站. 湖北省建设工程公共专业消耗量定额及全费用基价表［S］.武汉:长江出版社,2018.

［10］湖北省建设工程标准定额管理总站. 湖北省建筑安装工程费用定额［S］.武汉:长江出版社,2018.

［11］毕云祥. 论工程造价信息化管理与发展趋势［J］.中国标准化,2019(22):97-98.

［12］徐同新. 工程造价信息化管理的发展问题及趋势分析［J］.居业,2020(7):149-150.

［13］顾蒙娜,王亚芳.BIM 技术在工程造价中的应用［J］.电子技术(上海),2022(2):162-163.